新世纪电工电子实践课程丛书

电工电子实践初步

（第2版）

主　编　李桂安

副主编　丁则信　田　野

东南大学出版社

·南　京·

内 容 提 要

本书为东南大学电工电子系列实践教材之一。全书共分5章，内容包括：常用电子元器件，常用电子仪器，交流电和安全用电，焊接技术、印制电路板的设计与制作，MULTISIM 使用初步。

本书可作为高等院校电类专业电工电子实践课程教材或教学参考书。

图书在版编目(CIP)数据

电工电子实践初步/李桂安主编，—2版. —南京：东南大学出版社，2010.8(2023.9 重印)
(新世纪电工电子实践课程丛书)
ISBN 978-7-5641-2130-3

Ⅰ.①电… Ⅱ.①李… Ⅲ.①电工技术 ②电子技术 Ⅳ.①TM ②TN

中国版本图书馆 CIP 数据核字(2010)第037250号

电工电子实践初步(第2版)

出版发行 东南大学出版社
出 版 人 江 汉
社 址 南京市四牌楼2号
邮 编 210096

经 销 全国各地新华书店
印 刷 苏州市古得堡数码印刷有限公司
开 本 787 mm×1092 mm 1/16
印 张 13
字 数 333千字
版 次 1999年12月第1版 2010年8月第2版
印 次 2023年9月第8次印刷
印 数 15701-16700
书 号 ISBN 978-7-5641-2130-3
定 价 36.00元

(凡因印装质量问题，请与我社读者服务部联系。电话：025-83792328)

第 2 版前言

知识有两种，一种是理论知识，一种是实践知识。理论知识是重要的，它能指导实践，为社会创造出巨大财富。然而，理论一旦离开了实践，那将是空洞的理论，没有丝毫的实际价值。只有经过实践才能丰富理论知识，发展理论知识，因而两者是相辅相成的，缺一不可。

我们的教育方针历来是教育与生产劳动相结合，坚持理论联系实际的原则。工科院校担负着培养工程科技人员的重任，学生毕业后要从事各项科学研究和各种工程技术工作，这就要求他们不仅具有深厚扎实的理论基础，而且应该深入实际，有较强的动手能力，有踏踏实实从事科学实验的技能和求实的作风。为此，理工科院校必须重视加强实践教学。实践教学是高等学校培养应用型人才的重要环节，对学生分析问题和解决问题能力的培养具有其他教学环节不可替代的重要作用。

根据教学改革的要求，为了强化学生的工程实践能力、拓宽其知识面和增强其对于科技发展的适应性，我校电类各系、各专业将统一开设电工电子系列实践课程。“电工电子实践初步”课程是一门先导性的实践课程，其后还将陆续开设“电路与数字逻辑设计实践”、“电子线路实践”、“微机硬件应用实践——原理与接口”、“微机硬件应用实践——系统综合”及“综合电子设计与实践”等课程。

“电工电子实践初步”课程计划 1 个学分(32 学时)，其中约 1/5 总学时为讲课，4/5 总学时为实验。根据教学基本要求我们组织编写了这本教材，它由以下几部分组成：

(1) 常用电子元器件知识。电阻、电容、电感无源器件，半导体器件和集成器件；万用电表原理与使用，线性与非线性元件测量。

(2) 常用电子仪器的正确使用。示波器、函数发生器、交流毫伏表及直流稳压电源的组成、基本工作原理和使用方法。

(3) 单相与三相交流电及其安全用电知识；常用的插座、熔丝、日光灯、接地、接零等常识。

(4) 焊接技术、印刷电路板的设计与制作。

(5) MULTISIM 的初步使用。

(6) 实用电子电路制作。为拓宽知识面、激发同学的学习兴趣和创造性，我们选择了若干实用电子制作实例，供同学们选做。

本书的第 1 章、第 3 章由丁则信编写，第 2 章、第 4 章(除第 4.3 节外)及附录 1 由李桂安编写，附录 1 中的电路由王向东验证，第 4.3 节、第 5 章及附录 2、附录 3 由田野编写。

限于编者的学识水平，本书难免有缺点和错误之处，恳请读者批评指正。

编　者

于东南大学

2010 年 5 月

目　　录

1 常用电子元器件和万用表

电子产品中的各种电子元器件种类繁多,其性能和应用范围有很大不同。随着电子工业的飞速发展,电子元器件中的新产品层出不穷,其品种规格十分繁杂。本章只对电阻器、电位器、电容器、电感器、晶体管及集成电路等最常用的电子元器件作简要介绍,希望能对众多的电子元器件有个概括性的了解。同时本章也将对最常用的便携式测量仪表——万用表的结构、原理及使用方法作扼要叙述。

1.1 电阻器

电阻器是电子产品中最通用的电子元件。它是耗能元件,在电路中分配电压、电流,用作负载电阻和阻抗匹配等。

1.1.1 符号

电阻器在电路图中用字母 R 表示。常用的图形符号如图 1.1 所示。

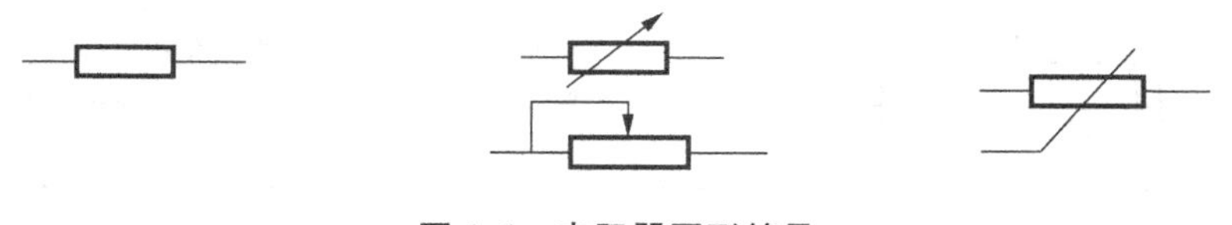

图 1.1 电阻器图形符号

1.1.2 种类

电阻器种类很多,按制造工艺和材料,电阻器可分为:合金型、薄膜型和合成型。按照使用范围和用途,电阻器又可分为:普通型电阻器、精密型电阻器、高频型电阻器、高压型电阻器、高阻型电阻器、熔断型电阻器、敏感型电阻器、电阻网络、无引线片式电阻器等。

表 1.1 简要介绍了几种最常用的电阻器的结构和特点。

表 1.1 几种电阻的简单介绍

名称及实物图	结构和特点
碳膜电阻(R_T)	它是将碳氢化合物在高温真空下分解,使其在瓷管或瓷棒上形成一层结晶碳膜,然后用刻槽的方法来确定阻值。这种电阻稳定性较高,噪声也比较低

续表 1.1

名称及实物图	结构和特点
金属膜电阻(R_J)	一般用真空蒸发或烧渗法在陶瓷体上生成一层薄膜。这种电阻具有噪声低、耐高温、体积小、稳定性和精密度高等特点
线绕电阻(R_X)	用电阻丝绕在瓷管上制成。这种电阻分固定和可变两种。特点是工作稳定,耐热性能好,误差范围小,适用于大功率场合。额定功率大都在 1W 以上
矩形片式电阻和电阻网络 标识区 N	矩形片式电阻大多采用厚膜工艺制作,阻值0.1Ω～10MΩ,误差有 0.5%、1%、2%、5%四种;采用薄膜工艺制作,阻值精度、稳定性和高频特性优于厚膜工艺制作,其阻值范围为 220mΩ～330kΩ,精度范围为 0.01%～1% 典型尺寸:3.2mm × 1.6mm,2mm × 1.25mm,1.6mm×0.8mm;功耗:0.031～0.250W;工作电压:直流 100V、200V 厚膜片式电阻网络的阻值范围:10Ω～10MΩ 薄膜片式电阻网络的阻值范围:50Ω～100kΩ N 为引脚数,有 8、14、16、20 脚等规格

1.1.3　参数

电阻器的主要参数有标称阻值、允许误差(精度等级)、额定功率、温度系数、噪声、最高工作电压、高频特性等。在选用电阻器时一般只考虑标称阻值、允许误差和额定功率这三项最主要的参数,其他参数在有特殊需要时才考虑。

1) 标称阻值

电阻器表面所标注的阻值叫标称阻值。不同精度等级的电阻器,其阻值系列不同。标称阻值是按国家规定的电阻器标称阻值系列选定的,标称阻值系列见表 1.2,阻值单位为欧(Ω)。

2) 允许误差

电阻器的允许误差就是指电阻器的实际阻值对于标称阻值的允许最大误差范围,它标志着电阻器的阻值精度。普通电阻器的误差有±5%、±10%、±20%三个等级,允许误差越小,电阻器的精度越高。精密电阻器的允许误差可分为±2%、±1%、±0.5%、…、±0.001%等十几个等级。

表 1.2 电阻器标称阻值系列 (Ω)

标称阻值系列	允许误差	精度等级	电阻器标称值											
E6	±20%	Ⅲ	1.0	1.5	2.2	3.3	4.7	6.8						
E12	±10%	Ⅱ	1.0	1.2	1.5	1.8	2.2	2.7						
			3.3	3.9	4.7	5.6	6.8	8.2						
E24	±5%	Ⅰ	1.0	1.1	1.2	1.3	1.5	1.6	1.8	2.0	2.2	2.4	2.7	3.0
			3.3	3.6	3.9	4.3	4.7	5.1	5.6	6.2	6.8	7.5	8.2	9.1

注：使用时将表列数值乘以 10^n（n 为整数）。

3）额定功率

电阻器通电工作时，本身要发热，如果温度过高就会将电阻器烧毁。在规定的环境温度中允许电阻器承受的最大功率，即在此功率限度以下，电阻器可以长期稳定地工作、不会显著改变其性能、不会损坏的最大功率限度就称为额定功率。

根据部颁标准，不同类型的电阻器有不同系列的额定功率。电阻器的额定功率系列如表 1.3 所示。

表 1.3 电阻器额定功率系列 (W)

线绕电阻额定功率系列				非线绕电阻额定功率系列			
0.05	0.125	0.25	0.5	0.05	0.125	0.25	0.5
1	2	4	8	1	2	5	10
12	16	25	40	25	50	100	
50	75	100	150				
250	500						

1.1.4 规格标注方法

由于受电阻器表面积的限制，通常只在电阻器外表面上标注电阻器的类别、标称阻值、精度等级和额定功率。对于额定功率小于 0.5W 的小电阻器，一般只标注标称阻值和允许误差，材料类型和功率常从其外形尺寸和颜色来判断。电阻器的规格标注通常采用文字符号直标法和色标法两种方法。

1）文字符号直标法

在电阻器表面将电阻器的材料类型和主要参数的数值直接标出，如图 1.2 所示。

(1) 阻值

欧（10^0 欧[姆]）用 Ω 表示；

千欧（10^3 欧[姆]）用 kΩ 表示；

兆欧（10^6 欧[姆]）用 MΩ 表示；

千兆欧（10^9 欧[姆]）用 GΩ 表示；

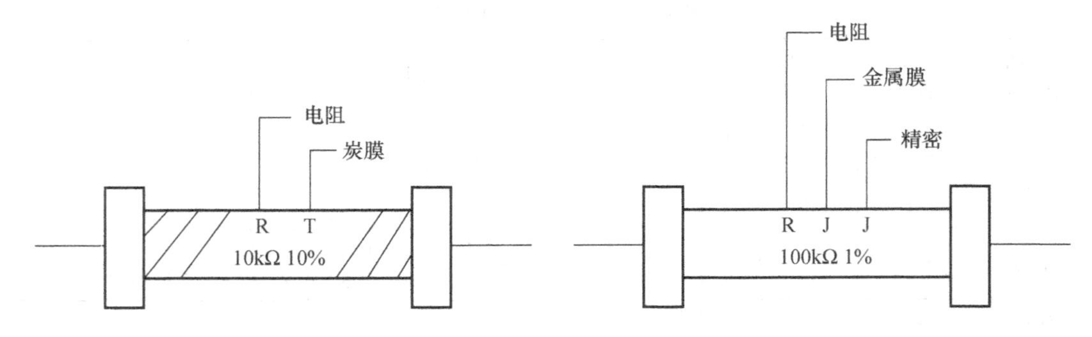

图 1.2 电阻器的直标法

兆兆欧(10^{12}欧[姆])用 TΩ 表示。

遇有小数时,常以 Ω、k、M、G、T 代替小数点,如:0.1Ω 标注为 Ω1;3.3kΩ 标为 3k3;1 000MΩ标为 1G,省去标注 Ω。

(2) 允许误差

普通电阻允许误差为±5%、±10%、±20%三种,在电阻标称值后,标明Ⅰ(J)、Ⅱ(K)、Ⅲ(M)符号。如图 1.3 所示。

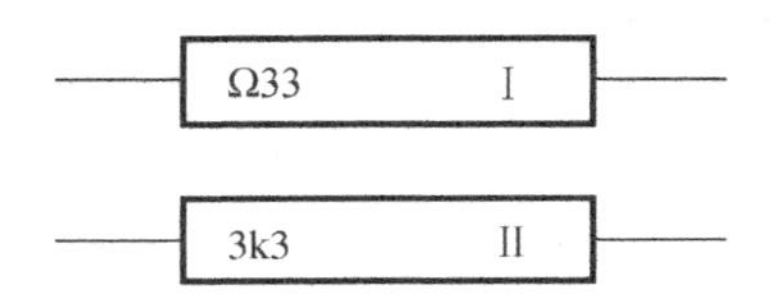

图 1.3 标称阻值、精度的直标法

(3) 额定功率

2W 以下的小型电阻器,其功率通常不标出,通过观察其外形尺寸即可判定。2W 以上的其功率数值在电阻器表面上用数字标出。表 1.4 为常用的碳膜电阻器和金属膜电阻器外形尺寸和额定功率的关系。

表 1.4 碳膜和金属电阻外形尺寸与额定功率的关系

额定功率(W)	碳膜电阻(R_T)		金属膜电阻(R_J)	
	长度(mm)	直径(mm)	长度(mm)	直径(mm)
1/8	11	3.9	6～8	2～2.5
1/4	18.5	5.5	7～8.3	2.5～2.9
1/2	28	5.5	10.8	4.2
1	30.5	7.2	13.0	6.6
2	48.5	9.5	18.5	8.6

(4) 材料类型

对 2W 以下的小功率电阻器,电阻器的材料类型通常也不标出。市售的最常用的碳膜电阻器外表涂绿色或棕色,金属膜电阻器涂红色,线绕电阻器为黑色。2W 以上电阻器大部分在其表面上以符号标出材料类型。符号意义如表 1.5 所示。

表 1.5 电阻器材料和代表字母符号

符号	T	J	X	H	Y	C	S	I	N
材料	碳膜	金属膜	线绕	合成膜	氧化膜	沉积膜	有机实心	玻璃釉膜	无机实心

2）色标法

这里用不同颜色的色环在电阻器的表面标志出其最主要的参数的标注方法。小功率电阻器尤其是 0.5W 以下的碳膜和金属膜电阻器大多数使用色标法。色标所代表的意义见表 1.6。

表 1.6 色标所代表的意义

颜　色	有效数字	乘　数	允许偏差（%）	工作电压（V）
银色	—	10^{-2}	±10	—
金色	—	10^{-1}	±5	—
黑色	0	10^{0}	—	4
棕色	1	10^{1}	±1	6.3
红色	2	10^{2}	±2	10
橙色	3	10^{3}	—	16
黄色	4	10^{4}	—	25
绿色	5	10^{5}	±0.5	32
蓝色	6	10^{6}	±0.2	40
紫色	7	10^{7}	±0.1	50
灰色	8	10^{8}	—	63
白色	9	10^{9}	+5～−20	—
无色	—	—	±20	—

* 此表也适用于电容器，其中工作电压的颜色标志只适用于电解电容器，同时色点应标在正极。

色环电阻器有三环、四环、五环三种标法。

三环色标电阻器：表示标称电阻值（精度均为±20%）。

四环色标电阻器：表示标称电阻值和精度。

五环色标电阻器：表示标称电阻值（三位有效数字）及精度。

如图 1.4 所示，靠近电阻端面一端的色环为第一环。如一电阻器的色环为棕、红、红，则这个电阻器的阻值为 1 200Ω，误差为±20%。一电阻器的色环为棕、紫、绿、金、棕，则这个电阻器的标称阻值为 17.5Ω，允许偏差为±1%，为区分五环电阻的色环顺序，第五色环的宽度比另外四环要大。

1.1.5 性能测量

电阻器的主要参数数值一般都标注在电阻器的外表面上。电阻器的阻值，在保证测试精度的条件下，可用多种仪器进行测量，也可以采用电流表电压表法或比较法。仪器的测量误差

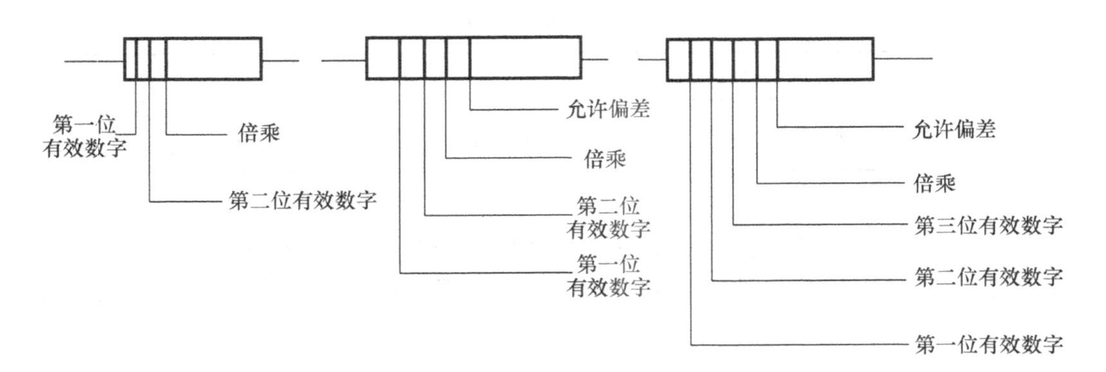

图 1.4　电阻器色环的表示含义

应比被测试电阻器允许偏差至少小两个等级。如允许偏差为 0.5%的电阻器，仪器本身的误差应不大于 0.1%。通常在测试±5%、±10%、±20%的电阻器时，可采用万用表的欧姆挡。用万用表欧姆挡测电阻器的电阻值时，首先要进行调零，然后选择不同挡次，使指针尽可能指示在表盘的中部，以提高测量精度。如果用数字式万用表来测电阻器的电阻值，其测量精度要高于指针式万用表。同时测量方法要正确，对于大阻值电阻，不能用手捏着电阻引出线来测量，防止人体电阻与被测电阻并联，而使测量值不正确。对于小电阻值的电阻器，要将引线刮干净，保证表笔与电阻引出线的良好接触。

对于高精度电阻器可采用电桥进行测量。对于大阻值、低精度的电阻器可采用兆欧表来测量。不论用什么方法测量，在保证测量灵敏度的情况下，加到电阻器上的直流测量电压应尽量低，时间要尽量短，以避免被测电阻器发热，电阻值改变而影响测量的准确性。

1.1.6　使用常识

电阻器在使用前应用测量仪表(如万用表)检查一下，看其阻值是否与标称值相符。实际使用时，在阻值和额定功率不能满足要求的情况下，可采用电阻串、并联的方法解决。但要注意，除了计算总电阻值是否符合要求外，还要注意每个电阻器所承受的功率是否合适，即额定功率值要比承受功率大 1 倍以上。使用电阻器时，除了不能超过额定功率，防止受热损坏外，还应注意不超过最高工作电压，否则电阻器内部会产生火花引起噪声。

电阻器种类繁多，性能各有不同，应用范围也有很大区别。要根据电路不同用途和不同要求选择不同种类的电阻器。在耐热性、稳定性、可靠性要求较高的电路中，应该选用金属膜或金属氧化膜电阻；在要求功率大、耐热性好，工作频率不高的电路中，可选用线绕电阻器；对于无特殊要求的一般电路，可使用碳膜电阻，以降低其成本。电阻器用于替换时，大功率的电阻器可代换小功率的电阻器，金属膜电阻器可代换碳膜电阻器，固定电阻器与半可调电阻器可相互代替使用。

1.1.7　敏感型电阻器

敏感电阻器是指那些电特性对外界温度、电压、机械力、亮度、湿度、磁通密度、气体浓度等物理量反应敏感的电阻元件。目前，常见的敏感电阻器有热敏、光敏、压敏、力敏、磁敏、湿敏和气敏电阻器。下面对最常用的热敏电阻器和光敏电阻器作一简单介绍。

1）热敏电阻器

热敏电阻器是利用半导体的电阻率受温度的影响很大的性质制成的温度敏感器件。

热敏电阻器的分类：热敏电阻器按电阻—温度特性可分为负温度系数热敏电阻器（即阻值随温度上升而减小的热敏电阻，简称 NTC）和正温度系数热敏电阻器（即阻值随温度上升而增加的热敏电阻，简称 PTC）。根据使用条件，可以分为直热式、旁热式和延迟用三种热敏电阻器。直热式热敏电阻器是利用电阻体本身通过电流来取得热源而改变电阻值的。旁热式热敏电阻器则尽量减低自加热所产生的电阻变化，而用管形热敏电阻器中央或珠形热敏电阻器外部的加热器的加热电流来改变电阻值的。按照工作温度范围的不同，又可分为常温热敏电阻器（其工作温度范围－55～315℃），低温热敏电阻器（其工作温度范围小于－55℃）和高温热敏电阻器（其工作温度范围大于 315℃）。

热敏电阻器的构造包括：用热敏材料制成的电阻体（敏感元）、引线及壳体。根据使用要求，可以把热敏电阻器制成各种形状，如图 1.5 所示。

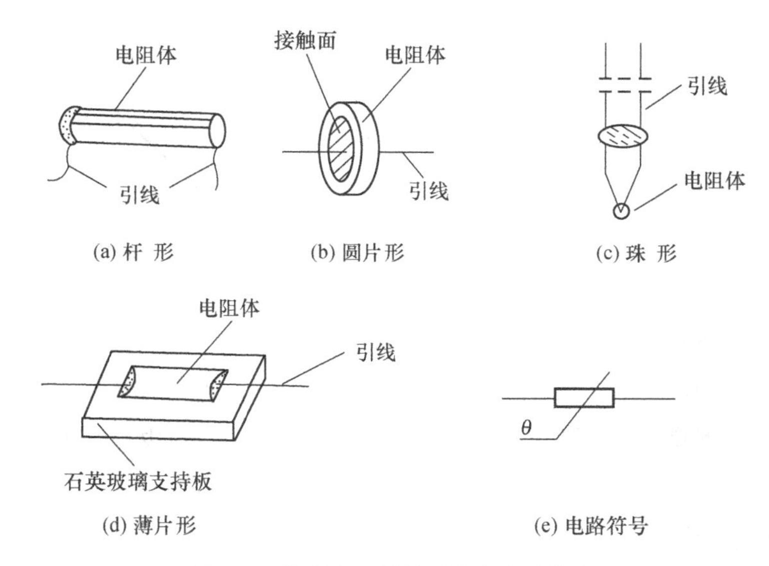

图 1.5　热敏电阻器的结构和电路符号

2）光敏电阻

光敏电阻是利用半导体材料的电阻率受光照的影响很大的性质制成的。

（1）光敏电阻的结构及种类

光敏电阻是利用半导体光电材料制成，其原理图及符号如图 1.6 所示。它是由一块涂在绝缘板上的光电导体薄膜和两个电极所构成。外加一定电压后，光生载流子在电场的作用下沿一定方向运动，即在回路中形成电流，这就达到了光电转换的目的。

光敏电阻按其光谱范围来分，有对紫外光敏感的、对可见光敏感的和对红外光敏感的三种。按所用材料的不同有硒、硒碲、锗、硫化物、硒化物等光敏电阻。

（2）光敏电阻的光照特性和伏安特性

①光照特性　光敏电阻的光照特性指其电阻随光照强度变化的关系。图 1.7 是典型的硫化镉光敏电阻的光照特性。从图中可见，随光照强度的增加，光敏电阻的数值迅速下降，

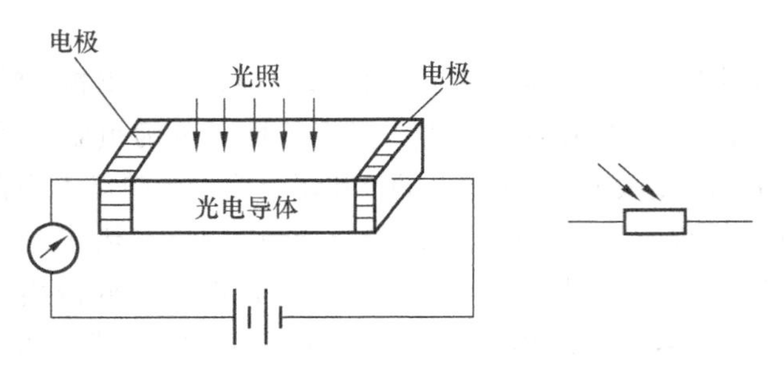

图 1.6 光敏电阻的原理及符号图

然后逐渐趋于饱和，这时如光强再增大，电阻变化很小。

②伏—安特性　指光敏电阻上外加电压和流过的电流的关系。图 1.8 是典型的烧结膜光敏电阻的伏—安特性。由图可见，所加电压愈高，光电流愈大，无饱和现象，同时，不同的光照，伏—安特性有不同的斜率。

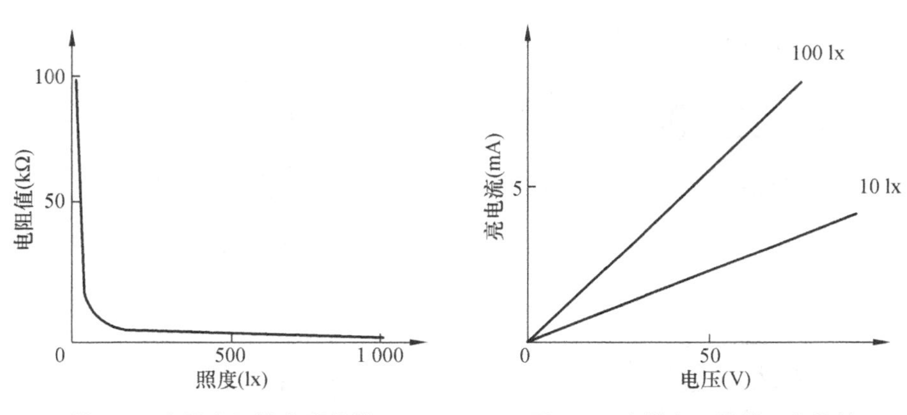

图 1.7 光敏电阻的光照特性　　图 1.8 光敏电阻的伏—安特性

1.2 电位器

电位器是一种连续可调的电子元件，对外有三个引出端，一个是滑动端，另外两个是固定端。滑动端可以在两个固定端之间的电阻体上滑动，使其与固定端之间的电阻值发生变化。在电路中，电位器常用来调节电阻值或电位。

1.2.1 符号

电位器在电路中用字母 R_P 表示，常用的图形符号如图 1.9 所示。

1.2.2 种类

电位器的种类很多，用途各不相同，通常可按其材料、结构特点、调节机构运动方式等进行分类。

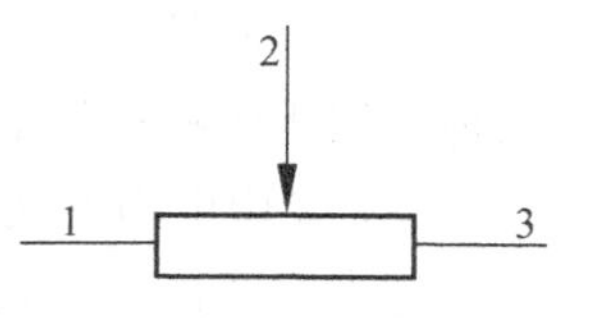

图 1.9 电位器图形符号

根据所用材料不同，电位器可分为线绕电位器和非线绕电位器两大类。前者额定功率大、噪声低、温度稳定性好、寿命长，其缺点是制作成本高、阻值范围小（100Ω～100kΩ）、分布电感和分布电容大，它在电子仪器中应用较多。后者的种类较多，有碳膜电位器、合成碳膜电位器、金属膜电位器、玻璃釉膜电位器、有机实芯电位器等。它们的共同特点是阻值范围宽、制作容易、分布电感和分布电容小，其缺点是噪声比线绕电位器大，额定功率较小，寿命较短。这类电位器广泛应用于收音机、电视机、收录机等家用电器中。

根据结构不同，电位器又可分为单圈电位器、多圈电位器，单联、双联和多联电位器，又分带开关电位器、锁紧和非锁紧式电位器。

根据调节方式不同，电位器还可分为旋转式电位器和直滑式电位器两种类型。前者电阻体呈圆弧形，调节时滑动片在电阻体上作旋转运动；后者电阻体呈长条形，调整时，滑动片在电阻体上作直线运动。这两种电位器的结构和外形如图 1.10 所示。

随着表面安装技术（SMT）和微组装技术（MAT）的发展，在小型化电子仪器设备中采用了矩形片式电位器，其体积小、重量轻、阻值范围较宽、可靠性高、高频特性好、易焊接，是自动化表面安装的理想元件。

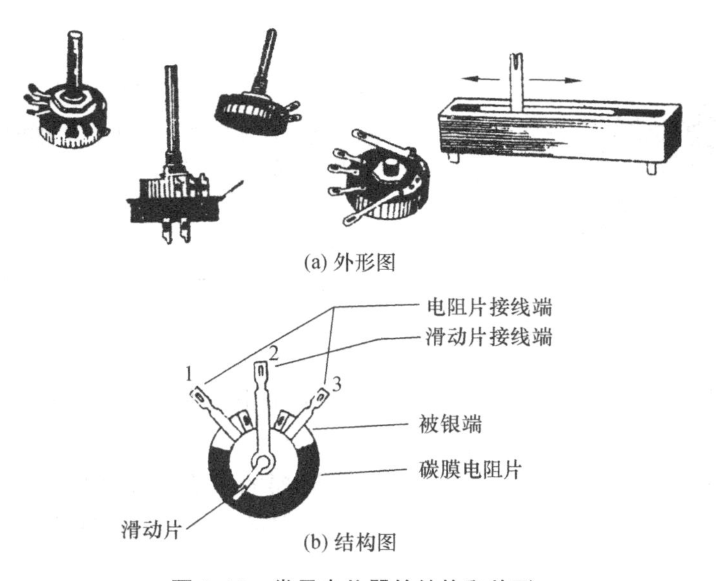

图 1.10 常见电位器的结构和外形

表 1.7 简单介绍了几种常用电位器的结构和特点。

表 1.7 几种电位器简单介绍

名称及实物图	结构和特点
线绕电位器	用电阻丝在环状骨架上绕成，其特点是阻值变化范围小，功率较大，一般在 2W 左右

续表 1.7

名称及实物图	结构和特点
碳膜电位器	在纸胶板的马蹄形基体上涂一层碳膜而成，其稳定性较高，噪声较小
推拉式带开关碳膜电位器	开关部分和电位器部分各自独立，开关是采用轴向"推"或"拉"达到。所以调电位器到一定位置后，开关将不影响电位器位置。其特点是使用寿命长，调节方便
直滑式碳膜电位器	靠一滑动杆在碳膜上滑动来改变电阻值的，其特点是节省安装位置，调节方便

1.2.3　参数

电位器的技术参数很多，最主要的参数有三项：标称阻值、额定功率和阻值变化规律。

1）标称阻值

标在电位器产品上的名义阻值，其系列与电阻器的阻值标称系列相同。允许误差范围为：±20%、±10%、±5%、±2%、±1%，精密电位器的允许误差可达到±0.1%。

2）额定功率

电位器的额定功率是指两个固定端之间允许耗散的最大功率，滑动头与固定端之间所承受功率要小于这个额定功率。额定功率系列值见表 1.8。

表 1.8　电位器额定功率系列值

额定功率系列 (W)	线绕电位器 (W)	非线绕电位器 (W)
0.025	—	0.025
0.05	—	0.05
0.1	—	0.1
0.25	0.25	0.25
0.5	0.5	0.5

续表 1.8

额定功率系列(W)	线绕电位器(W)	非线绕电位器(W)
1.0	1.0	1.0
1.6	1.6	—
2	2	2
3	3	3
5	5	—
10	10	—
16	16	—
25	25	—
40	40	—
63	63	—
100	100	—

* 当系列值不能满足时，允许按表内的系列值向两头延伸。

3）阻值变化规律

电位器的阻值变化规律是指其阻值随滑动片触点旋转角度（或滑动行程）之间的变化关系。这种关系理论上可以是任意函数形式，常用的有直线式、对数式和反转对数式（指数式），分别用 A、B、C 表示，如图 1.11 所示。

在使用中，直线式电位器适于作分压、偏流的调整；对数式电位器适于作音调控制和黑白电视机对比度调整；指数式电位器适于作音量控制。

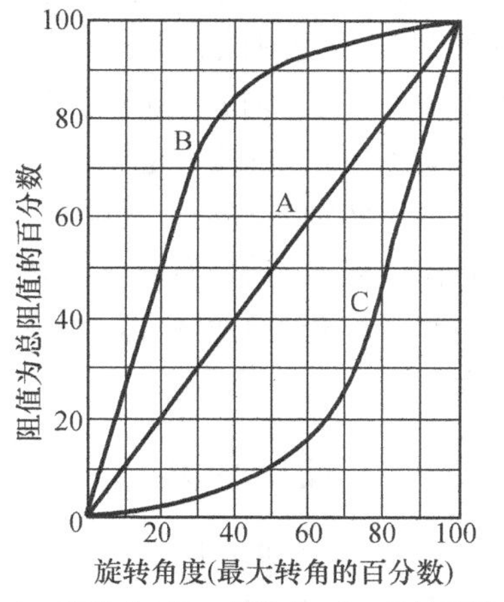

A—直线式；B—对数式；C—反转对数式

图 1.11　电位器的阻值变化规律

1.2.4　规格标注方法

电位器一般都采用直标法，其类型、阻值、额定功率、误差都直接标在电位器上。电位器类型常用标志符号见表1.9所示。

表 1.9　电位器常用标志符号及意义

字　母	意　义
WT	碳膜电位器
WH	合成碳膜电位器
WN	无机实心电位器
WX	线绕电位器

续表 1.9

字　母	意　义
WS	有机实心电位器
WI	玻璃釉膜电位器
WJ	金属膜电位器
WY	氧化膜电位器

另外，在旋转式电位器中，有时用 ZS-1 表示轴端没有经过特殊加工的圆轴；ZS-3 表示轴端带凹槽；ZS-5 表示轴端铣成平面。

1.2.5　性能测量

根据电位器的标称阻值大小适当选择万用表“Ω”挡的挡位，测量电位器两固定端的电阻值是否与标称值相符。如果万用表指针不动，则表明电阻体与其相应的引出端断了；如果万用表指示的阻值比标称阻值大许多，表明电位器已坏了。

测量滑动端与任一固定端之间阻值变化情况。慢慢移动滑动端，如果万用表指针移动平稳，没有跳动和跌落现象，表明电位器电阻体良好，滑动端接触可靠。

测量滑动端与固定端之间阻值变化时，开始时的最小阻值越小越好，即零位电阻要小。对于 WH 型合成碳膜电位器，直线式的标称阻值小于 10kΩ 的，零位电阻小于 10Ω；标称值大于 10kΩ 的，零位电阻小于 50Ω。对数式和指数式电位器，其零位电阻小于 50Ω。当滑动端移动到极限位置时，电阻值为最大，该值与标称值一致。由此说明电位器的质量较好。

旋转转轴或移动滑动端时，应感觉平滑且没有过紧过松的感觉。电位器的引出端子和电阻体应接触牢靠，不要有松动情况。

对于有开关的电位器，用万用表 $R\times1$ 挡检测开关接通和断开情况，阻值应为零和无穷大。

1.2.6　使用常识

1）如何选用电位器

电位器规格种类很多，选用电位器时，不仅要根据电路的要求选择适合的阻值和额定功率，还要考虑到安装调节方便以及价格要低。根据不同电路的不同要求选择合适的电位器。现说明如下：

（1）普通电子仪器：选用碳膜或合成实心电位器。

（2）大功率低频电路、高温：选用线绕或金属玻璃釉电位器。

（3）高精度：选用线绕、导电塑料或精密合成碳膜电位器。

（4）高分辨力：选用各类非线绕电位器或多圈式微调电位器。

（5）高频高稳定性：选用薄膜电位器。

（6）调定以后不再变动：选用轴端锁紧式电位器。

（7）多个电路同步调节：选用多联电位器。

（8）精密、微小量调节：选用有慢轴调节机构的微调电位器。

(9) 电压要求均匀变化：选用直线式电位器。

(10) 音调、音量控制电位器：选用对数、指数式电位器。

2) 如何安装使用电位器

电位器安装一定要牢靠，因为要经常调节，如果安装不牢使之松动而与电路中其他元件相碰，会造成电路故障。

焊接时间不能太长，防止引出端周围的电位器外壳受热变形。

轴端装旋钮的或轴端开槽用起子调节的电位器，注意终端位置，不可用力调节过头，防止损坏内部止挡。

电位器的三个引出端子连线时要注意电位器旋钮旋转方向应符合使用要求。例如音量电位器，向右顺时针调节时，信号应该变大，说明连线正确。

1.3　电容器

电容器是电子电路中常用的元件，它是由两个金属电极，中间夹一层电解质构成。电容器是储能元件。

电容器在电路中具有隔断直流、通过交流的特性，通常可完成滤波、旁路、级间耦合以及与电感线圈组成振荡回路等功能。

1.3.1　符号

电容器在电路图中用字母 C 表示，常用的图形符号如图 1.12 所示。

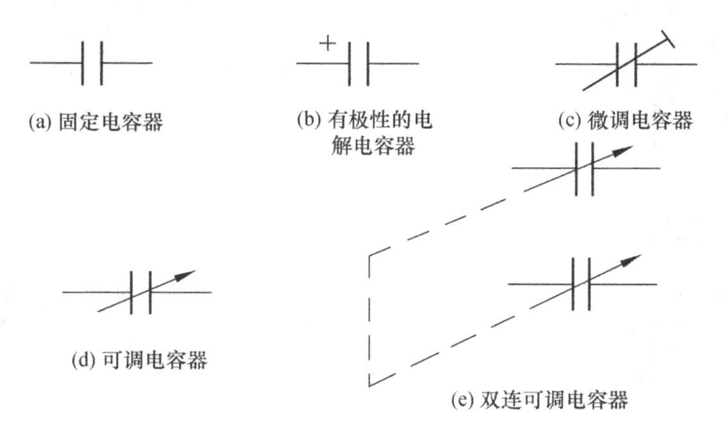

图 1.12　电容器图形符号

1.3.2　种类

电容器的种类很多，分类方法也各有不同。通常按介质材料不同分为纸介电容器、有机薄膜电容器、瓷介电容器、玻璃釉电容器、云母电容器、电解电容器等。按结构不同分为固定电容器、可变电容器、半可变(又称微调)电容器等。

另外，还有多种片式电容器。如：片式独石电容器、片式有机薄膜电容器、片式云母电容器、片式钽电解电容器和片式铝电解电容器。其中以片式独石电容器产量最大，这种片式电容器是由多个单层陶瓷电容器片叠置并联而成。

表 1.10 介绍了几种常用电容器的构成、特点和用途。

表 1.10　几种常用电容器的简单介绍

名称及实物图	结构和特点
纸介电容器 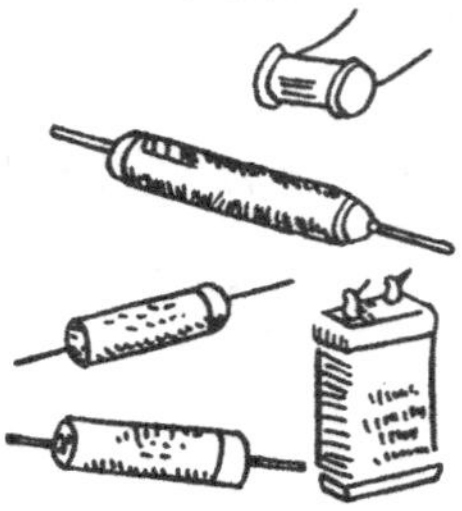	由极薄的电容器纸，夹着两层金属箔作为电极，卷成圆柱芯子，然后放在模子里浇灌上火漆制成；也有装在铝壳或瓷管内加以密封的。它的特点是价格低，损耗大，体积也较大。该电容器宜用于低频电路
云母电容器 	由金属箔（锡箔）或喷涂银层和云母一层层叠合后，用金属模压铸在胶木粉中制成。它的特点是耐高压、高温，性能稳定，体积小，漏电小，但电容量小。该电容器宜用于高频电路
油质电容器 	把纸介电容器浸在经过特别处理的油里，来增加它的耐压。这种电容器也叫油浸纸介电容器。其特点是电容量大，耐压高，但体积大。该电容器常用于大电力的无线电设备中
陶瓷电容器 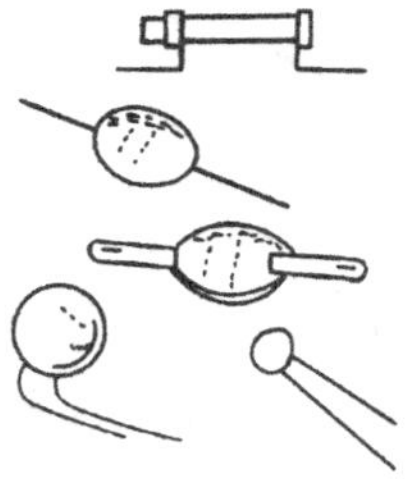	以陶瓷作介质，在两面喷涂银气层，烧成银质薄膜做导体，引线后外表涂漆制成。它的特点是耐高温，体积小，性能稳定，漏电小，但电容量小。该电容器可用在高频电路中
有机薄膜电容器 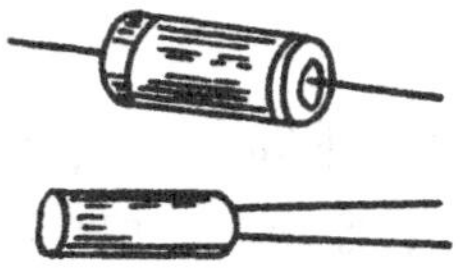	电容器的介质是聚苯乙烯和涤纶等。前者漏电小，损耗小，性能稳定，有较高的精密度，可用于高频电路中。后者介电常数高，体积小，容量大，稳定性较好，该电容器宜作旁路电容

续表 1.10

名称及实物图	结构和特点
金属化纸介质电容器 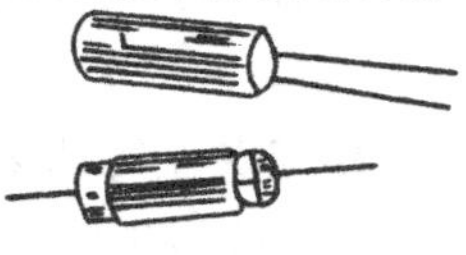	在电容器纸上被覆一层金属膜代替金属箔，卷成筒形。它的体积小，电容量较大，受高电压击穿后能“自愈”，即当电压恢复正常时，仍能照常工作。该电容器一般用在低频电路中
钽（或铌）电容器 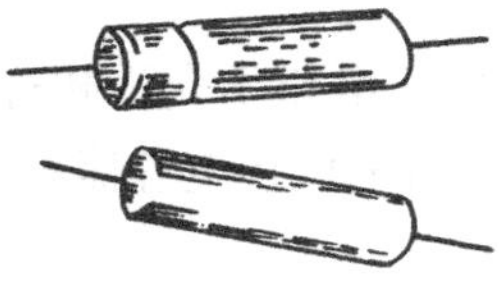	以金属钽（或铌）为正极，以稀硫酸等配液为负极，以钽（或铌）表面生成的氧化膜作为介质的电解电容器。它具有体积小，容量大，性能稳定，寿命长，绝缘电阻大，温度特性好等优点。该电容器用在要求较高的电子设备中
电解电容器 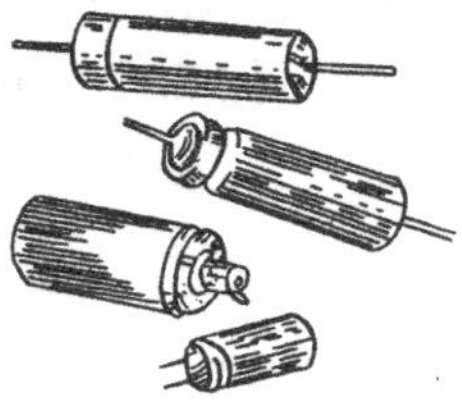	用铝圆筒作负极，里面装有液体电解质，插入一片弯曲的铝带作正极而成。需经过直流电压处理，使正极片上形成氧化铝膜作介质。它的特点是电容量大，有固定极性，漏电大，损耗大。该电容器宜用于电源滤波电路和音频旁路
半可变电容（或叫微调电容器） 	由两片或两组小型金属弹片中间夹有云母介质所组成，也有的是在两个瓷片上镀一层银制成。它的特点是用螺钉调节两组金属片间的距离来改变电容量。该电容器一般用于收音机的振荡或补偿电路中
可变电容器 	由一组（多片）定片和一组多片动片所构成。根据动片与定片之间所用介质不同，通常分为空气可变电容器和聚苯乙稀薄膜可变电容器两种。把两组（动、定）互相插入并不相碰（同轴），定片组一般与支架一起固定，动片组联旋柄可自由旋动，它们的容量随动片组转动的角度不同而改变。空气可变电容器多用于电子管收音机中，聚苯乙稀薄膜密封可变电容器由于体积小，多用于半导体收音机上

1.3.3 参数

表示电容器性能的参数很多，这里介绍一些常用的参数。

1）标称容量与允许误差

电容量是电容器的最基本的参数。标在电容器外壳上的电容量数值称为标称电容量，是标准化了的电容值，由标准系列规定。常用的标称系列和电阻器的相同。不同类别的电容器，其标称容量系列也不一样。当标称容量范围在 0.1～1μF 时，标称系列采用 E6 系列。当标称容量范围在 1～100μF 时，采用 1、2、4、6、8、10、15、20、30、50、60、80、100 系列。对于有机薄膜、瓷介、玻璃釉、云母电容器的标称容量系列采用 E24、E12、E6 系列。对于电解电容器采用 E6 系列。

标称容量与实际电容量有一定的允许误差，允许误差用百分数或误差等级表示。允许误差分为五级：±1%(00 级)，±2%(0 级)，±5%(Ⅰ级)，±10%(Ⅱ级)和±20%(Ⅲ级)。有的电解电容器的容量误差范围较大，在－20%～＋100%。

2) 额定工作电压(耐压)

电容器的额定工作电压是指电容器长期连续可靠工作时，极间电压不允许超过的规定电压值，否则电容器就会被击穿损坏。额定工作电压数值一般以直流电压在电容器上标出。

3) 绝缘电阻

电容器的绝缘电阻是指电容器两极间的电阻，或叫漏电电阻。电容器中的介质并不是绝对的绝缘体，多少总有些漏电。除电解电容器外，一般电容器漏电流是很小的。显然，电容器的漏电电流越大，绝缘电阻越小。当漏电流较大时，电容器发热，发热严重时导致电容器损坏。使用中，应选择绝缘电阻大的为好。

1.3.4　规格标注方法

电容器的规格标注方法有直标法、数码表示法和色标法。

1) 直标法

它是将主要参数和技术指标直接标注在电容器表面上。电容量的单位用：F(法拉)、mF(毫法　10^{-3}F)、μF(微法　10^{-6}F)、nF(纳法　10^{-9}F)、pF(皮法　10^{-12}F)表示。允许误差直接用百分数表示。

如 10m 表示 10 000μF；33n 表示 0.033μF；4μ7 表示 4.7μF；5n3 表示 5 300pF；3p3 表示 3.3pF；p10 表示 0.1pF。

2) 数码表示法

不标单位，直接用数码表示容量。如 4 700 表示 4 700pF；360 表示 360pF；7 表示 7pF；0.068 表示 0.068μF。用三位数码表示容量大小，单位为 pF，前两位数字是电容量的有效数字，后一位是零的个数。如 103 表示 10 000pF；223 表示 22 000pF；如第三位是 9，则乘 10^{-1}，如 339 表示 $33\times10^{-1}=3.3$pF。

3) 色标法

色标法与电阻器的色标法相似。

色标通常有三种颜色，沿着引线方向，前两种色标表示有效数字，第三色标表示有效数字后面零的个数，单位为 pF。有时一、二色标为同色，就涂成一道宽的色标，如橙橙红，两个橙色标就涂成一道宽的色标，表示 3 300pF。如图 1.13(b)所示。

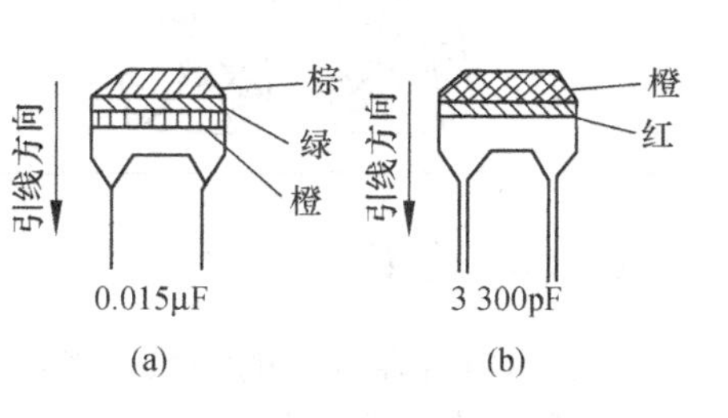

图 1.13　电容量的色码表示法

1.3.5　性能测量

电容器在使用以前要对其性能进行检查,检查电容器是否短路、断路、漏电、失效等。

1) 漏电测量

用万用表的 $R\times1\text{k}$ 或 $R\times10\text{k}$ 挡测量电容器时除空气电容器外,指针一般回到∞位置附近,指针稳定时的读数为电容器的绝缘电阻,阻值越大,表明漏电越小。如指针距零欧近,表明漏电太大不能使用。有的电容器漏电阻到达∞位置后,又向零欧方向摆动,表明漏电严重,也不能使用。

2) 短路和断路测量

用万用表的欧姆挡根据被测电容器的容量选择适当量程来测量电容是否断路。对于 0.01μF 以下的小电容,指针偏转极小,不易看出,需用专门仪器测量。如果指针一点都不偏转,调换表笔以后仍不偏转,表明电容器已经断路。

如果指针偏转到零欧姆处(注意适当选择量程,不要将充电现象误认为是短路)不再返回,表明电容器已击穿短路。对于可变电容器可将表笔分别接到动片和定片上,然后慢慢转动动片,如出现电阻为零,说明有碰片现象,可用工具消除碰片,恢复正常,即阻值为无穷大。

3) 电容量的测量

用万用表的欧姆挡 $R\times1\text{k}$ 或 $R\times10\text{k}$ 挡测电容器的容量,开始指针快速正偏一个角度,然后逐渐向∞方向退回。再互换表笔测量,指针偏转角度比上次更大,这表明电容器的充放电过程正常。指针开始偏转角越大,回∞的速度越慢,表明电容量越大。与已知电容量的电容器作测量比较,可以大概估计被测电容量的大小。

4) 判别电解电容器的极性

因电解电容器正反不同接法时的绝缘电阻相差较大,所以可用万用表欧姆挡测电解电容器的漏电电阻,并记下该阻值,然后调换表笔再测一次,两次漏电阻中,大的那次,黑表笔接电解电容器的正极,红表笔接负极。

1.3.6　使用常识

电容器的种类很多,正确选择和使用电容器对产品设计很重要。

1) 选择适当的型号

根据电路要求,一般用于低频耦合、旁路去耦等电气要求不高的场合时,可使用纸介电容器、电解电容器等,级间耦合选用 1～22μF 的电解电容器,射极旁路采用 10～220μF 的电解电容器;在中频电路中,可选用 0.01～0.1μF 的纸介、金属化纸介、有机薄膜电容器等;在高频电路中,则应选用云母和瓷介电容器。

在电源滤波和退耦电路中,可选用电解电容器,一般只要容量、耐压、体积和成本满足要求就可以。

对于可变电容器,应根据电容统调的级数,确定采用单联或多联可变电容器。如不需要经常调整,可选用微调电容器。

2) 合理选用标称容量及允差等级

在很多情况下,对电容器的容量要求不严格,容量偏差可以很大。如在旁路、退耦电路及低频耦合电路中,选用时可根据设计值,选用相近容量或容量大些的电容器。

但在振荡回路、延时电路、音调控制电路中，电容量应尽量与设计值一致，电容器的允差等级要求就高些。在各种滤波器和各种网络中，对电容量的允差等级有更高的要求。

3）电容器额定电压的选择

如果电容器的额定工作电压低于电路中的实际电压，电容器就会发生击穿损坏。一般应高于实际电压1～2倍，使其留有足够的余量才行。对于电解电容器，实际电压应是电解电容器额定工作电压的50%～70%。如果实际电压低于额定工作电压一半以下，反而会使电解电容器的损耗增大。

4）选用绝缘电阻高的电容器

在高温、高压条件下更要选择绝缘电阻高的电容器。

5）电容器的串、并联

几个电容器并联，容量加大：

$$C_{并}=C_1+C_2+C_3+\cdots$$

并联后的各个电容器，如果耐压不同，就必须把其中耐压最低的作为并联后的耐压值。

几个电容器串联：

$$C_{串}=\frac{1}{\frac{1}{C_1}+\frac{1}{C_2}+\frac{1}{C_3}+\cdots}$$

电容量减小，耐压增加。如果两个容量相同的电容器串联，其总耐压可增加一倍。但如果两个电容器容量不等，则容量小的那个电容器所承受的电压要高于容量大的那个电容器。

在装配中，应使电容器的标志易于观察到，以便核对。同时应注意不可将电解电容器极性接错，否则会损坏电解电容器，甚至会有爆炸的危险。

1.4　电感器

电感器是依据电磁感应原理制成，一般由导线绕制而成。在电路中具有通直流电、阻止交流电通过的能力。它广泛应用于调谐、振荡、滤波、耦合、均衡、延迟、匹配、补偿等电路。

1.4.1　符号

在电路图中电感器用字母 L 表示，常用的图形符号如图1.14所示。

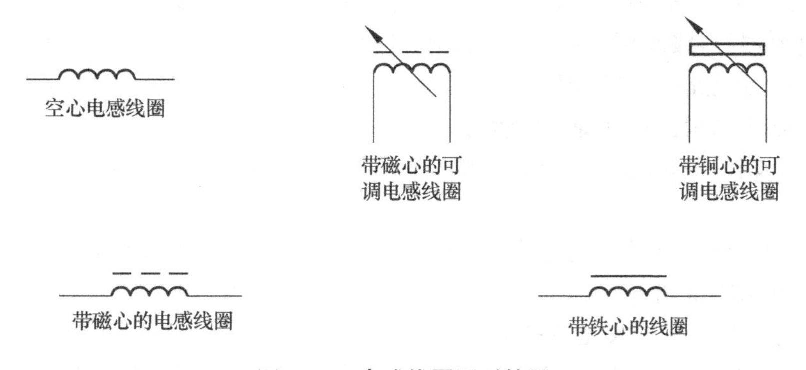

图1.14　电感线圈图形符号

1.4.2 种类

电感器(一般称电感线圈)的种类很多,分类方法也不一样。按电感器的工作特征分为:固定电感器、可变电感器、微调电感器。按结构特点分为:单层线圈、多层线圈、蜂房线圈、带磁心线圈、可变电感线圈以及低频扼流圈。

各种电感线圈都具有不同的特点和用途。但它们都是用漆包线、纱包线、裸铜线绕在绝缘骨架上或铁心上构成,而且每圈之间要彼此绝缘。下面介绍几种常用的电感器。

1) 固定电感器(色码电感)

它是指由生产厂家制造的带有磁心的电感器,也称微型电感。这种电感器是将导线绕在磁心上,然后用塑料壳封装或用环氧树脂包封而组成。这种电感器体积小、重量轻、结构牢固、安装方便。其电感量可用数字直接标在外壳上,也可用色环表示,但目前我国生产的固定电感器已不再采用色环标志法,而是直接将电感数值标出,这种电感器习惯上仍称为色码电感。

固定电感器有卧式(LG1 型)和立式(LG2 型)两种,其电感量一般为 0.1～3 000μH。电感量的允许误差用Ⅰ、Ⅱ、Ⅲ即±5%、±10%、±20%表示,直接标在电感器上。工作频率为 10kHz～200MHz 之间,如图 1.15 所示。

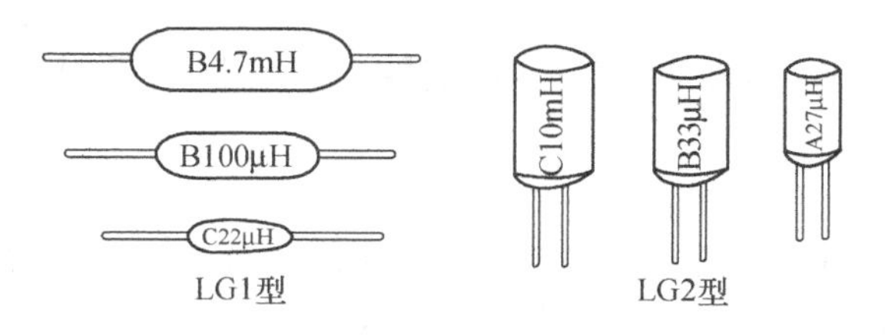

图 1.15 固定电感器

2) 铁粉心或铁氧体心线圈

为了调整方便,提高电感量和品质因数,常在线圈中加入一种特制材料——铁粉心或铁氧体,如图 1.16 所示。不同的频率,采用不同的磁心。利用螺纹的旋动,可调节磁心与线圈的相对位置,从而也改变了这种线圈的电感量。收音机中的振荡电路及中频调谐回路多采用这种线圈。

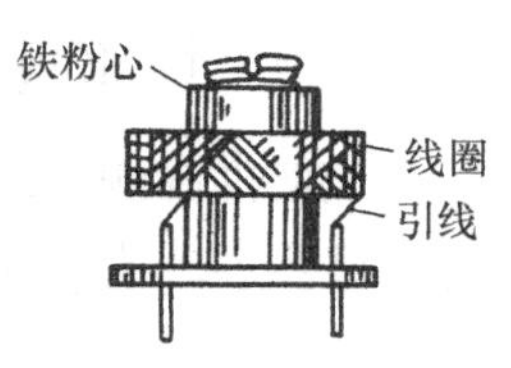

图 1.16 铁粉心线圈

3) 阻流圈

阻流圈又称扼流圈,可分成高频扼流圈和低频扼流圈,如图 1.17 所示。

高频扼流圈在电路中用来阻止高频信号通过而让低频交流信号和直流通过,它的电感量一般只有几微亨。低频扼流圈又称滤波线圈,一般在线圈中插有铁心。它与电容器组成滤波电路,消除整流后残存的交流成分,让直流通过。其电感量较大,一般为几亨。

(a) 高频阻流图 (b) 低频阻流图

图 1.17 阻流圈

4）片式电感器

片式电感器有片式叠层电感器、片式线绕电感器和片式可变电感器三种。国外是以矩形塑封线绕型片式电感器为主流产品。

1.4.3 参数

1）电感量

电感量的单位是亨[利]，简称亨，用 H 表示。常用的有毫亨（mH）、微亨（μH）、毫微亨（nH）。换算关系为

$$1\text{H}=10^3\text{mH}=10^6\mu\text{H}=10^9\text{nH}$$

电感量的大小与线圈匝数、直径、内部有无磁心、绕制方式等有直接关系。圈数越多，电感量越大；线圈内有铁心、磁心的，比无铁心、磁心的电感量大。

2）品质因数（Q 值）

品质因数是表示线圈质量高低的一个参数，用字母 Q 表示。Q 值高，线圈损耗就小。

3）分布电容

线圈匝与匝之间具有电容，这一电容称之为“分布电容”。此外，屏蔽罩之间，多层绕组的层与层之间，绕组与底板间也都存在着分布电容。分布电容的存在使线圈的 Q 值下降。为减小分布电容，可减小线圈骨架的直径，用细导线绕制线圈，采用间绕法、蜂房式绕法。

1.4.4 规格标注方法

固定电感器的电感量可用数字直接标在电感器的外壳上。电感量的允许误差用Ⅰ、Ⅱ、Ⅲ即±5%、±10%、±20%表示，直接标在电感器外壳上。

1H（亨[利]）$=10^3$mH（毫亨）$=10^6$ 微亨（μH）$=10^9$ 毫微亨（nH）

1.4.5 性能测量

如要准确测量电感线圈的电感量 L 和品质因数 Q，就需要用专门仪器来进行测量，而且测试步骤较为复杂。

一般用万用表欧姆挡 $R\times1$ 或 $R\times10$ 挡，测电感器的阻值，若为无穷大，表明电感器断路；如电阻很小，说明电感器正常。在电感量相同的多个电感器中，如果电阻值小，则表明 Q 值高。

1.4.6 使用常识

电感线圈的用途很广，使用电感线圈时应注意其性能是否符合电路要求，并应正确使用，防止接错线和损坏。在使用电感线圈时，应注意以下几点：

（1）每一只线圈都具有一定的电感量。如果将两只或两只以上的线圈串联起来，总的电感量是增大的，串联后的总电感量为：

$$L_{串}=L_1+L_2+L_3+\cdots$$

线圈并联以后总电感量是减小的，并联以后总电感量为：

$$L_{并}=\frac{1}{\frac{1}{L_1}+\frac{1}{L_2}+\frac{1}{L_3}+\cdots}$$

上述的计算式是针对每只线圈的磁场各自隔离而不相接触的情况，如果磁场彼此耦

合，就需另作考虑了。

(2) 在使用线圈时应注意不要随便改变线圈的形状、大小和线圈间的距离，否则会影响线圈原来的电感量。尤其是频率越高，即圈数越少的线圈。所以在电视机中的高频线圈，一般用高频蜡或其他介质材料进行密封固定。

(3) 线圈在装配时互相之间的位置和其他元件的位置要特别注意，应符合规定要求，以免互相影响而导致整机不能正常工作。

(4) 可调线圈应安装在机器易于调节的地方，以便调节线圈的电感量达到最理想的工作状态。

1.5 晶体管与集成电路

晶体管又称半导体管，半导体是一类导电性能介于导体与绝缘体之间的材料。目前，制造晶体管的半导体材料多数是锗(Ge)和硅(Si)。因为这些物质呈晶体结构，所以称之为半导体晶体管，简称晶体管或半导体管。

集成电路是在半导体晶体管制造工艺的基础上发展起来的新型电子器件。它将有源器件二极管、三极管和无源元件电阻、电容以及连接线等同时制作在很小的一块半导体材料或绝缘基片上，成为具有特定功能的电路，然后加外壳封装成一个电路单元。这种在结构上形成紧密联系的整体电路，称之为集成电路。集成电路与分立元器件组成的电路相比，具有体积小、重量轻、功耗低、可靠性高、电路性能稳定、成本低等诸多优点。

1.5.1 晶体管

通常将晶体管分立器件分成：晶体二极管，双极型晶体管，场效应晶体管，可控硅。

1) 晶体二极管

用一定的工艺方法把 P 型和 N 型半导体紧密地结合在一起，就会在其交界面处形成空间电荷区叫 PN 结。

当 PN 结两端加上正向电压时，即外加电压的正极接 P 区，负极接 N 区，此时 PN 结呈导通状态，形成较大的电流，其呈现的电阻很小(称正向电阻)。

当 PN 结两端加上反向电压时，即外加电压的正极接 N 区，负极接 P 区，此时 PN 结呈截止状态，几乎没有电流通过，其呈现的电阻很大(称反向电阻)，远远大于正向电阻。

当 PN 结两端加上不同极性的直流电压时，其导电性能将产生很大差异。这就是 PN 结的单向导电性，它是 PN 结的最重要的电特性。

在一个 PN 结上，由 P 区和 N 区各引出一个电极，用金属、塑料或玻璃管壳封装后，即构成一个晶体二极管。由 P 型半导体上引出的电极叫正极；由 N 型半导体上引出的电极叫负极，如图 1.18 所示。

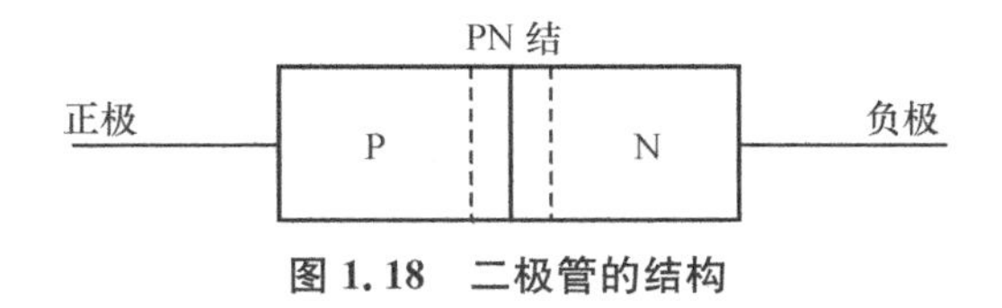

图 1.18 二极管的结构

晶体二极管(以下简称二极管)有多种类型:按材料分,有锗二极管、硅二极管、砷化镓二极管;按制作工艺不同可分为面接触二极管和点接触二极管;按用途不同,又可分为整流二极管、检波二极管、稳压二极管、变容二极管、光电二极管、发光二极管、开关二极管等。常见的二极管外形及各种二极管的电路符号如图 1.19 和图 1.20 所示。

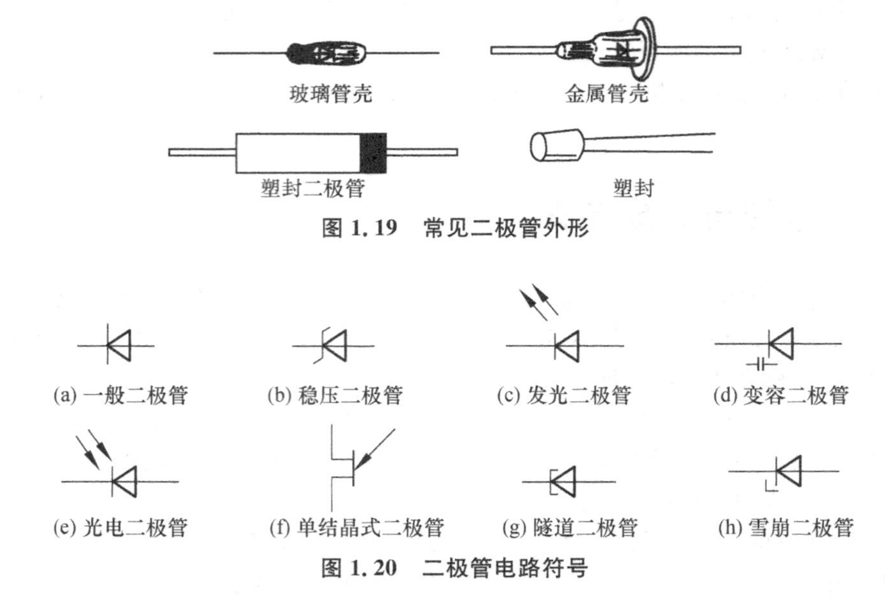

图 1.19　常见二极管外形

图 1.20　二极管电路符号

二极管内部具有一个 PN 结,所以有单向导电特性。

(1) 二极管的伏—安特性和主要参数

①正向特性

如图 1.21 所示。在二极管两端加正向电压时,二极管导通。当正向电压很低时,电流很小,二极管呈现较大电阻,这一区域称死区。锗管的死区电压约为 0.1V,导通电压约为 0.3V;硅管死区电压为 0.5V,导通电压约为 0.7V。当外加电压超过死区电压后,二极管内阻变小,电流随着电压增加而迅速上升,这就是二极管正常工作区。在正常工作区内,当电流增加时,管压降稍有增大,但压降很小。

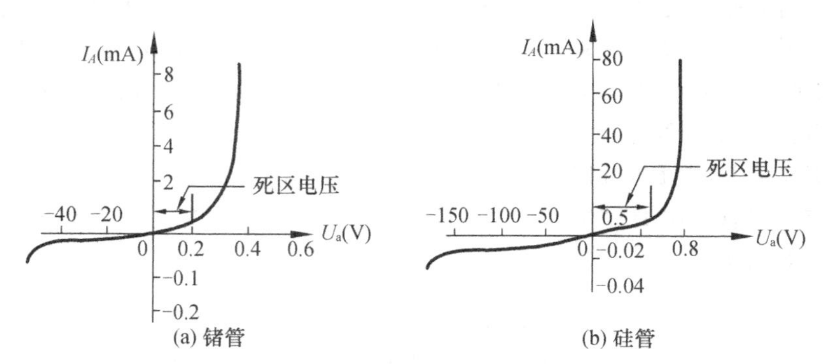

图 1.21　二极管伏—安特性

②反向特性

如图 1.21 所示。二极管两端加反向电压时,此时通过二极管的电流很小,且该电流不随反向电压的增加而变大，这个电流称反向饱和电流。反向饱和电流受温度影响较大，温度每升高10℃，电流增加约1倍。在反向电压作用下，二极管呈现较大电阻(反向电阻)。当反向电压增加到一定数值时，反向电流将急剧增大，这种现象称反向击穿，这时的电压称反向击穿电压。

③参数

a. 最大整流电流

最大整流电流是指长期工作时，允许通过的最大正向电流值。使用时不能超过此值，否则二极管会发热而烧毁。

b. 最高反向工作电压

最高反向工作电压是指防止击穿，使用时反向电压极限值。

(2) 常用二极管介绍

①整流二极管

整流二极管主要用于整流电路，把交流电变换成脉动的直流电，由于通过的正向电流较大，对结电容无特殊要求，所以其PN结多为面接触型。

②检波二极管

检波二极管的主要作用是把高频信号中的低频信号检出。要求结电容小，所以其结构为点接触型，一般采用锗材料制成。

③发光二极管

发光二极管是一种将电能变成光能的半导体器件。它具有一个PN结，与普通二极管一样，具有单向导电特性。当给发光二极管加上正向电压，有一定的电流流过时就会发光。

发光二极管是由磷砷化镓、镓铝砷等半导体材料制成。发光的颜色分为：红光、黄光、绿光、三色变色发光。另外还有眼睛看不见的红外光二极管。

发光二极管可以用直流、交流、脉冲等电源点燃。其外形有圆形、圆柱形、方形、矩形等，如图1.22所示。

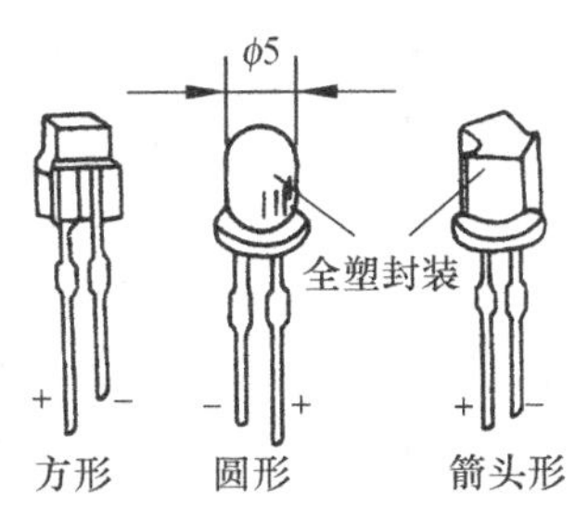

图1.22 发光二极管外形

④光敏二极管(又称为光电二极管)

图1.23(a)为2DU型光敏二极管结构原理图。在高阻P型硅基片表面进行N掺杂形成PN结。N区扩散得很浅，而中间电荷区(即耗尽层)较宽，保证了大部分光子入射到耗尽层内。在光照面上涂一层硅油保护膜，即可保护光照面又可增加对光吸收率。

图1.23(b)为工作原理图。当光子入射到耗尽层内被吸收而激发出电子—空穴对时，电子—空穴对在外加反向偏压U_{BB}的作用下，空穴流向负极，电子流向正极，便形成了二极管的反向电流即光电流I_ϕ。光电流I_ϕ流过外加负载R_L产生电压信号输出。图1.23(c)为

光敏二极管符号。

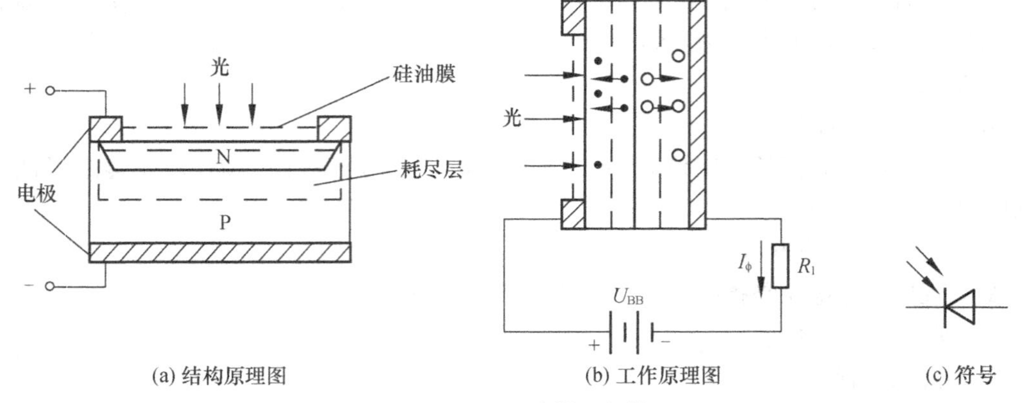

图 1.23　2DU 光敏二极管

光敏二极管在电路中必须采用反向接法，如图 1.24 所示。为了消除光敏二极管的表面漏电流，2DU 管还有一个环极，如图 1.24(a)所示，环极接正电源，这种接法可使负载电阻 R_L 中的暗电流很小(一般小于 0.05μA)。

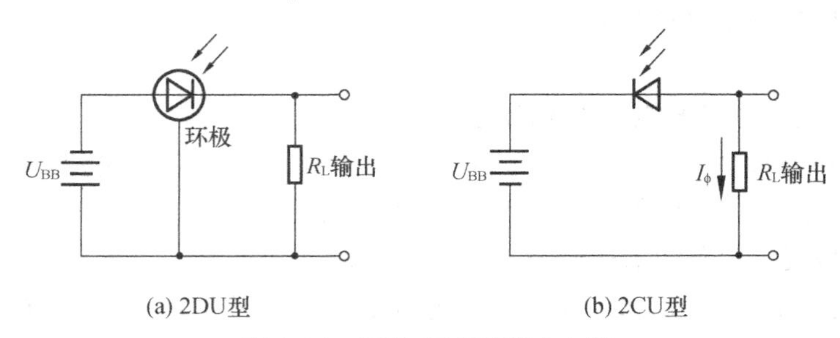

图 1.24　2DU、2CU 型基本电路

2CU 型光敏二极管的工作原理基本上与 2DU 管相同，它是以 N 型材料为基片，在表面层扩散很浅的 P 型层，形成 PN 结的。其基本电路如图 1.24(b)所示。

(3) 二极管的极性判别

将万用表拨在 $R\times100$ 或 $R\times1$k 电阻挡上，两支表笔分别接触二极管的两个电极测其阻值，记下此时的阻值。两支表笔调换，再测一次阻值。两次测量中，阻值小的那一次，测出的是二极管的正向电阻，黑表笔接触的电极是二极管的正极，红表笔接触的电极是二极管的负极，如图 1.25 所示。

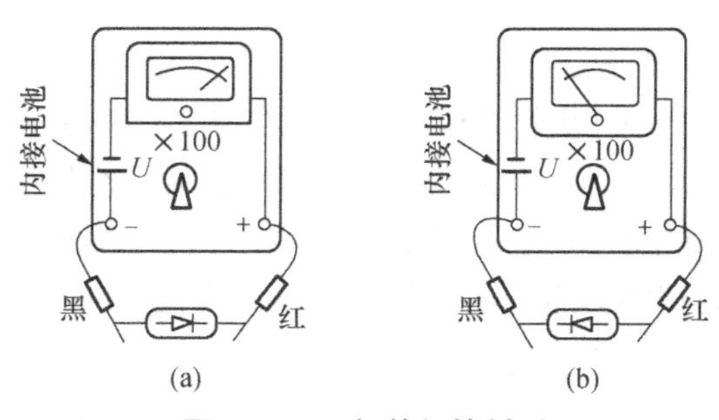

图 1.25　二极管极性判别

顺便指出，测量一般小功率二极管的正、反向电阻，不宜使用 $R\times1$ 和 $R\times10\text{k}$ 挡，前者通过二极管的正向电流较大，可能烧毁管子；后者加在二极管两端的反向电压太高，易将管子击穿。另外，二极管的正、反向电阻值随测量用电表的量程（$R\times100$ 挡还是 $R\times1\text{k}$ 挡）不同而不一样，甚至相差悬殊，这属正常现象。

(4) 二极管性能测量

二极管性能鉴别的最简单方法是用万用表测其正、反向电阻值，阻值相差越大，说明它的单向导电性能越好。因此，通过测量其正、反向电阻值，可方便地判断管子的导电性能。对于检波二极管或锗小功率二极管，使用 $R\times100$ 挡，其值正向电阻约为 100～1 000Ω 之间；对于硅管，约为几百欧到几千欧之间。反向电阻，不论是锗管还是硅管，一般都在几百千欧以上，而且硅管比锗管大。

由于二极管是非线性器件，用不同倍率的欧姆挡或不同灵敏度的万用表测量时，所得数据是不同的，但正、反向电阻相差几百倍的规律是不变的。

测量时，对于小功率二极管一般选用 $R\times100$ 或 $R\times1\text{k}$ 挡；中、大功率二极管一般选用 $R\times1$ 或 $R\times10$ 挡。判别发光二极管好坏，用 $R\times10\text{k}$ 挡测其正、反向阻值，当正向电阻小于 50kΩ，反向电阻大于 200kΩ 时均为正常。如正、反向电阻均为无穷大，说明此管已坏。

测量时，若二极管的正、反向电阻为无穷大，即表针不动时，说明其内部断路；反之，若其正、反向电阻近似为 0Ω 时，说明其内部有短路故障；如果二极管的正、反向电阻值相差太小，说明其性能变坏或失效。这几种情况都说明二极管已损坏不能使用了。

(5) 使用常识

实际使用时要注意，硅管和锗管之间不能互相代替，同类型管子可以代替。对于检波管只要工作频率不低于原来的管子就可以代替。对于整流管，只要反向耐压和正向电流不低于原来的管子就可以代替。

2) 晶体三极管(双极型晶体管)

晶体三极管（以下简称三极管）是内部含有两个 PN 结、外部具有三个电极的半导体器件。由于它的特殊构造，在一定条件下具有“放大”作用，被广泛应用于收音机、录音机、电视机、扩音机及各种电子设备中。

(1) 基本结构和分类

在一块半导体晶片上制造两个符合要求的 PN 结，就构成了一个晶体三极管。按 PN 结的组合方式不同。三极管有 PNP 型和 NPN 型两种，如图 1.26 所示。不论是 PNP 型三极管，还是 NPN 型三极管，都有三个不同的导电区域：中间部分称为基区；两端部分一个称为发射区，另一个称为集电区。每个导电区上有一个电极，分别称为基极、发射极、集电极，常用字母 b、e、c 表示。发射区与基区交界面处形成的 PN 结称为发射结；集电区与基区交界面处形成的 PN 结称为集电结。

三极管的种类较多，按使用的半导体材料不同，可分为锗三极管和硅三极管两类。国产锗三极管多为 PNP 型，硅三极管多为 NPN 型；按制作工艺不同，可分为扩散管、合金管等；按功率不同，可分为小功率管、中功率管和大功率管；按工作频率不同，可分为低频管、高频管和超高频管；按用途不同，又可分为放大管和开关管等。另外，每一种三极管中，又有多种型号，以区别其性能。在电子设备中，比较常用的是小功率的硅管和锗管。

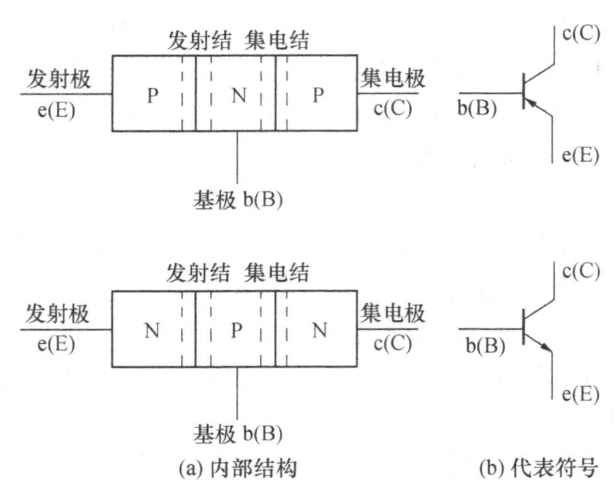

图 1.26　三极管的基本结构

常用三极管的外形如图 1.27 所示。

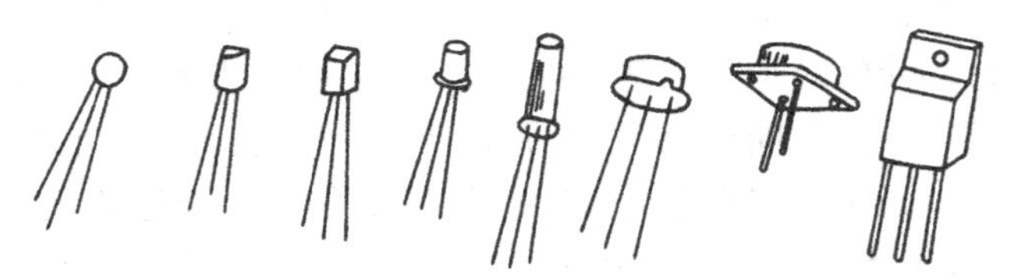

图 1.27　常用三极管的外形

(2) 晶体三极管的放大作用

要使晶体三极管具有放大作用，必须在各电极间加上极性正确、数值合适的电压，否则管子就不能正常工作，甚至会损坏。

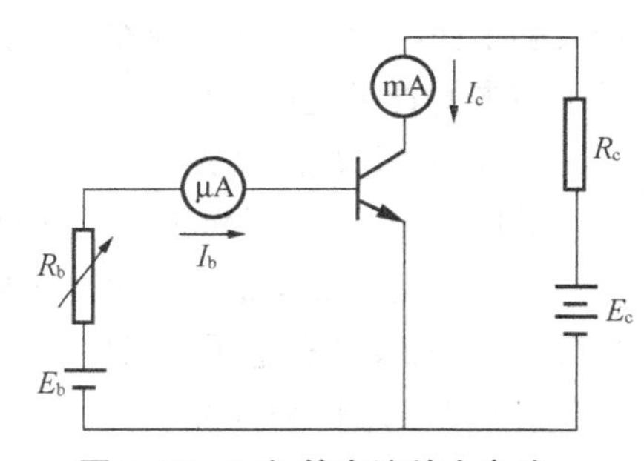

图 1.28　三极管电流放大电路

如图 1.28 所示，在 NPN 型三极管的发射极和基极之间，加上一个较小的正向电压 U_{be}，称基极电压，U_{be} 一般为零点几伏。在集电极与发射极之间加上较大的反向电压 U_{ce}，称为集电极电压，一般为几伏到几十伏。$U_b>U_e$，$U_c>U_b$，所以发射结上加的是正向偏压，集电结上加的是反向偏压。调节电阻 R_b 可以改变基极电流 I_b，调节 R_b，使 $I_b=20\mu A$，此时集电极电流 $I_c=1mA$，调节 R_b，使 $I_b=40\mu A$，此时 $I_c=2mA$。由此可见基极电流的小的变化可以控制集电极电流的大的变化，这就是三极管的电流放大特性。

通常用 $\beta=\Delta I_c/\Delta I_b$ 表示共发射极电流放大系数。

(3) 管型判别和电极判别

所谓管型判别，是指判别一只失掉型号标志的管子，是 PNP 型还是 NPN 型，是硅管还是锗管，是高频管还是低频管；而电极判别，则是指分辨出它的 e、b、c 极。

①PNP 型、NPN 型和基极的判别

由图 1.29 可见，对 PNP 的三极管而言，c、e 极分别为其内部两个 PN 结的正极，b 极为它们共同负极；对 NPN 型三极管而言，情况恰好相反：c、e 极则分别为两个 PN 结的负极，而 b 极则为它们共同的正极。显然，根据这一点可以很方便地进行管型判别。具体方法如下：将万用电表拨在 $R\times100$ 或 $R\times1\text{k}$ 挡上。红表笔任意接触三极管的一个电极，黑表笔依次接触另外两个电极，分别测量它们之间的电阻值，如图 1.30 所示。当红表笔接触某一电极时，其余两电极与该电极之间均为几百欧的低电阻时则该管为 PNP 型，而且红表笔所接触的电极为 b 极。若以黑表笔为基准，即将两只表笔对调后，重复上述测量方法。若同时出现低电阻的情况则该管为 NPN 型，黑表笔所接触的电极是它的 b 极。

另外，根据管子的外形也可粗略判别出它们的管型来。目前市售小功率 NPN 型管壳高度比 PNP 型低得多，且有一突出标志，如图 1.31 所示。对塑封小功率三极管来说，也多为 NPN 型。

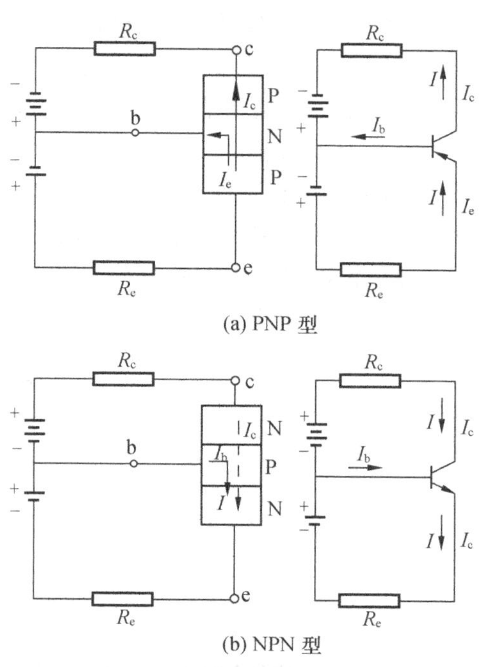

图 1.29　管型判别原理电路

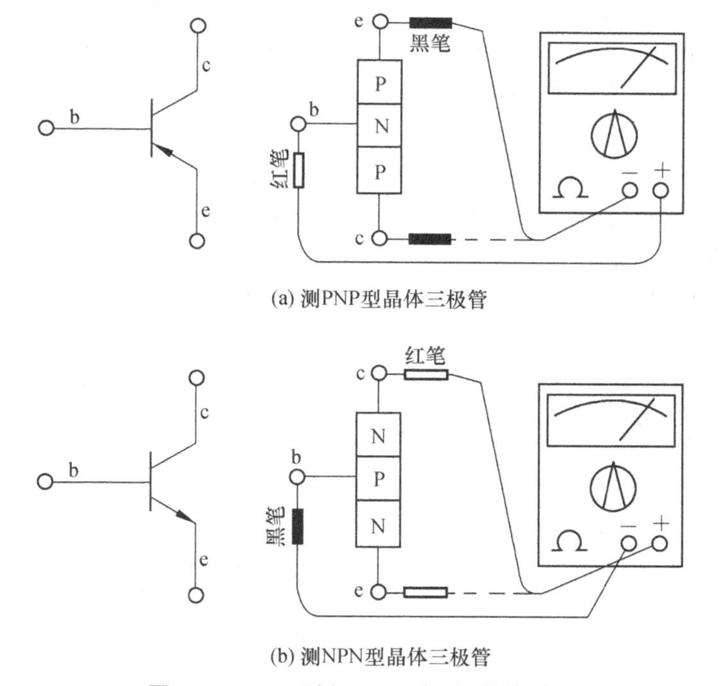

图 1.30　PNP 型和 NPN 型三极管的判别

②发射极和集电极的判别

从三极管的结构原理图（见图 1.26）上看，似乎发射极 e 和集电极 c 并无区别，可以互换使用。但实际上，两者的性能相差非常悬殊。这是由制作时，两个 P 区（或 N 区）的“掺杂"浓度不一样的缘故。e、c 极使用正确时，三极管的放大能力强。反之，若 e、c 相互换使用，则其放大能力非常弱。根据这一点，就可以把管子的 e、c 极区别开来。

在判别出管型和基极 b 的基础上，任意假定一个电极为 e 极，另一个电极为 c 极。将万用表拨在 $R\times1\text{k}$ 挡上。对于 PNP 型管，令红表笔接其 c 极，黑表笔接 e 极，再用手同时捏一下管子的 b、c 极，注意不要让电极直接相碰，如图 1.32 所示。在用手捏管子 b、c 极的同时，注意观察一下万用表指针向右摆动的幅度。然后使假设的 e、c 极对调，重复上述的测试步骤。比较两次测量中表针向右摆动的幅度，若第一次测量时摆幅大，则说明对 e、c 极的假定符合实际情况；若第二次测量时摆幅度大，则说明第二次的假定与实际情况符合。

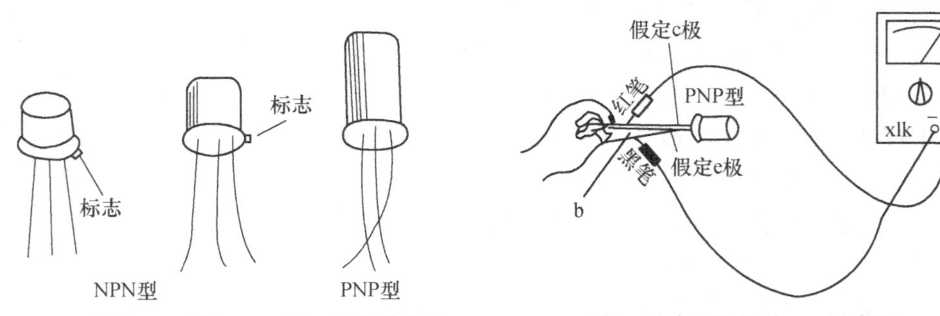

图 1.31　常见 NPN 型和 PNP 型三极管的外形

图 1.32　三极管的 c、e 的判别

这种判别电极方法的原理是，利用万用表欧姆挡内部的电池，给三极管的 c、e 极加上电压，使它具有放大能力。用手捏其 b、c 极时，就等于从三极管的基极 b 输入一个微小的电流，此时表针向右的摆幅度就间接反映出其放大能力的大小，因而能正确地判别出 e、c 极来。

在上述测量过程中，若表针摆动幅度太小，可将手指湿润一下重测。不难推知，若用一只 100kΩ 左右的电阻接在管子 b、c 极间，如图 1.33 所示，显然将比用手捏的方法就更科学一些，积累一定经验后，利用该方法还可以估计一下管子的放大倍数。

顺便指出，三极管电极 e、b、c 的排列，并不是乱而无序，而是有比较强的规律性。图 1.34 给出了常用三极管电极的排列顺序，供测试时参考。另外，还有些甚高频三极管有 4 个电极，其中一个电极与它的金属外壳相连接。根据这一点，利用万用表的电阻挡，依次测量 4 个电极与其管壳是否相通，便可方便地鉴别出来，不过有的三极管其集电极是与管壳相通的。

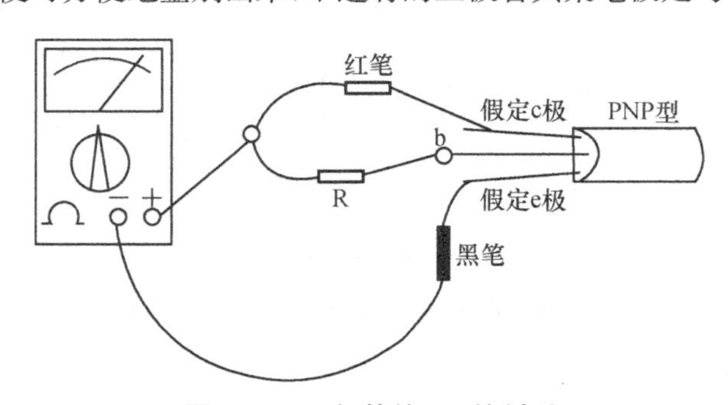

图 1.33　三极管的 e、c 的判别

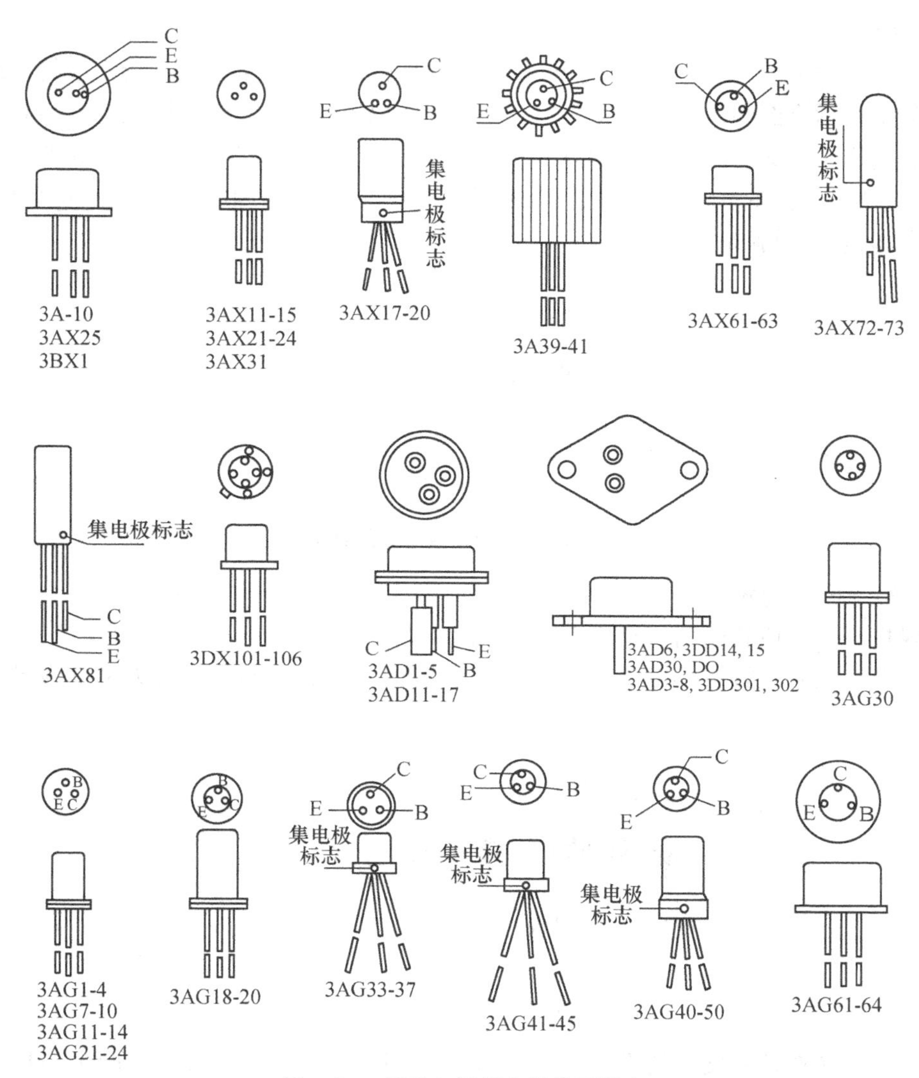

图 1.34 常见三极管电极排列顺序

3) 场效应管

场效应三极管简称场效应管，它也是由半导体材料制成的。与普通双极型三极管相比，场效应管具有很多特点。普通双极型三极管是电流控制器件，通过控制基极电流达到控制集电极电流或发射极电流的目的。而场效应管是电压控制器件，它的输出电流决定于输入信号电压的大小，管子的电流受控于栅源之间的电压。场效应管栅极的输入电阻很高，可达 $10^9 \sim 10^{15}\,\Omega$，对栅极施加电压时，基本上不取电流，这是普通双极型晶体管无法与之相比的。场效应管还具有噪声低、热稳定性好、抗辐射能力强、动态范围大等特点，使场效应晶体管的应用范围十分广泛。

场效应管的三个电极分别称为：漏极（D）、源极（S）、栅极（G），也可类比为双极型三极管的 e、c、b 三极。场效应管的漏(D)、源(S)极能够互换使用。场效应管可分为结型场效应管和绝缘栅型场效应管两大类型。

(1) 结型场效应管

根据导电沟道的材料不同，分为N沟道结型场效应管和P沟道结型场效应管。结型场效应管的结构示意图和代表符号如图1.35所示。它是在一块N型(或P型)硅半导体材料的两侧各制作一个PN结。N型(或P型)半导体的两个极分别叫漏极(D)和源极(S)，把两个P区(或N区)联在一起引出的电极叫栅极(G)。两个PN结中间的N型(或P型)区域称为导电沟道(沟道就是电流通道)。

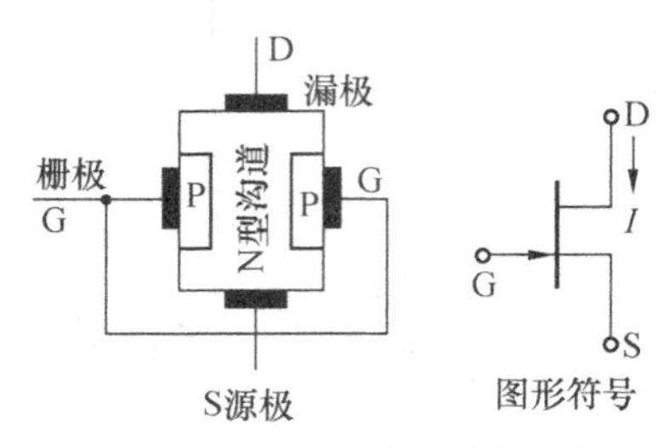

图1.35　结型场效应管的结构

(2) 绝缘栅型场效应管

绝缘栅型场效应管的结构和代表符号如图1.36所示。

绝缘栅型场效应管按其工作状态可以分为增强型和耗尽型两类，每类又分为P型沟道和N型沟道。

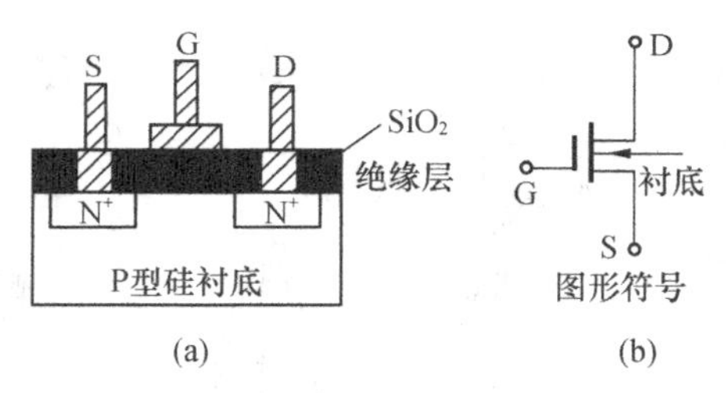

图1.36　绝缘栅型结构(N沟道)

它是在一块掺杂浓度低的P型(或N型)硅片上，用扩散的方法形成两个高掺杂的N型区(或P型区)，分别作为源极(S)和漏极(D)。在两个N型区(或P型区)之间硅片表面上制作一层极薄的二氧化硅(SiO_2)绝缘层，使两个N型区(或P型区)隔绝起来，在绝缘层上面，蒸发一个金属电极—栅极(G)。由于栅极和其他电极以及硅片之间是绝缘的，所以称之为绝缘栅场效应管。从整体上说，它是由金属、氧化物、半导体组成，又称其为金属—氧化物—半导体场效应管，简称为MOS场效应管。

(3) 结型场效应管的电极判别

根据PN结正、反向电阻值不一样的现象，可以方便地用万用表欧姆挡判别出结型场效应管的D、S、G极。

用$R\times1$k挡，将黑表笔接管子的一个电极，用红表笔分别接另外两个电极，如两次测得的结果阻值都很小，则黑表笔所接的电极就是栅极(G)，另外两极为源(S)、漏(D)极(对结型场效应管而言漏、源极可互换)，而且是N型沟道场效应管。在测量过程中，如出现阻值相差太大，可改换电极再重测，直到出现两阻值都很小时为止。如果是P沟道场效应管，则将黑表笔改为红表笔，重复上述方法测量，即可判别出 G、D、S 极来。

(4) 结型场效应管的性能测量

将万用表拨在 $R\times1k$ 或 $R\times100$ 挡上，测 P 型沟道时，将红表笔接源极(S)或漏极(D)，黑表笔接栅极(G)，测出的电阻值应很大，交换表笔测，阻值应该很小，表明管子是好的。如果测出的结果与其不符，说明管子不好。当栅极与源极间、栅极与漏极间均无反向电阻时，表明管子已坏了。

将两只表笔分别接漏极和源极，然后用手靠近或碰触栅极，此时表针偏转较大，说明管子是好的。偏转角度越大，说明其放大倍数也越大。如果表针不动，则表明管子坏了或性能不好。

(5) 使用注意事项

结型场效应管和普通晶体三极管的使用注意事项相近。但栅源间电压不能接反，否则会烧坏管子。

对于绝缘栅型场效应管，其输入阻抗很高，为防止感应过压而击穿，保存时应将三个电极短路。特别应注意不使栅极悬空，即栅、源两极之间必须经常保持直流通路。焊接时也要保持三电极短路状态，并应先焊漏、源极，后焊栅极。焊接、测试的电烙铁和仪器等都要有良好的接地线。或者将烙铁烧热、上锡以后，从电源上拨下再对管子进行焊接。不能用万用表测 MOS 管的各极。场效应管的漏、源极可以互换使用，不影响效果。但衬底已和源极接好线后，则不能再互换。

4) 可控硅

可控硅是一种半导体器件，又称“晶体闸流管”，简称“晶闸管”。将 P 型半导体和 N 型半导体交替叠合成四层，形成三个 PN 结，再引出三个电极，这就是可控硅的管心结构，如图 1.37 所示。可控硅的三个电极分别称为阳极(A)、阴极(C)、控制极(G)。

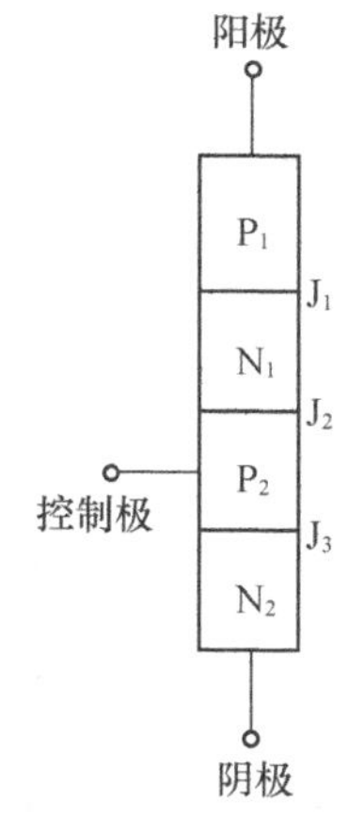

图 1.37 可控硅的管心结构

根据工作特性不同，可控硅分为普通可控硅(即单向可控硅)、可关断可控硅、双向可控硅等几种。可控硅主要有螺栓式、平板式、塑封式和三极管式。通过的电流可高达上千安培。常见外形和电路符号如图 1.38 所示。

可控硅是怎样工作的呢？它的工作原理，可以从下面的实验电路予以说明。如图 1.39 所示，其中 E_a、E_g 都是直流电源($E_a=36V$，$E_g=3V$ 左右)。

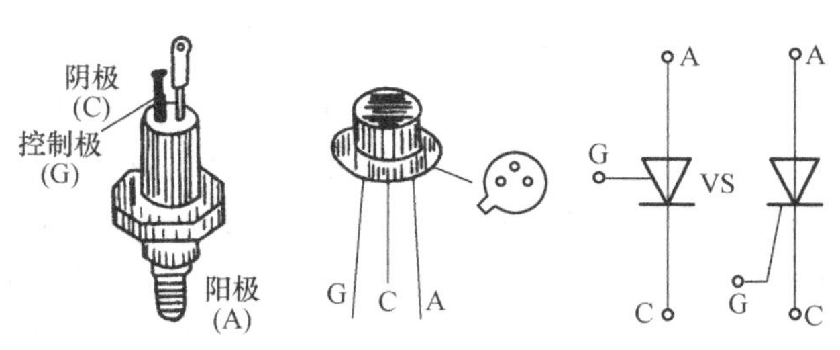

图 1.38 可控硅及电路符号

可控硅阳极经灯泡接电源 E_a 正极，阴极接电源 E_a 负极(此时加在可控硅阳极与阴极间的电压称为正向阳极电压)，控制极经开关 S 接电源 E_g 的正极，阴极接负极(此时加在控制极与阴极间的电压称为正向控制电压)，开关 S 未合上时灯不亮，如图 1.39(a)；开关 S 合上后，灯亮，如图 1.39(b)；此后再断开 S，灯仍亮，如图 1.39(c)。将控制电压 E_g 反接，灯泡也不会熄灭，如图 1.39(d)。表明可控硅导通后，控制电压已对可控硅失去作用。要使灯熄灭，必须把正向阳极电压 E_a 降低到一定值，或使电路断开，或使阳极电压反向。

如将可控硅阳极经灯泡接电源 E_a 负极，阴极接电源 E_a 正极(此时，E_a 称为反向阳极电压)时，不论 E_g 极性如何，S 的分合均不能使灯亮，说明可控硅在反向阳极电压下不能导通，如图 1.39(e)。

当可控硅在正向阳极电压作用下，如果控制极接电源 E_g 的负极，阴极接电源 E_g 的正极(此时 E_g 称为反向控制电压)，不论开关接通还是断开，灯泡始终不会亮。说明可控硅即使在正向阳极电压作用下，如果控制电压接反，可控硅也不会导通，如图 1.39(f)。

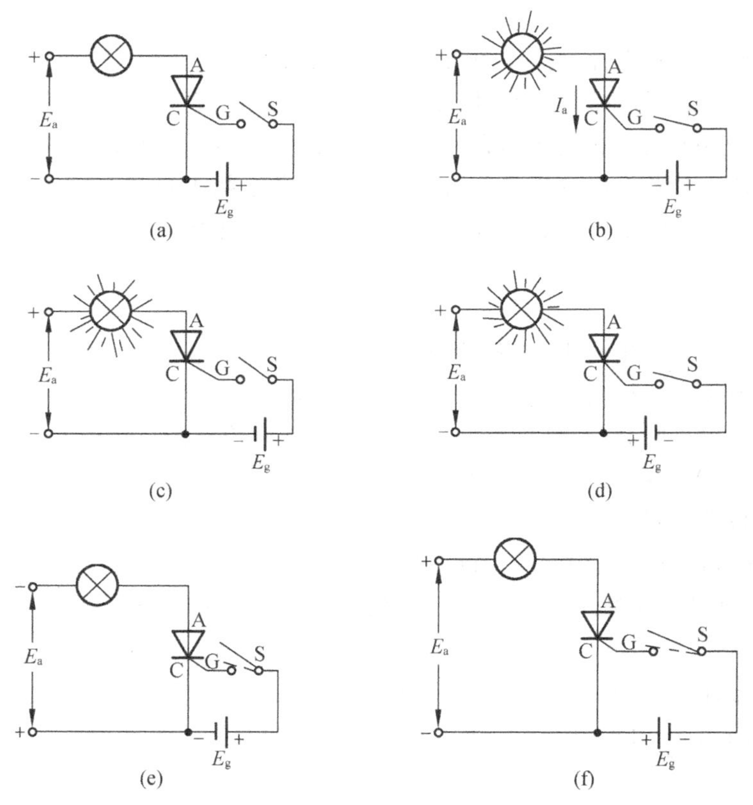

图 1.39　可控硅工作原理

通过上述实验，表明可控硅导通只有同时具备正向阳极电压和正向控制电压这两个条件时，可控硅才能导通。可控硅一旦导通后，控制电压就失去作用，要使其关断，必须把正向阳极电压或通态电流降低到一定值。将阳极电压断开或反向也能使其关断。

可控硅的控制极电压、电流通常都比较低，电压只有几伏，电流只有几十至几百毫安，而被控制的器件中可以通过高达几千伏的电压和上千安培以上的电流。可控硅具有控制特性好、效率高、耐压高、容量大、反应快、寿命长、体积小、重量轻等优点。可控硅相当于一只无触点单向可控导电开关，以弱电去控制强电的各种电路。利用可控硅的这种特性，我们将它用于可控整流、交直流变换、调速、开关、调光等自动控制电路中。

1.5.2 集成电路

集成电路是用半导体工艺或薄、厚膜工艺(或这些工艺的结合),将晶体二极管、双极型晶体三极管、场效应晶体管、电阻、电容等元器件按照设计电路要求连接起来,共同制作在一块硅或绝缘体基片上,然后封装而成为具有特定功能的完整电路。由于将元件集成于半导体芯片上,代替了分立元件,集成电路具有体积小、重量轻、功耗低、性能好、可靠性高、电路性能稳定、成本低等优点。几十年来,集成电路的生产技术取得了迅速的发展,改变了传统电子工业和电子产品的面貌,集成电路得到了极其广泛的应用。

1) 集成电路的分类

(1) 按制作工艺

薄膜集成电路、厚膜集成电路、半导体集成电路、混合集成电路。

①薄膜集成电路

在绝缘基片上,采用薄膜工艺形成有源元件、无源元件和互连线而构成的电路称为薄膜电路,目前应用不普遍。

②厚膜集成电路

在陶瓷等绝缘基片上,用厚膜工艺制作厚膜无源网络,而后装接二极管、三极管或半导体集成电路芯片,构成具有特定功能的电路称之为厚膜集成电路。主要用于收音机、电视机电路。

③半导体集成电路

用平面工艺在半导体晶片上制成的电路称半导体集成电路。根据采用的晶体管不同,分为双极型集成电路和 MOS 集成电路。双极型集成电路又称 TTL 电路,其中的晶体管和常用的二极管、三极管性能一样。MOS 集成电路,采用了 MOS 场效应管等。它分为 N 沟道 MOS 电路,简称 NMOS 集成电路,P 沟道 MOS 电路,简称 PMOS 集成电路。由 N 沟道、P 沟道 MOS 晶体管互补构成的互补 MOS 电路,简称 CMOS 集成电路。半导体集成电路工艺简单,集成度高,是目前应用最广泛、品种最多、发展迅速的一种集成电路。

④混合集成电路

采用半导体工艺和薄膜、厚膜工艺混合制作而成的集成电路称混合集成电路。

(2) 按集成规模分

①小规模集成电路

芯片上的集成度(即集成规模):10 个门电路或 10～100 个元件。

②中规模集成电路

芯片上的集成度:10～100 个门电路或 100～1 000 个元件。

③大规模集成电路

芯片上的集成度:100 个以上门电路或 1 000 个以上元器件。

④超大规模集成电路

芯片上的集成度:10 000 个以上门电路或十万个以上元器件。

(3) 按功能分

①数字集成电路

能够传输“0”和“1”两种状态信息并完成逻辑运算和存储、传输及转换的电路。数字电路的基本形式有门电路和触发器电路两种。将两者结合起来，就可以组成计数器、寄存器、译码器等各种类型的数字电路。

用双极型晶体管或 MOS 场效应管作为核心器件的可以制成双极型数字集成电路或 MOS 场效应数字集成电路。常用的双极型数字集成电路有 54××，74××，74LS××系列。常用的 CMOS 场效应数字集成电路有 4 000，74HC××系列。

大规模数字集成电路多为 MOS 电路，常见的有 ROM（只读存储器）、RAM（随机存储器）、EPROM（可编程只读存储器）、Z80-CPU 以及其他多种电路。

②模拟集成电路

除了数字集成电路以外的集成电路都称为模拟集成电路。模拟集成电路分为线性集成电路和非线性集成电路。线性集成电路指输出、输入信号呈线性关系的电路，最常见的是各类运算放大器。

输出信号不随输入信号线性变化的电路称非线性集成电路，如对数放大器、检波器、变频器、稳压电路以及家用电器中专用集成电路等。

③微波集成电路

工作频率在 1 000MHz 以上的微波频段的集成电路称为微波集成电路，多用于卫星通讯、导航、雷达等方面。其实它也是模拟集成电路，只是由于频率高，许多工艺、元件等都有特殊要求，所以将其单独归为一类。

2）集成电路的封装形式

集成电路的外封装形式大致可分为三种。

（1）金属封装

即圆型金属外壳封装（晶体管式封装），散热性好，可靠性高。但安装使用不方便，成本较高。这种封装形式常用于高精度集成电路或大功率器件。这种封装的管脚识别以管键为参考标志，以健为起点，逆时钟数 1、2、3、4…

（2）陶瓷封装

有扁平型陶瓷封装和双列直插型陶瓷封装。

（3）塑料封装

有塑料扁平型封装和塑料双列直插型封装、塑料单列直插式封装。这种封装工艺简单、成本低，是最常见的一种封装形式。

陶瓷封装和塑料封装的集成电路它们的引线分别有 8 根、10 根、12 根、14 根、16 根等多种，引出线多的可达 60 多根。引线脚排列的识别，一般在封装外壳标有色点、凹槽及封装时压出的圆形标志。对于扁平型或双列直插型集成块引出脚的识别方法为：将集成块水平放置，引出脚向下，标志对着自己身体，右边靠身体第一的即为第一引线脚，按逆时针方向数，依次为第二引线脚、第三引线脚……

图 1.40 所示为三种封装形式的集成块外形。

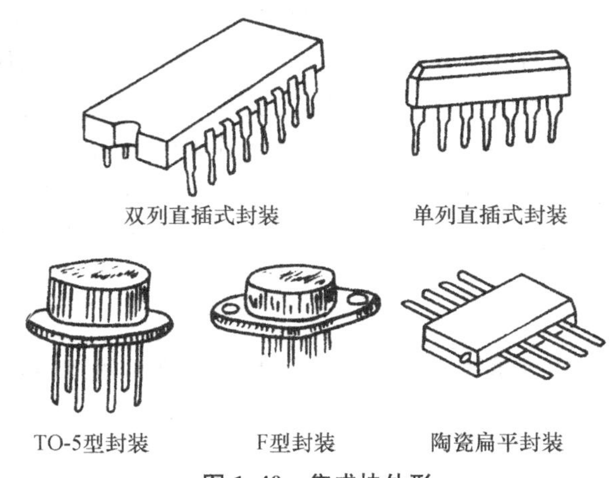

图 1.40 集成块外形

图 1.41 为双列直插型和扁平型集成块引出脚的识别图示。

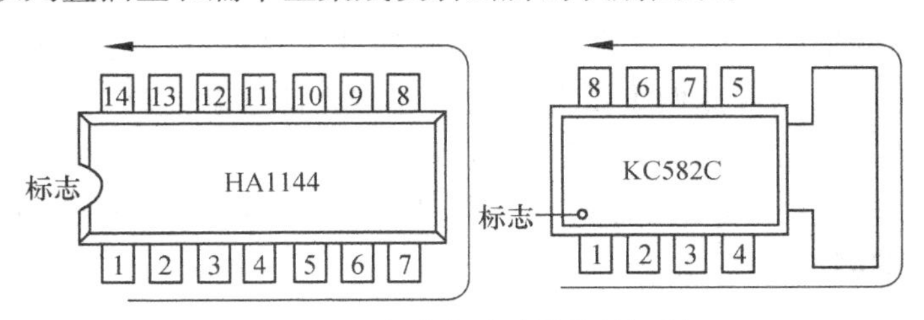

图 1.41 集成电路引线脚的识别

1.6 万用表

万用表又称复用表、繁用表或三用表，是一种多量程和测量多种电量的便携式复用电工测量仪表。一般的万用表以测量电阻，交、直流电流，交、直流电压为主。有的万用表还可以用来测量音频电平、电容量、电感量和晶体管的 β 值等。

由于万用表结构简单，便于携带，使用方便，用途多样，量程范围广，因而它是维修仪表和调试电路的重要工具，是一种最常用的测量仪表。

1.6.1 模拟式万用表

万用表的种类很多，按其读数方式可分为模拟式万用表和数字式万用表两类。模拟式万用表是通过指针在表盘上摆动的大小来指示被测量的数值，因此，也称其为机械指针式万用表。由于它价格便宜、使用方便、量程多、功能全等优点深受使用者的欢迎。

1) 万用表的组成

万用表在结构上主要由表头(指示部分)、测量电路、转换装置三部分组成。万用表的面板上有带有多条标度尺的刻度盘、转换开关旋钮、调零旋钮和接线插孔等。

(1) 表头

万用表的表头一般都采用灵敏度高，准确度好的磁电式直流微安表。它是万用表的关键部件，万用表性能如何，很大程度大取决于表头的性能。表头的基本参数包括表头内阻、灵敏度和直线性，这是表头的三项重要技术指标。表头内阻是指动圈所绕漆包线的直流电阻，严格讲还应包括上下两盘游丝的直流电阻。内阻高的万用表性能好。多数万用表表头内阻在几千欧姆左右。表头灵敏度是指表头指针达到满刻度偏转时的电流值，这个电流数值越小，说明表头灵敏度越高，这样的表头特性就越好。通电测试前表针必须准确地指向零位。通常表头灵敏度只有几微安到几百微安。表头直线性，是指表针偏转幅度与通过表头电流强度幅度是相互一致的。

(2) 测量电路

测量电路是万用表的重要部分。正因为有了测量电路才使万用表成了多量程电流表、电压表、欧姆表的组合体。

万用表测量电路主要由电阻、电容、转换开关和表头等部件组成。在测量交流电量的电路中，使用了整流器件，将交流电变换成为脉动直流电，从而实现对交流电量的测量。

(3) 转换装置

它是用来选择测量项目和量限的。主要由转换开关、接线柱、旋钮、插孔等组成。转换开关是由固定触点和活动触点两大部分组成。通常将活动触点称为“刀”，固定触点称为“掷”。万用表的转换开关是多刀多掷的，而且各刀之间是联动的。转换开关的具体结构因万用表的不同型号而有差异。当转换开关转到某一位置时，可动触点就和某个固定触点闭合，从而接通相应的测量电路。

2) 万用表表盘

万用表是可以测量多种电量，具有多个量程的测量仪表，为此万用表表盘上都印有多条刻度线，并附有各种符号加以说明。

电流和电压的刻度线为均匀刻度线，欧姆挡刻度线为非均匀刻度线。

不同电量用符号和文字加以区别。直流量用“—”或“DC”表示，交流量用“∽”或“AC”表示，欧姆刻度线用“Ω”表示。

为便于读数，有的刻度线上有多组数字。

多数刻度线没有单位，为了便于在选择不同量程时使用。

万用表表盘上经常出现的图形符号和字母的意义列表于表 1.11 中。

表 1.11　万用表表盘常用符号及其意义

符号与数字	表　示　意　义
	整流式磁电系仪表
5	外壳与电路的绝缘试验电压为 5kV
—2.5	直流电流和直流电压的准确度为：2.5 级(±2.5%)
～5.0	交流电压和输出音频电平的准确度为 5.0 级(±5.0%)
!	电阻量限基准值为标度尺工作部分长度，按产品标准规定标度盘上不标志等级指数

续表 1.11

符号与数字	表 示 意 义
┌──┐	标度尺位置为水平的
Ω	测量直流电阻的刻度
DCV. A	测量直流电压或电流的刻度
ACV	测量交流电压的刻度
dB	测量输出电平的刻度
h_{FE}	测量晶体管 β 值的刻度
I_{CEO}	测量晶体管穿透电流 I_{CEO} 的刻度
20kΩ/V 0.15～220V DC	直流电压挡级的灵敏度为 20 000Ω/V(直流电压范围为 0.15V 至 220V)
9kΩ/V AC&(500～1 500V DC)	交流电压挡级的灵敏度为 9 000Ω/V(被测电压还包括直流 500V～1 500V 电压)

3) 万用表的工作原理

万用表是由电流表、电压表和欧姆表等各种测量电路通过转换装置组成的综合性仪表。了解各测量电路的原理也就掌握了万用表的工作原理,各测量电路的原理基础就是欧姆定律和电阻串并联规律。下面分别介绍各种测量电路的工作原理。

(1) 直流电流的测量电路

万用表的直流电流测量电路实际上是一个多量程的直流电流表。由于表头的满偏电流很小,所以采用分流电阻来扩大量程,一般万用表采用闭路抽头式环形分流电路,如图 1.42 所示。

这种电路的分流回路始终是闭合的。转换开头换接到不同位置,就可改变直流电流的量程,这和电流表并联分流电阻扩大量程的原理是一样的。

(2) 直流电压的测量电路

万用表测量直流电压的电路是一个多量程的直流电压表,如图 1.43 所示。它是由转换开关换接电路中与表头串联的不同的附加电阻,来实现不同电压量程的转换。这和电压表串联分压电阻扩大量程的原理是一样的。

(3) 交流电压的测量电路

磁电式微安表不能直接用来测量交流电,必须配以整流电路,把交流变为直流,才能加以测量。测量交流电压的电路是一种整流系电压表。整流电路有半波整流和全波整流电路两种。

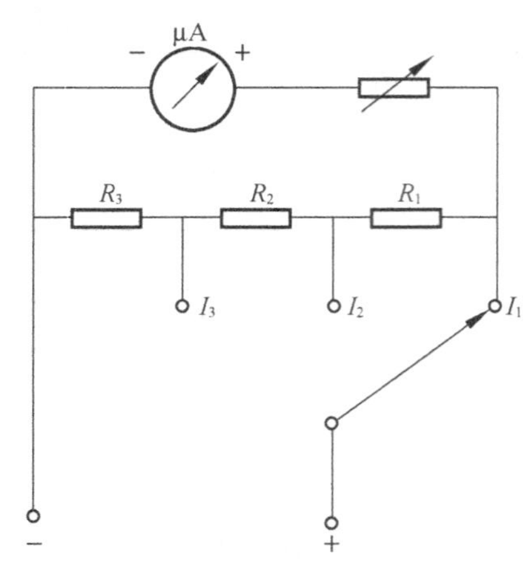

图 1.42　多量程直流电流表原理图

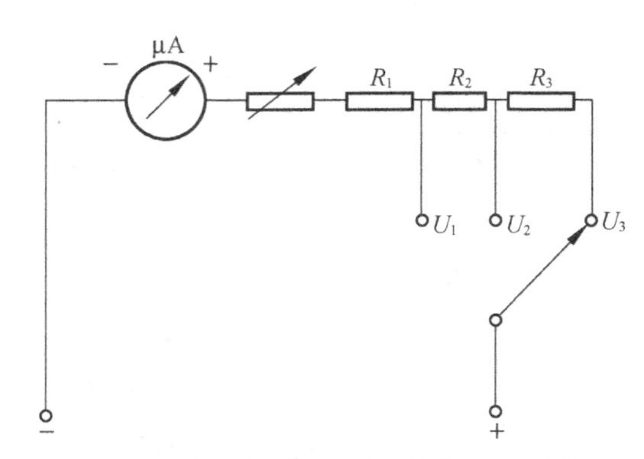

图 1.43　多量程直流电压表原理图

整流电流是脉动直流，流经表头形成的转矩大小是随时变化的。由于表头指针的惯性，它来不及随电流及其产生的转矩而变化，指针的偏转角将正比于转矩或整流电流在一个周期内的平均值。

流过表头的电流平均值 I_0 与被测正弦交流电流有效值 I 的关系为

半波整流时　　　　　$I=2.22I_0$

全波整流时　　　　　$I=1.11I_0$

由以上两式可知，表头指针偏转角与被测交流电流的有效值也是正比关系。整流系仪表的标尺是按正弦量有效值来刻度的，万用表测交流电压时，其读数是正弦交流电压的有效值，它只能用来测量正弦交流电，如测量非正弦交流电，会产生大的误差。如图 1.44 和图 1.45 所示，为测量交流电压的电路。

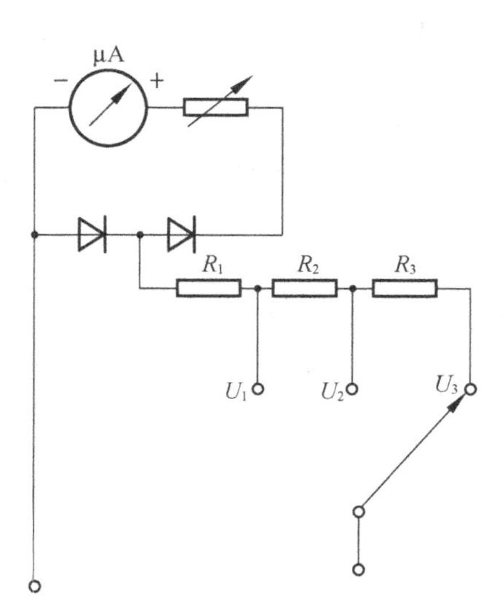

图 1.44　半波整流多量程交流电压表原理图

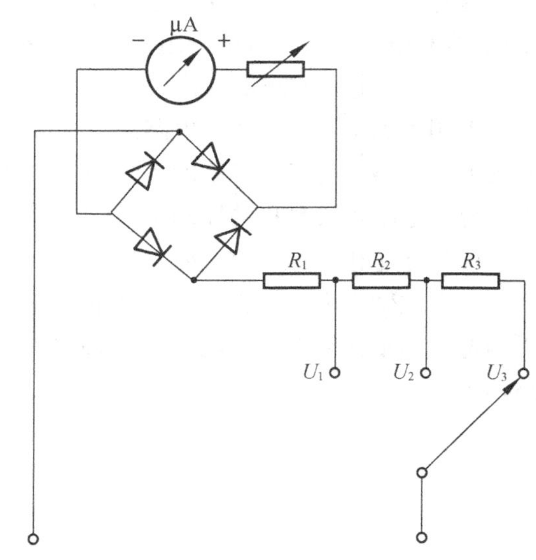

图 1.45　全波整流多量程交流电压表原理图

（4）直流电阻的测量电路

在电压不变的情况下，如回路电阻增加一倍，则电流减为一半，根据这个原理，就可制作一只欧姆表。万用表的直流电阻测量电路，就是一个多量程的欧姆表。其原理电路如图 1.46 所示。

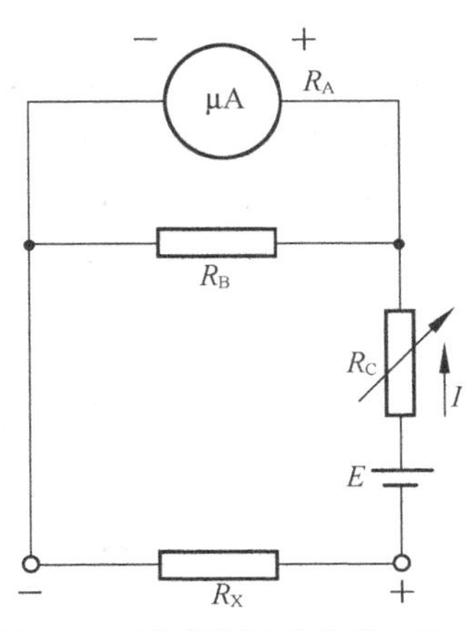

图 1.46　欧姆表测量电阻原理

把欧姆表“+”、“−”表笔短路，调节限流电阻 R_c 使表针指到满偏转位置，在对应的电阻刻度线上，该点的读数为 0。此时电流为：

$$I=\frac{E}{R_Z}$$

或

$$E=IR_Z$$

式中：R_Z——欧姆表的综合内阻。

$$R_Z=R_C+\frac{R_A\cdot R_B}{R_A+R_B}+r_0$$

式中：R_C——限流电阻；

R_A——表头内阻；

R_B——分流电阻；

r_0——干电池内阻。

去掉短路，在“+”、“−”间接上被测电阻 R_X，则电流下降为 I'，此时

$$I'=\frac{E}{R_Z+R_X}=\frac{IR_Z}{R_Z+R_X}=\frac{R_Z}{R_Z+R_X}I$$

当　$R_X=0$ 时，$I'=I$；

$R_X=R_Z$ 时，$I'=I/2$；

$R_X=2R_Z$ 时，$I'=I/3$；

…

$R_X=\infty$时，$I'=0$。

由上可知，I'的大小即反映了 R_X 的大小，两者的关系是非线性的，欧姆标度为不等分的倒标度。当被测电阻等于欧姆表综合内阻时（即 $R_X=R_Z$），指针指在表盘中心位置，所以 R_Z 的数值又叫做中心阻值，称为欧姆中心值。由于欧姆表的分度是不均匀的，在靠近欧姆中心值的一段范围内，分度较细，读数较准确，当 R_X 的值与 R_Z 较接近时，被测电阻值的相对误差较小。对于不同阻值的 R_X 值，应选择不同量程，使 R_X 与 R_Z 值相接近。

欧姆测量电路量程的变换，实际上就是 R_Z 和电流 I 的变换。一般万用表中的欧姆量程有 $R\times1$、$R\times10$、$R\times100$、$R\times1k$、$R\times10k$ 等，其中 $R\times1$ 量程的 R_X 值，可以从欧姆标度上直接读得。

在多量程欧姆测量电路中，当量程改变时，保持电源电压 E 不变，改变测量电路的分流电阻，虽然被测电阻 R_X 变大了，而通过表头的电流仍保持不变，同一指针位置所表示的电阻值相应变大。被测电阻的阻值应等于标度尺上的读数，乘以所用电阻量程的倍率，如图 1.47 所示。

电源干电池 E，在使用中其内阻和电压都会发生变化，并使 R_Z 值和 I 改变。I 值与电源电压成正比。为弥补电源电压变化引起的测量误差，在电路中设置调节电位器 W。在使用欧姆量程时，应先将表笔短接，调节电位器 W，使指针满偏，指示在电阻值的零位。即进行"调零"后，再测量电阻值。

在 $R\times10\text{k}$ 量程上，由于 R_Z 很大，I 很小，当 I 小于微安表的本身额定值，就无法进行测量。因此在 $R\times10\text{k}$ 量程，一般采用提高电源电压的方法来实现扩大其量程，如图 1.48 所示。

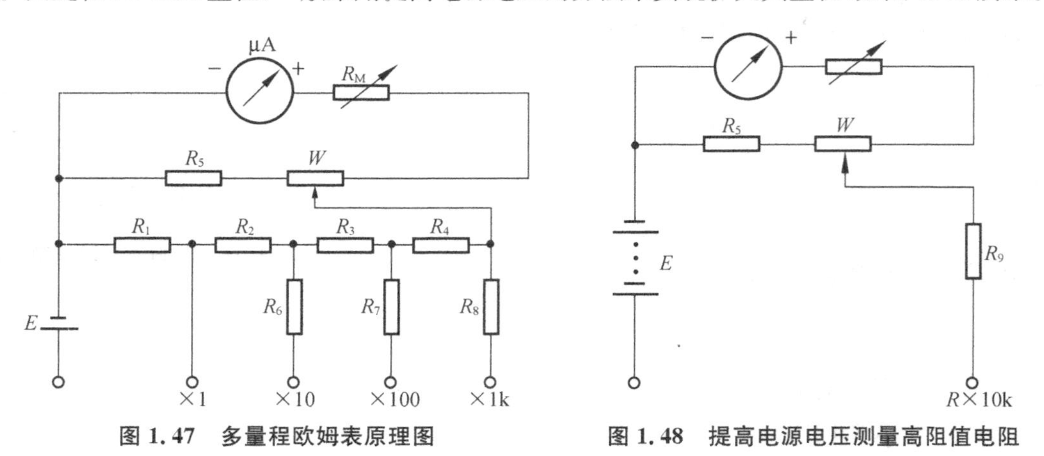

图 1.47　多量程欧姆表原理图　　图 1.48　提高电源电压测量高阻值电阻

图 1.49 所示为 MF-47 型万用表的原理电路图。

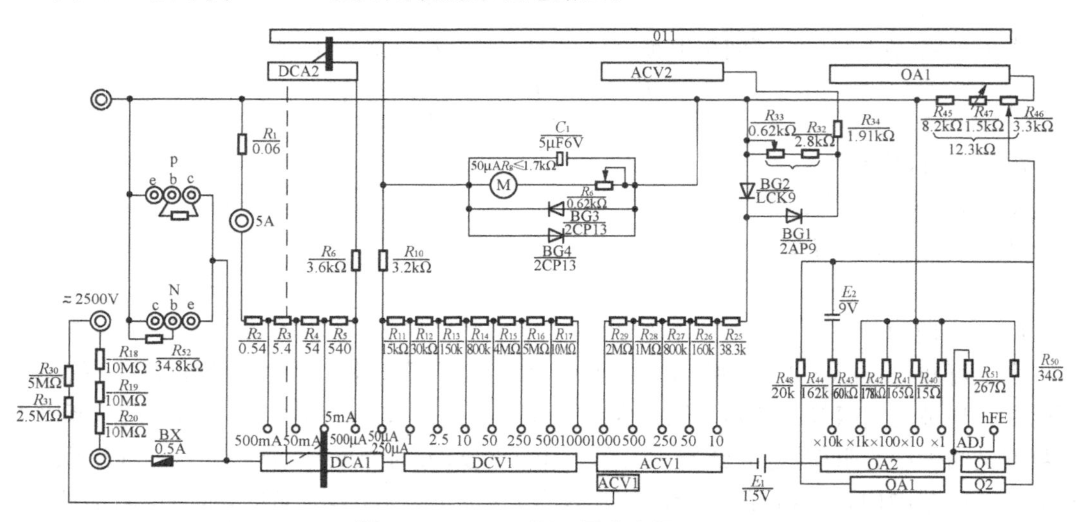

图 1.49　MF-47 型万用表电原理图

4）正确使用方法

万用表的类型较多，面板上的旋钮、开关的布局也有所不同。所以在使用万用表之前必须仔细了解和熟悉各部件的作用，认真分清表盘上各条标度所对应的量，详细阅读使用说明书。万用表的正确使用应注意以下几点：

（1）万用表在使用之前应检查表针是否在零位上，如不在零位上，可用小螺丝刀调节表盖上的调零器，进行"机械调零"，使表针指在零位。

（2）万用表面板上的插孔都有极性标记，测直流时，注意正负极性。用欧姆挡判别二极管极性时，注意“＋”插孔是接表内电池的负极，而“－”插孔（也有标为“ * ”插孔）是接表内电池正极。

(3) 量程转换开关必须拨在需测挡位置，不能拨错。如在测量电压时，误拨在电流或电阻挡，将会损坏表头。

(4) 在测量电流或电压时，如果对被测电流电压大小心中无数，应先拨到最大量程上试测，防止表针打坏。然后再拨到合适量程上测量，以减小测量误差。注意不可带电转换量程开关。

(5) 在测量直流电压、电流时，正负端应与被测的电压、电流的正负端相接。测电流时，要把电路断开，将表串接在电路中。

(6) 测量高压或大电流时，要注意人身安全。测试表笔要插在相应的插孔里，量程开关拨到相应的量程位置上。测量前还要将万用表架在绝缘支架上，被测电路切断电源，电路中有大电容的应将电容短路放电，将表笔固定接好在被测电路上，然后再接通电源测量。注意不能带电拨动转换开关。

(7) 测量交流电压、电流时，注意必须是正弦交流电压、电流。其频率，也不能超过说明书上的规定。

(8) 测量电阻时，首先要选择适当的倍率挡，然后将表笔短路，调节“调零”旋钮，使表针指零，以确保测量的准确性。如“调零”电位器不能将表针调到零位，说明电池电压不足，需更换新电池，或者内部接触不良需修理。不能带电测电阻，以免损坏万用表。在测大阻值电阻时，不要用双手分别接触电阻两端，防止人体电阻并联上去造成测量误差。每换一次量程，都要重新调零。不能用欧姆挡直接测量微安表表头、检流计、标准电池等仪器、仪表的内阻。

(9) 在表盘上有多条标度尺，要根据不同的被测量去读数。测量直流量时，读“DC”或“－”那条标度尺，测交流量时读“AC”或“∽”标度尺，标有“Ω”的标度尺为测量电阻时使用。

(10) 每次测量完毕，将转换开关拨到交流电压最高挡，防止他人误用而损坏万用表。也可防止转换开关误拨在欧姆挡时，表笔短接而使表内电池长期耗电。

万用表长期不用时，应取出电池，防止电池漏液腐蚀和损坏万用表内零件。

1.6.2 数字万用表

数字万用表是采用集成电路模/数转换器和液晶显示器，将被测量的数值直接以数字形式显示出来的一种电子测量仪表。

数字万用表主要特点：

- 数字显示，直观准确，无视觉误差，并具有极性自动显示功能。
- 测量精度和分辨率都很高。
- 输入阻抗高，对被测电路影响小。
- 电路的集成度高，便于组装和维修，使数字万用表的使用更为可靠和耐久。
- 测试功能齐全。
- 保护功能齐全，有过压、过流保护，过载保护和超输入显示功能。
- 功耗低，抗干扰能力强，在磁场环境下能正常工作。
- 便于携带，使用方便。

1）组成与工作原理

数字万用表是在直流数字电压表的基础上扩展而成的。为了能测量交流电压、电流、电阻、电容、二极管正向压降、晶体管放大系数等电量，必须增加相应的转换器，将被测电量转换成直流电压信号，再由 A/D 转换器转换成数字量，并以数字形式显示出来。数字万用表的基本结构如图 1.50 所示。它由功能转换器、A/D 转换器、LCD 显示器（液晶显示器）、电源和功能/量程转换开关等构成。

常用的数字万用表显示数字位数有三位半、四位半和五位半之分。对应的数字显示最大值分别为 1 999、19 999 和 199 999，并由此构成不同型号的数字万用表。

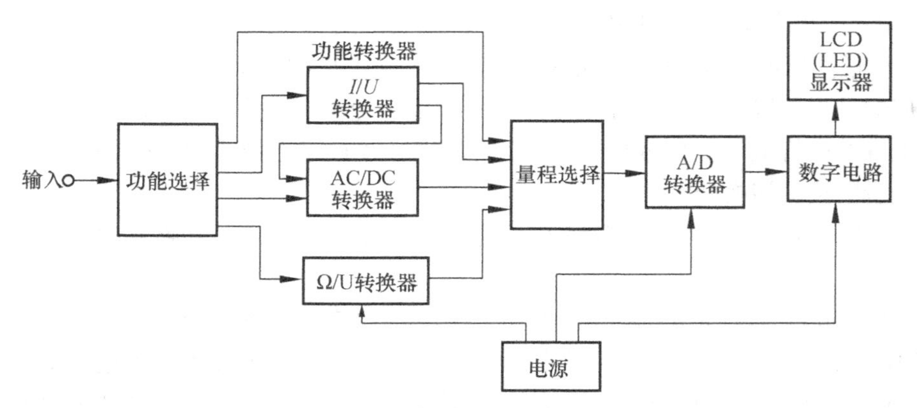

图 1.50　数字万用表的基本结构

2）数字万用表的使用方法

（1）DT9101 型数字万用表

DT9101 型数字万用表是一种操作方便、读数准确、功能齐全、体积小巧、携带方便、用电池作电源的手持袖珍式大屏幕液晶显示三位半数字万用表。本仪表可用来测量直流电压/电流；交流电压/电流，电阻，二极管正向压降，晶体三极管 h_{FE}参数及电路通断等。

DT9101 面板图如图 1.51 所示。

（2）使用方法

①直流电压测量

• 将黑色表笔插入 COM 插孔，红色表笔插入 VΩ 插孔。

• 将功能开关置于 DCV 量程范围，并将表笔并接在被测负载或信号源上，详见图示。在显示电压读数时，同时会指示出红表笔的极性。

注意：a. 在测量之前不知被测电压的范围时应将功能开关置于高量程挡后逐步调低。

b. 仅在最高位显示“1”时，说明已超过量程，须调高一挡。

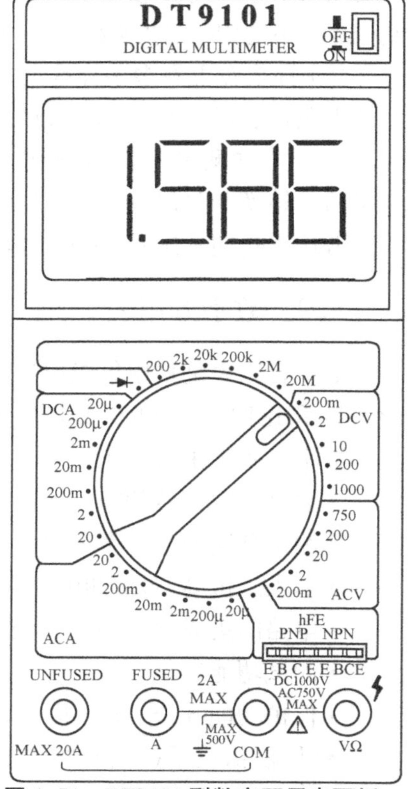

图 1.51　DT9101 型数字万用表面板

c. 不要测量高于 1 000V 的电压,虽然有可能读得读数,但可能会损坏内部电路。

d. 特别注意在测量高压时,避免人体接触到高压电路。

②交流电压测量

• 将黑表笔插入 COM 插孔,红表笔插入 VΩ 插孔。

• 将功能开关置于 ACV 量程范围,并将测试笔并接在被测量负载或信号源上。

注意:a. 同直流电压测试注意事项 a、b、d。

b. 不要测量高于 750V 有效值的电压,虽然有可能读得读数,但可能会损坏万用表内部电路。

③直流电流测量

• 将黑表笔插入 COM 插孔。当被测电流在 2A 以下时红表笔插 A 插孔;如被测电流在 2~20A 之间,则将红表笔移至 20A 插孔。

• 功能开关置于 DCA 量程范围,测试笔串入被测电路中,详见图示。

红表笔的极性将由数字显示的同时指示出来。

注意:a. 如果被测电流范围未知,应将功能开关置于高挡后逐步调低。

b. 仅最高位显示"1"说明已超过量程,须调高量程挡级。

c. A 插口输入时,过载会将内装保险丝熔断,须予以更换保险丝规格应为 2A(外形 $\phi5\times20$mm)。

d. 20A 插口没有用保险丝,测量时间应小于 15s。

④交流电流测量

测试方法和注意事项类同直流电流测量。

⑤电阻测量

• 将黑表笔插入 COM 插孔,红表笔插入 VΩ 插孔(注意:红表笔极性为"+")。

• 将功能开关置于所需 Ω 量程上,将测试笔跨接在被测电阻上。

注意:a. 当输入开路时,会显示过量程状态"1"。

b. 如果被测电阻超过所用量程,则会指示出量程"1"须换用高挡量程。当被测电阻在 1MΩ 以上时,本表须数秒后方能稳定读数。对于高电阻测量这是正常的。

c. 检测在线电阻时,须确认被测电路已关去电源,同时电容已放电完毕。方能进行测量。

d. 有些器件有可能被进行电阻测量时所加的电流而损坏,表 1.12 列出了各挡的电压值和电流值。

表 1.12 电阻测量挡各挡电压值、电流值

量 程	A* (V)	B (V)	C (mA)
200Ω	0.65	0.08	0.44
2kΩ	0.65	0.3	0.27
20kΩ	0.65	0.42	0.06

续表 1.12

量　程	A* (V)	B (V)	C (mA)
200kΩ	0.65	0.43	0.007
2MΩ	0.65	0.43	0.001
20MΩ	0.65	0.43	0.000 1

* A 是插座上开路电压；B 是跨于相当满量程电阻上的电压值；C 是通过短路输入插口的电流值(以上所有数字均为典型值)。

⑥二极管测量

• 将黑表笔插入 COM 插孔，红表笔插入 VΩ 插孔(注意红表笔为"＋"极)。

• 将功能开关置于→⊢挡，并将测试笔跨接在被测二极管上。

注意：a. 当输入端未接入时，即开路时，显示过量程"1"。

b. 通过被测器件的电流为 1mA 左右。

c. 本表显示值为正向压降伏特值，当二极管反接时则显示过量程"1"。

⑦音响通断检查

• 将黑表笔插入 COM 插孔，红表笔插入 VΩ 插孔。

• 将功能开关置于○)))量程并将表笔跨接在欲检查之电路两端。

• 若被检查两点之间的电阻小于 30Ω 蜂鸣器便会发生声响。

注意：a. 当输入端接入开路时显示过量程"1"。

b. 被测电路必须在切断电源的状态下检查通断，因为任何负载信号将使蜂鸣器发声，导致判断错误。

⑧晶体管 h_{FE} 测量

• 将功能开关置于 h_{FE} 挡上。

• 先认定晶体三极管是 PNP 型还是 NPN 型，然后再将被测管 E、B、C 三脚分别插入面板对应的晶体三极管插孔内。

• 此表显示的则是 h_{FE} 近似值，测试条件为基极电流 10μA，U_{ce} 约 2.8V。

⑨液晶显示屏幕视角选择(见图 1.52)

一般使用条件或存放时，显示屏可呈锁紧状态。当使用条件需要改变显示屏视角时，可用手指按压显示屏上方的锁扣钮，并翻出显示屏，使其转到最适合观察的角度。

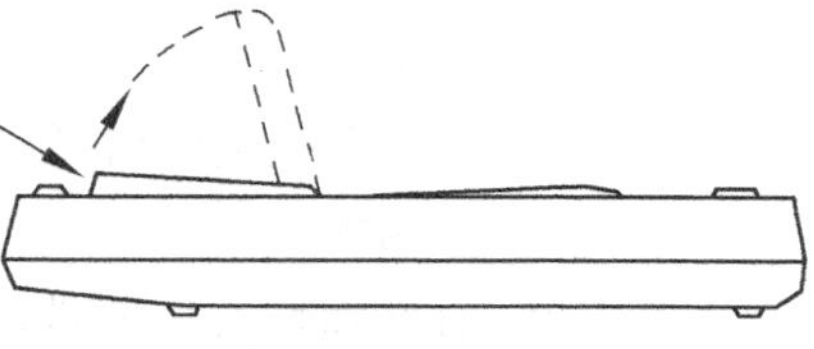

图 1.52　显示屏视角选择

(3) 维护事项

DT9101 数字万用表是一部精密电子仪表，不要随便改动内部电路以免损坏。

①不要接到高于 1 000V 直流或有效值 750V 交流以上的电压上去。

②切勿误接量程以免内外电路受损。

③仪表后盖未完全盖好时切勿使用。

④更换电池及保险丝须在拔去表笔及关断电池开关后进行(图 1.53)。旋出后盖螺钉，

轻轻地稍为掀起后盖并同时向前推后盖,使后盖上挂钩脱离表面壳即可取下后盖。按后盖上注意说明的规格要求更换电池或保险丝,本仪表保险丝规格为 2A250V,外形尺寸为 ϕ5mm×20mm。

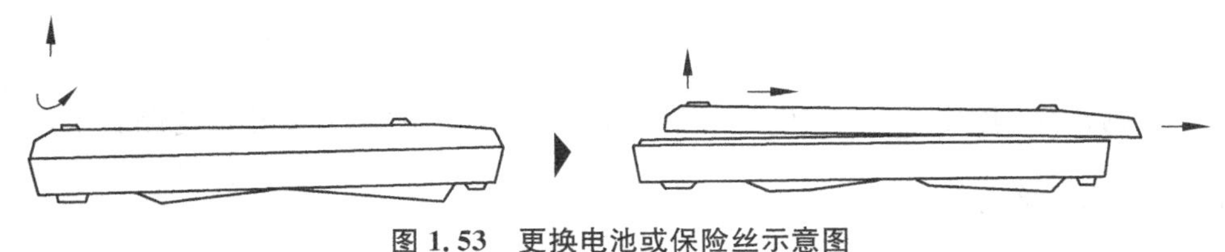

图 1.53 更换电池或保险丝示意图

1.7 实验——常用元器件的测试

1.7.1 实验目的

(1) 学会识别常用电子元器件;

(2) 学习用万用表测量电阻、电容的方法;

(3) 学习用万用表判断二极管及三极管的类型和管脚。

1.7.2 实验内容与步骤

(1) 电阻的测量

用万用表的欧姆挡来直接测定电阻阻值并和色标电阻标称值相比较。测量时被测电阻不能带电,倍率的选择要使指针偏转到容易读数的中段,每次测量前要调好零点。

(若用数字万用表的电阻挡来直接测量电阻,其准确度较高,可达 0.1%,电阻测量范围也较宽,从 $10^{-2}\Omega$ ~ 20MΩ。)

(2) 检查电容器的极性和质量

①用万用表判定电解电容器的极性:将万用表拨到欧姆挡($R\times1$k),用交换表笔的方法分别测正、反向漏电阻,由此判断电容器引脚的正负极性。

注意在交换表笔第二次测量时,应先将电容短路一下,防止表针打表。对于刚使用不久的电解电容器进行测量时,先把电容两极短路一下然后再测,防止电容器内积存的电荷经万用表放电,烧坏表头。

②用万用表检查漏电阻大小:电容器充好电时,$U_C=E$,充电电流 $I=0$,此时 $R\times1$k 挡的读数即代表电容器的漏电阻,记下漏电阻阻值。并说明该被测电容器质量是否完好。

(3) 判断二极管的极性和质量

将万用表拨到 $R\times100$ 或 $R\times1$k 的电阻挡,把二极管 2AP14 的两个管脚分别接到万用表的两根测试笔上,判别二极管极性。并记下其正向电阻和反向电阻值。说明该二极管质量是否完好。

(4) 判断三极管的类型和管脚

①确定基极;

②判断三极管是 NPN 型还是 PNP 型；

③判断三极管集电极 c 和发射极 e。

1.7.3 实验仪器与设备

(1) 万用表 1 台；

(2) 被测元件：电阻、电容、二极管及三极管、数字集成电路、模拟集成电路若干。

1.7.4 实验预习要求

(1) 读出被测色标电阻的标称值；

(2) 万用表在测量电阻之前，必须________；

(3) 万用表在测量电阻时，指针应在________位置，其测量准确度较高；

(4) 复习有关二极管和三极管的工作原理。

1.7.5 实验报告要求

(1) 将各个色标电阻的标称值和万用表实测值列表相比较，看是否相符；

(2) 小结用万用表检查电解电容器的极性和质量的方法；

(3) 总结用万用表判断三极管的类型和管脚以及二极管的极性和质量的方法；

(4) 实验报告内容包括：实验名称、实验目的、实验内容与步骤，相应的实验数据及实验数据的处理，实验报告要求讨论的问题。

1.8 要点及复习思考题

1) 要点

(1) 了解电阻、电容、电感及电位器等元件的规格及标识方法；

(2) 了解晶体管(二极管，三极管)和集成电路；

(3) 掌握万用表的结构、工作原理和使用方法。

2) 复习思考题

(1) 如何用万用表大致判断电容的大小与好坏？

(2) 如何用万用表识别二极管的正极和负极，如何用万用表识别三极管的 e、b、c？

(3) 用万用表 $R\times100$ 挡和 $R\times1k$ 挡分别测量二极管的正向电阻，结果数值不同，用 $R\times100$ 挡测得结果小，用 $R\times1k$ 挡测得的结果大，这是为什么？

(4) 一只磁电式电流表，量程原为 5A，内阻为 0.228Ω，将它与一只 0.012Ω 的分流电阻并联后量程变为多少？

(5) 一毫安表的内阻为 20Ω，量程为 12.5mA，如果把它改装成量程为 250V 的电压表，问需串多大的电阻？

(6) 图 1.54 是电阻分压电路，分别用内阻 R 为①25kΩ；②50kΩ；③500kΩ 的电压表测量时其读数为多少？由此可得出什么结论？

(7) MF27 万用表 $R\times1k$ 欧姆挡(中心电阻值为 10kΩ)简化电路如图 1.55 所示。

①求干电池电压最低为多少伏时，仍可实现调零？

②当干电池电压最低时，若某电阻测量值为 10kΩ，问实际值应为多少？测量结果的相对误差为多少？

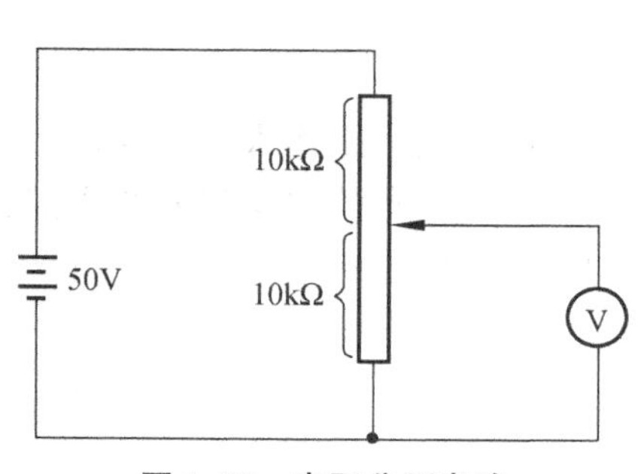

图 1.54　电阻分压电路

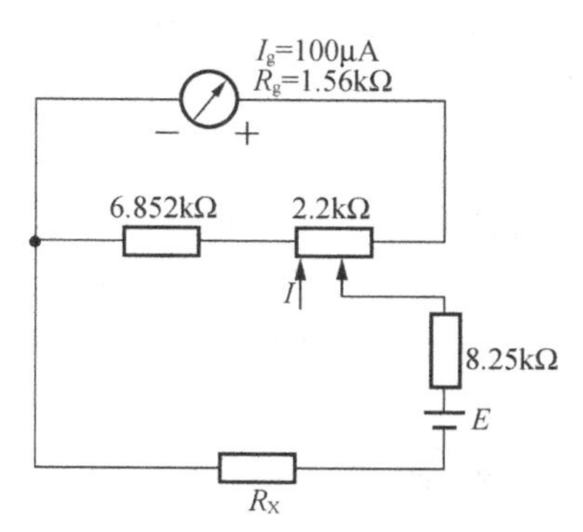

图 1.55　欧姆挡简化电路

2　常用电子仪器的使用

示波器、函数发生器、电子电压表和直流稳压电源是电子技术工作人员最常使用的电子仪器。本章主要介绍它们的基本组成、工作原理及使用方法。尽管本章仅介绍了部分产品型号，但其他型号产品大同小异，读者不难掌握它们的使用方法。

2.1　示波器

示波器是利用示波管内电子射线的偏转，在荧光屏上显示出电信号波形的仪器。它是一种综合性的电信号测试仪器，其主要特点是：①不仅能显示电信号的波形，而且还可以测量电信号的幅度、周期、频率和相位等；②测量灵敏度高、过载能力强；③输入阻抗高。因此示波器是一种应用非常广泛的测量仪器。

根据信号处理技术，示波器可分为模拟示波器和数字示波器两大类型。模拟示波器是应用模拟电子技术处理信号（模拟信号），来显示被测信号电压的波形并进行测量。数字示波器是先通过模数转换器将被测信号电压转变为数字信号，进行处理，再经数模转换电路转变为模拟信号，显现波形。

根据用途，示波器又可分为通用示波器，专用示波器（如高压示波器、高频示波器）、数字存储示波器、数字采样示波器等。

本节仅对常用的模拟式通用双踪示波器加以介绍。

2.1.1　示波器的组成及工作原理

1）示波器的组成

示波器主要由 Y 轴（垂直）放大器、X 轴（水平）放大器、触发器、扫描发生器、示波管及电源六部分组成，其方框图如图 2.1 所示。

示波管是示波器的核心。它的作用是把所观察的信号电压变成发光图形。示波管的构造如图 2.2 所示，它主要由电子枪、偏转系统和荧光屏三部分组成。电子枪由灯丝、阴极、控制栅极、第一阳极和第二阳极组成。灯丝通电时加热阴极，使阴极发射出电子。第一阳极和第二阳极分别加有相对于阴极为数百和数千伏的正电位，使得阴极发射的电子聚焦成一束，并且获得加速，电子束射到荧光屏上就产生光点。调节控制栅极的电位，可以改变电子束的密度，从而调节光点亮暗的程度。偏转系统包括 Y 轴偏转板和 X 轴偏转板两个部分，它们能将电子束按照偏转板上的信号电压作出相应的偏转，使得荧光屏上能绘出一定的波形。荧光屏是在示波管顶端内壁上涂有一层荧光物质制成的，这种荧光物质受高能电子束的轰击会产生辉光，而且还有余辉现象，即电子束轰击后产生的辉光不会立即消失，而将延续一段时间。之所以能在荧光屏幕上观察到一个连续的波形，除了人眼的残留特性外，正是利用了荧光屏余辉现象的缘故。

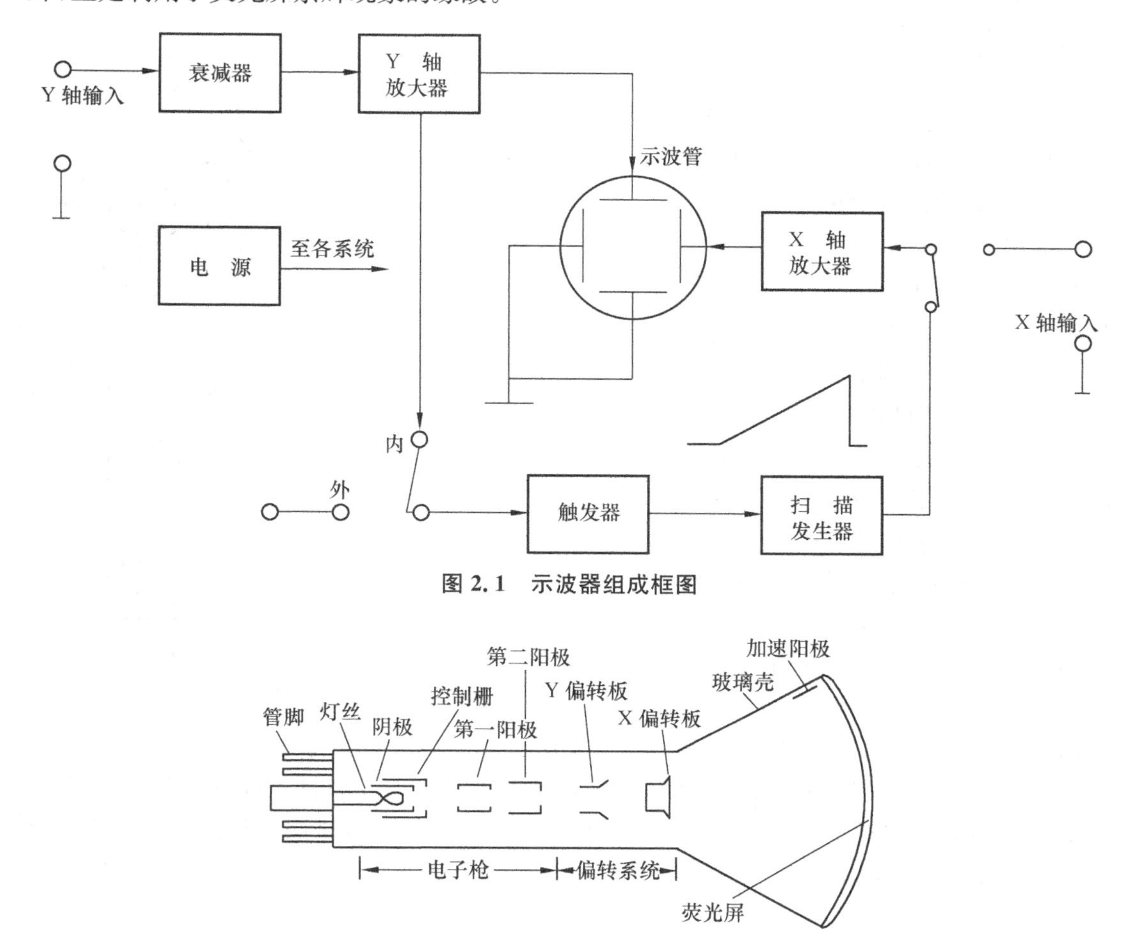

图 2.1 示波器组成框图

图 2.2 示波管的构造

示波管的灵敏度比较低，如果偏转板上的电压不够大，就不能明显地观察到光点的移位。为了保证有足够的偏转电压，Y 轴放大器将被观察的电信号加以放大后，送至示波管的 Y 轴偏转板。

扫描发生器的作用是产生一个周期性的线性锯齿波电压（扫描电压），如图 2.3 示。该扫描电压可以由扫描发生器自动产生，称自动扫描，也可在触发器来的触发脉冲作用下产生，称触发扫描。

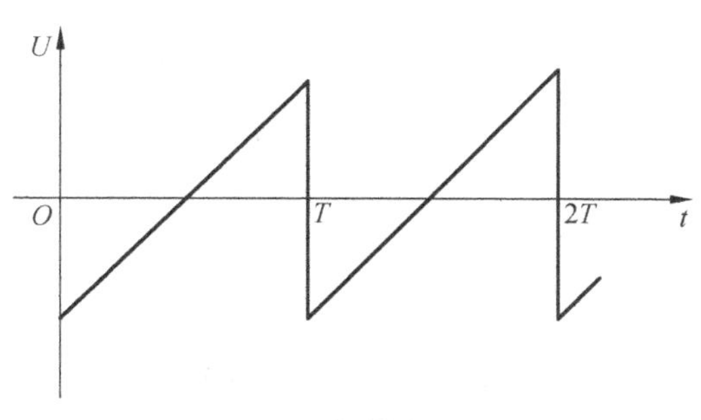

图 2.3 扫描电压

X 轴放大器的作用是将扫描电压或 X 轴输入信号放大后，送至示波管的 X 轴偏转板。

触发器将来自内部（被测信号）或外部的触发信号经过整形，变为波形统一的触发脉冲，用以触发扫描发生器。若触发信号来自内部，称为内触发；若来自于外来信号则称为外触发。

电源的作用是将市电 220V 的交流电压，转变为各个数值不同的直流电压，以满足各部分电路的工作需要。

2）示波器的基本工作原理

如果仅在示波管 X 轴偏转板加有幅度随时间线性增长的周期性锯齿波电压时，示波管屏面上光点反复自左端移动至右端，屏面上就出现一条水平线，称为扫描线或时间基线。如果同时在 Y 轴偏转板上加有被观察的电信号，就可以显示电信号的波形。显示波形的过程如图 2.4 所示。

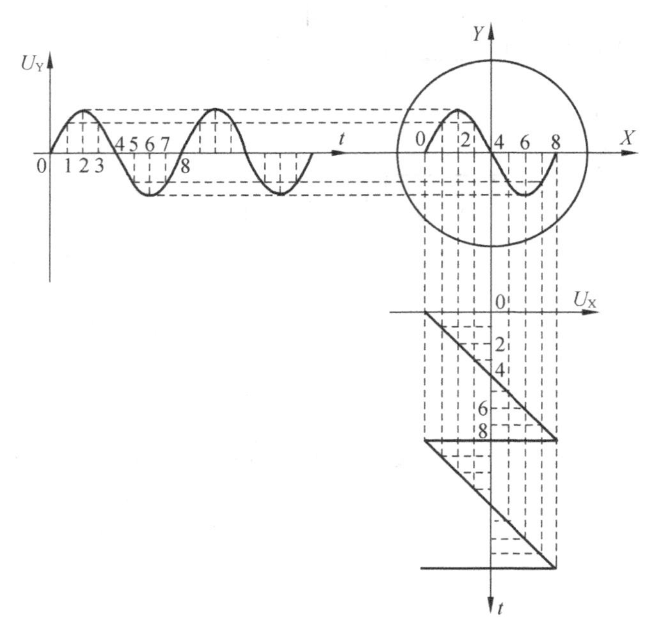

图 2.4　显示波形的原理

为了在荧光屏上观察到稳定的波形，必须使锯齿波的周期 T_X 和被观察信号的周期 T_Y 相等或成整数倍关系。否则稍有相差，所显示的波形就会向左或向右移动。例如，当 $T_Y<T_X<2T_Y$ 时，第一次扫描显示的波形，如图 2.5 中 0～4 所示，而第二次扫描显示的波形如图 2.5 中 4′～8 所示。两次扫描显示波形不相重合，其结果是好像波形不断向左移动。同理，当 $T_X<T_Y<2T_X$ 时，显示波形会不断向右移动。为使波形稳定而强制扫描电压周期与信号周期成整数倍关系的过程称为同步。

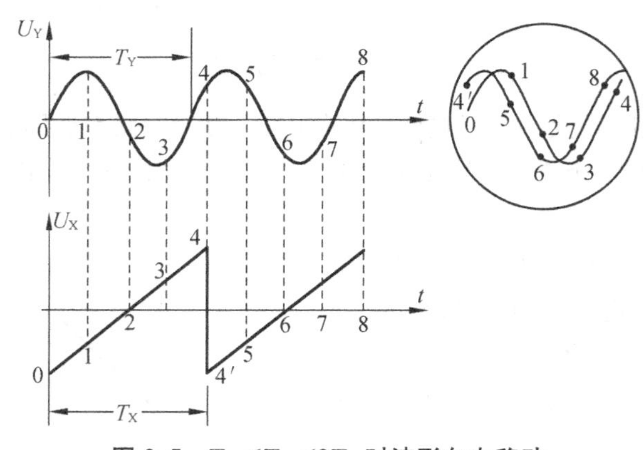

图 2.5　$T_Y<T_X<2T_Y$ 时波形向左移动

2.1.2　YB4324 型双踪示波器

1）面板操作键及功能说明

YB4324 型示波器的面板如图 2.6 所示。面板上各开关和旋钮的名称、作用说明如下。

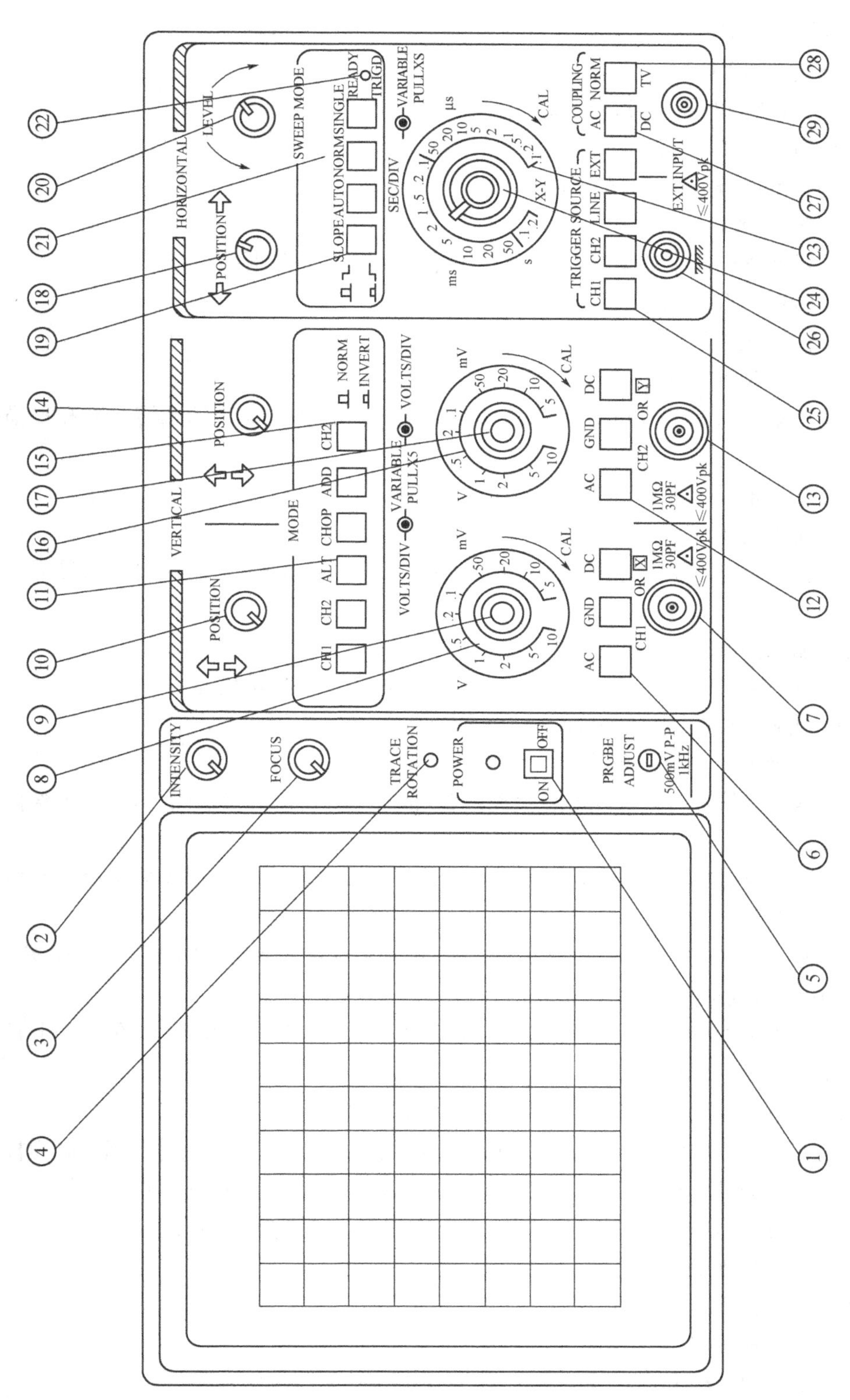

图 2.6 YB4324 型示波器面板

(1) 示波管显示部分

①电源开关(POWER)

按下此开关,仪器电源接通,指示灯亮。

②亮度旋钮(INTENSITY)

用以光迹亮度调节,顺时针方向旋转旋钮,光迹增亮。

③聚焦旋钮(FOCUS)

用以调节示波管电子束的聚焦,使显示的光点成为细小而清晰的圆点。

④光迹旋转钮(TRACE ROTATION)

调节该旋钮使光迹与水平刻度线平行。

⑤标准信号(PROBE ADJUST)

此端口输出幅度为 0.5V,频率为 1kHz 的方波信号,用以校准 Y 轴偏转因数和扫描时基因数。

(2) 垂直方向部分

⑦通道 1 输入插座(CH1 OR X)

此插座作为垂直通道 1 的输入端,当仪器工作在 Y-Y 方式时,该输入端的信号成为 X 轴信号。

⑬通道 2 输入插座(CH2 OR Y)

通道 2 的输入端,在 X-Y 工作方式时,该输入端的信号为 Y 轴信号。

⑥、⑫输入耦合方式选择开关(AC-GND-DC)

选择通道 1、通道 2 的输入耦合方式。

AC(交流耦合):信号与仪器经电容交流耦合,信号中的直流分量被隔开,用以观察信号中的交流成分。

DC(直接耦合):信号与仪器直接耦合,当需要观察信号的直流分量或被测信号频率较低时,应选用此方式。

GND(接地):仪器输入端处于接地状态,用以确定输入端为零电位时光迹所在位置。

⑧、⑯电压灵敏度选择开关(VOLTS/DIV)

用以选择垂直轴的电压偏转灵敏度,从 5mV/DIV～10V/DIV(DIV,格,在屏幕上长度为 1cm)分 11 个挡级,可根据被测信号的电压幅度选择合适的挡级。

⑨、⑰垂直微调拉出×5 旋钮(VARIABLE PULL×5)

用以连续调节垂直轴的电压灵敏度,调节范围大于 2.5 倍,该旋钮顺时针到底时为校准位置,此时可根据"VOLTS/DIV"开关度盘位置和屏幕显示幅度读取信号的电压值。当该旋钮在拉出位置时,垂直放大倍数扩展 5 倍,最高电压灵敏度变为 1mV/DIV。

⑩、⑭垂直位移(POSITION)

用以调节光迹在垂直方向的位置。

⑪垂直工作方式按钮(VERTICAL MODE)

选择垂直系统的工作方式。

CH1(通道 1):只显示通道 1 的信号。

CH2(通道 2):只显示通道 2 的信号。

ALT(交替):用于同时观察两路信号,此时两路信号交替显示,该方式适合于在扫描速率较快时使用。

CHOP(断续):两路信号断续方式显示,适合于在扫描速率较慢时同时观察两路信号。

ADD(相加):用于显示两路信号相加的结果。当 CH2 极性开关被按下时,则为两信号相减。

⑮CH2 极性开关

此按键未按下时,通道 2 的信号为常态显示,按下此键时,通道 2 的信号被反相。

(3) 水平方向部分

⑱水平移位(POSITION)

用于调节光迹在水平方向的位置。

⑲触发极性按键(SLOPE)

用以选择在被测信号的上升沿或下降沿触发扫描。

⑳触发电平旋钮(LEVEL)

用以调节在被测信号变化至某一电平时触发扫描。

㉑扫描方式选择按钮(SWEEP MODE)

选择产生扫描的方式。

AUTO(自动):自动扫描方式。当无触发信号输入时,屏幕上显示扫描基线,一旦有触发信号输入,电路自动转换为触发扫描状态。调节触发电平可使波形稳定。此方式适宜观察频率在 50Hz 以上的信号。

NORM(常态):触发扫描方式。无信号输入时,屏幕上无光迹显示,有信号输入,且触发电平旋钮在合适的位置时,电路被触发扫描。当被测信号频率低于 50Hz 时,必须选择该方式。

SINGLE(单次):单次扫描方式。按动此键,扫描电路处于等待状态,当触发信号输入时,扫描只产生一次,下次扫描需再次按动此键。

㉒触发(准备)指示(TRIG READY)

单次扫描方式时,该灯亮表示扫描电路处在准备状态,此时若有信号输入将产生一次扫描,指示灯随之熄灭。

㉓扫描时基因数选择开关(SEC/DIV)

由 0.1μs/DIV～0.2s/DIV 共分 20 个挡级。当扫描微调旋钮置于校准位置时,可根据该度盘位置和波形在水平轴的距离读出被测信号的时间参数。

㉔扫描微调拉×5 旋钮(VARIABLE　PULL×5)

用于连续调节扫描时基因数,调节范围大于 2.5 倍,顺时针旋转到底为校准位置。拉出此旋钮,水平放大倍数被扩展 5 倍,因此扫描时基因数旋钮的指示值应为原来的 1/5。

㉕触发源选择开关(TRIGGER SOURCE)

用以选择不同的触发源。

CH1(通道 1):在双踪显示时,触发信号来自通道 1。单踪显示时,触发信号来自被显示的信号。

CH2(通道 2):在双踪显示时,触发信号来自通道 2。单踪显示时,触发信号来自被显示的信号。

ALT(交替)：在双踪交替显示时，触发信号交替来自两个 Y 通道，此方式用于同时观察两路不相关的信号。

LINE(电源)：触发信号来自市电。

EXT(外接)：触发信号来自外触发输入端。

㉖接地端(⊥)

机壳接地端。

㉗外触发信号耦合方式开关(AC/DC)

当选择外触发源，且信号频率很低时，应将此开关置于 DC 位置。

㉘常态/电视选择开关(NORM/TV)

一般测量时，此开关置常态位置。当需观察电视信号时，应将此开关置电视位置。

㉙外触发输入端(EXT INPUT)

当选择外触发方式时，触发信号由此端口输入。

2) 使用方法

(1) 基本操作要点

①显示水平扫描基线：将示波器输入耦合开关于置接地(GND)，垂直工作方式开关置于交替(ALT)，扫描方式置于自动(AUT)，扫描时基因数开关置于 0.5ms/DIV，此时在屏幕上应出现两条水平扫描基线。如果没有，可能原因是辉度太暗，或是垂直、水平位置不当，应加以适当调节。

②用本机校准信号检查：将通道 1 输入端由探头接至校准信号输出端，按表 2.1 所示调节面板上开关、旋钮，此时在屏幕上应出现一个周期性的方波，如图 2.7 所示。如果波形不稳定，可调节触发电平(LEVEL)旋钮。若探头采用 1∶1，则波形在垂直方向应占 5 格，波形的一个周期在水平方向应占 2 格，如图 2.7 所示，此时说明示波器的工作基本正常。

表 2.1　用校准信号检查时，开关、旋钮的位置

控制件名称	作用位置	控制件名称	作用位置
亮度 INTENSITY	中间	输入耦合方式 AC-GND-DC	AC
聚焦 FOCUS	中间	扫描方式 SWEEP MODE	自动
位移(三只) POSITION	中间	触发极性 SLOPE	＿┌
垂直工作方式 VERTICAL MODE	CH1	扫描时基因数 SEC/DIV	0.5ms
电压灵敏度 VOLTS/DIV	0.1V	触发源 TRIGGER SOURCE	CH1
微调拉×5(三只) VARIABLE PULL×5	顺时针到底		

③观察被测信号：将被测信号接至通道 1 输入端，(若需同时观察两个被测信号，则分别接至通道 1、通道 2 输入端)，面板上开关、旋钮位置参照表 2.1，且适当调节 VOLTS/DIV、

SEC/DIV，LEVEL 等旋钮，使在屏幕上显示稳定的被测信号波形。

(2) 测量

①电压测量

在测量时应把垂直微调旋钮顺时针旋至校准位置，这样可以按 VOLTS/DIV 的指示值计算被测信号的电压大小。

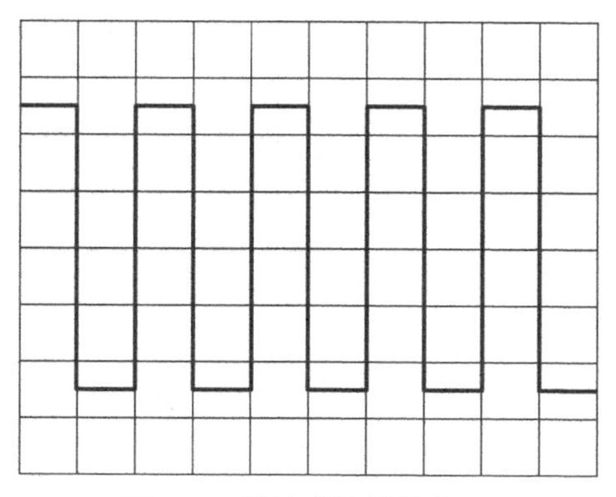

图 2.7　用校准信号检查

由于被测信号，一般含有交流和直流两种分量，因此在测试时应根据下述方法操作。

a. 交流电压的测量

当只测量被测信号的交流分量时，应将 Y 轴输入耦合开关置 AC 位置，调节 VOLTS/DIV 开关，使屏幕上显示的波形幅度适中，调节 Y 轴位移旋钮，使波形显示值便于读取，如图 2.8 所示。根据 VOLTS/DIV 的指示值和波形在垂直方向的高度 H(DIV)，被测交流电压的峰—峰值可由下式计算出：

$$U_{pp}=V/\mathrm{DIV}\times H$$

如果使用的探头置 10∶1 位置，则应将该值乘以 10。

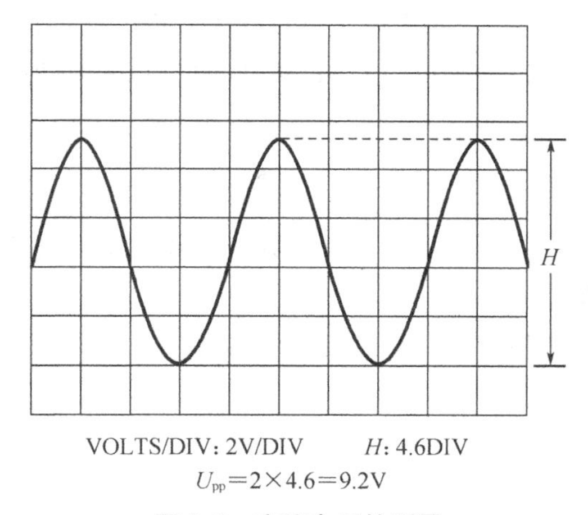

VOLTS/DIV: 2V/DIV　　H: 4.6DIV

$U_{pp}=2\times4.6=9.2\mathrm{V}$

图 2.8　交流电压的测量

b. 直流电压的测量

当需要测量直流电压或含直流分量的电压时，应先将 Y 轴输入耦合方式开关置 GND 位置，扫描方式开关置于 AUTO 位置，调节 Y 轴位移旋钮使扫描基线在某一合适的位置上，此时扫描基线即为零电平基准线，再将 Y 轴输入耦合方式开关转到 DC 位置。

参看图 2.9，根据波形偏离零电平基准线的垂直距离 H(DIV)及 VOLTS/DIV 的指示值，可以算出直流电压的数值。

$$U=V/\mathrm{DIV}\times H$$

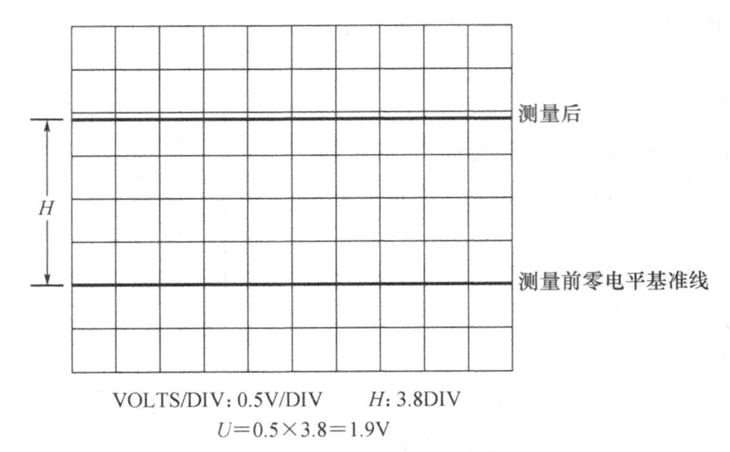

图 2.9　直流电压的测量

②时间测量

对信号的周期或信号任意两点间的时间参数进行测量时，首先水平微调旋钮必须顺时针旋至校准位置。然后，调节有关旋钮，显示出稳定的波形，再根据信号的周期或需测量的两点间的水平距离 D(DIV)，以及 SEC/DIV 开关的指示值，由下式计算出时间：

$$t=\text{SEC/DIV}\times D$$

当需要观察信号的某一细节(如快跳变信号的上升或下降时间)时，可将水平微调旋钮拉出，使显示的距离在水平方向得到 5 倍的扩展，此时测量的时间应按下式计算：

$$t=\frac{\text{SEC/DIV}\times D}{5}$$

a. 周期的测量

参见图 2.10，如波形完成一个周期，A、B 两点间的水平距离 D 为 8(DIV)，SEC/DIV 设置在 2ms/DIV，则周期为：

$$T=2\text{ms/DIV}\times 8\text{DIV}=16\text{ms}$$

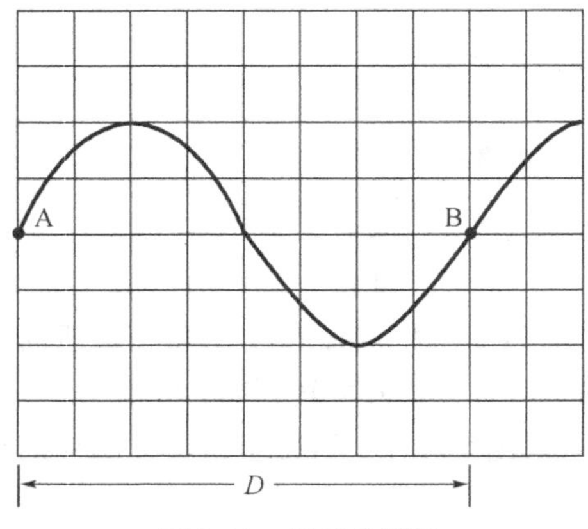

图 2.10　周期的测量

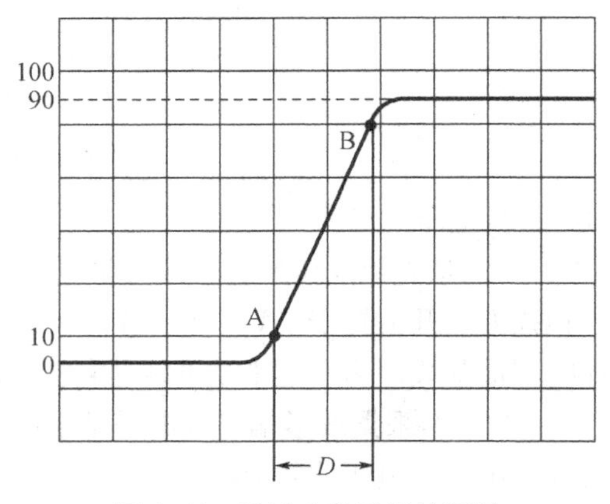

图 2.11　脉冲上升时间的测量

b. 脉冲上升时间的测量

参看图 2.11，如波形上升沿的 10%处(A 点)至 90%处(B 点)的水平距离 D 为

1.8DIV，SEC/DIV 置于 1μs/DIV，水平微调拉×5 旋钮被拉出，那么可计算出上升时间为：

$$t_r=\frac{1\mu s/DIV\times 1.8DIV}{5}=0.36\mu s$$

若测得结果 t_r 与示波器上升时间 t_s（本机为 17.5ns）相接近，则信号的实际上升时间 t'_r 应按下式求得：

$$t'_r=\sqrt{t_r^2-t_s^2}$$

c. 脉冲宽度的测量

参看图 2.12，如波形上升沿 50%处（A 点）至下降沿 50%处（B 点）间的水平距离 D 为 5 格，SEC/DIV 开关置于 0.1ms/DIV，则脉冲宽度为

$$t_p=0.1ms/DIV\times 5DIV=0.5ms$$

d. 两个相关信号时间差的测量

将触发源选择开关置于作为测量基准的通道，根据两个相关信号的频率，选择合适的扫描速度（扫描时基因数的倒数），且根据扫描速度的快慢，将垂直工作方式开关置于 ALT（交替）或 CHOP（断续）位置，双踪显示出信号波形。

参看图 2.13，如 SEC/DIV 置于 50μs/DIV，两测量点间的水平距离 D=3DIV，则时间差为：

$$t=50\mu s/DIV\times 3DIV=150\mu s$$

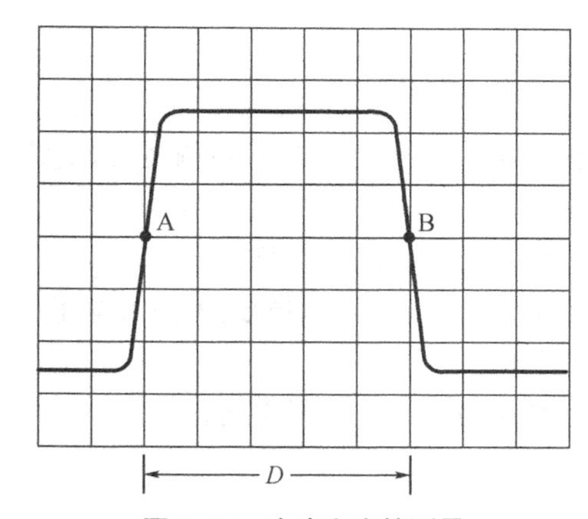

图 2.12　脉冲宽度的测量

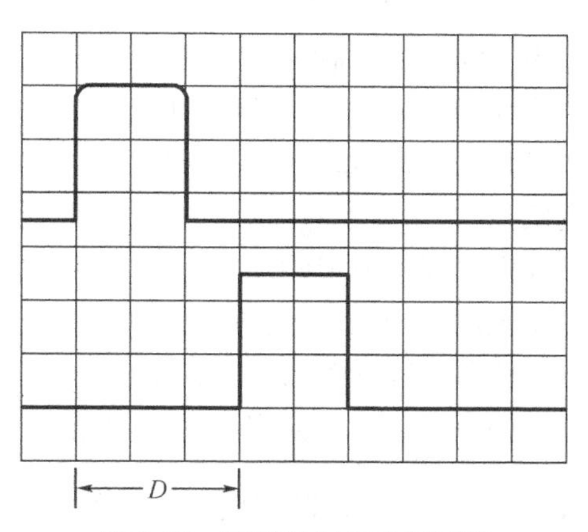

图 2.13　两信号时间差的测量

③频率测量

对于周期性信号的频率测量，可先测出该信号的周期 T，再根据公式：

$$f=\frac{1}{T}$$

计算出频率的数值。式中：f 为频率（Hz），T 为周期（s）。

例如，测出信号的周期为 16ms，那么频率为

$$f=\frac{1}{T}=\frac{1}{16\times 10^{-3}}=62.5Hz$$

④测量两个同频信号的相位差

将触发源选择开关置于作为测量基准的通道，采用双踪显示，在屏幕上显示出两个信

号的波形。由于一个周期是 360°，因此，根据信号一个周期在水平方向上的长度 L(DIV)，以及两个信号波形上对应点(A、B)间的水平距离 D(DIV)，参看图 2.14，由下式可计算出两信号间的相位差：

$$\varphi=\frac{360°}{L}\times D$$

通常为读数方便起见，可调节水平微调旋钮，使信号的一个周期占 9(DIV)，那么每格表示的相角为 40°，相位差为：

$$\varphi=40°/\text{DIV}\times D$$

例如，图 2.14 中，信号一个周期占 9 格，两个信号对应点 A、B 间水平距离为 1 格，则相位差为：

$$\varphi=40°/\text{DIV}\times 1\text{DIV}=40°$$

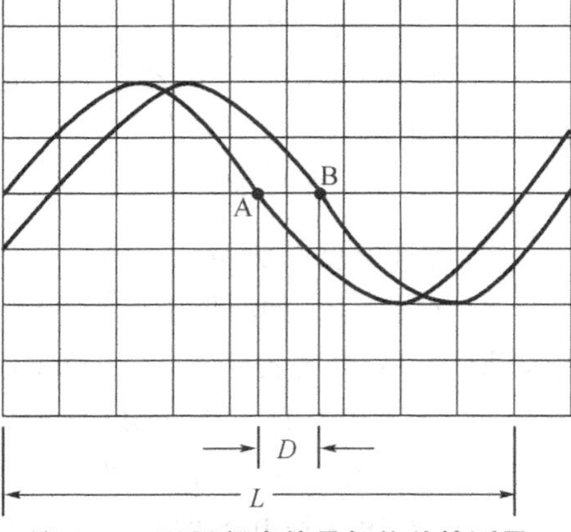

图 2.14　两同频率信号相位差的测量

⑤X－Y 工作方式

将扫描时基因数开关左旋至 X－Y 位置时，示波器为 X－Y 工作方式。在此方式下，CH1 信号送至 X 轴放大器，CH2 信号送至 Y 轴放大器，屏幕上显示的图形是这两个信号的合成，其图介的方法与图 2.4 所示的相类似。

3) 使用注意事项

为了安全、正确地使用示波器，必须注意以下几点：

①使用前，应检查电网电压是否与仪器要求的电源电压一致。

②显示波形时，亮度不宜过亮，以延长示波管的寿命。若中途暂时不观测波形，应将亮度调低。

③定量观测波形时，应尽量在屏幕的中心区域进行，以减小测量误差。

④被测信号电压(直流加交流的峰值)的数值不应超过示波器允许的最大输入电压。

⑤调节各种开关、旋钮时，不要过分用力，以免损坏。

⑥探头和示波器应配套使用，不能互换，否则可能导致误差或波形失真。

2.1.3　示波器的主要技术特性

示波器的技术特性是我们正确选用示波器的依据，它有许多项，下面仅介绍主要的几项。

1) Y 通道的频带宽度和上升时间

频带宽度($B=f_H-f_L$)，表征示波器所能观测的正弦信号的频率范围。由于下限频率 f_L 远小于上限频率 f_H，所以频带宽度约等于上限频率，即 $B\approx f_H$。频带宽度越大，表明示波器的频率特性越好。

上升时间(t_r)决定了示波器可以观察到的脉冲信号的最小边沿。

f_H 和 t_r 二者之间的关系是：

$$f_H\cdot t_r=0.35$$

式中：f_H 单位为 MHz；t_r 单位为 μs。例如，YB4324 型示波器的频带宽度为 20MHz，上升时间为 17.5ns。

为了减少测量误差，一般要求示波器的上限频率应大于被测信号最高频率的三倍以上，上升时间应小于被测脉冲上升时间的三倍以上。

2) Y 通道偏转灵敏度

偏转灵敏度表征示波器观察信号的幅度范围，其下限表征示波器观察微弱信号的能力，上限决定了示波器所能观察到信号的最大峰峰值。例如，YB4324 型示波器偏转灵敏度为 5mV/DIV～10V/DIV，在 5mV/DIV 位置时，5mV 的信号在屏幕上垂直方向占一格，在 10V/DIV 位置时，由于它的屏幕高度为 8 格，因此，输入电压的峰峰值不应超过 80V。

3) 扫描时基因数，扫描速度

扫描时基因数是光点在水平方向移动单位长度(1 格或 1cm)所需的时间，单位为 SEC/DIV。扫描速度是扫描时基因数的倒数，即单位时间内，光点在水平方向移动的距离，单位为 DIV/s，扫描时基因数越小，则扫描速度越高，表明示波器展宽高频信号波形或窄脉冲的能力越强。

4) 输入阻抗

输入阻抗是从示波器垂直系统输入端看进去的等效阻抗。示波器的输入阻抗越大，则对被测电路的影响就越小。通用示波器的输入电阻规定为 1MΩ，输入电容一般为 22～50pF。

2.2 函数发生器

函数发生器是一种能够产生多种波形的信号发生器。它的输出可以是正弦波，方波或三角波，输出电压的大小和频率都可以方便地调节，所以它是一种用途广泛的通用仪器。

2.2.1 函数发生器的组成及工作原理

函数发生器常用电路的组成框图如图 2.15 所示。它主要由正、负电流源，电流开关，时基电容，方波形成电路，正弦波形成电路，放大电路等部分组成。它的工作原理简要说明如下，正电流源、负电流源由电流开关控制，对时基电容 C 进行恒流充电和恒流放电。当电容恒流充电时，电容上电压随时间线性增长($u_C=\dfrac{Q}{C}=\int_0^t i\mathrm{d}t/C=\dfrac{It}{C}$)，当电容恒流放电时，其上电压随时间线性下降，因此，在电容两端得到三角波电压。三角波电压经方波形成电路得到方波，三角波经正弦波形成电路转变为正弦波，最后经放大电路放大后输出。

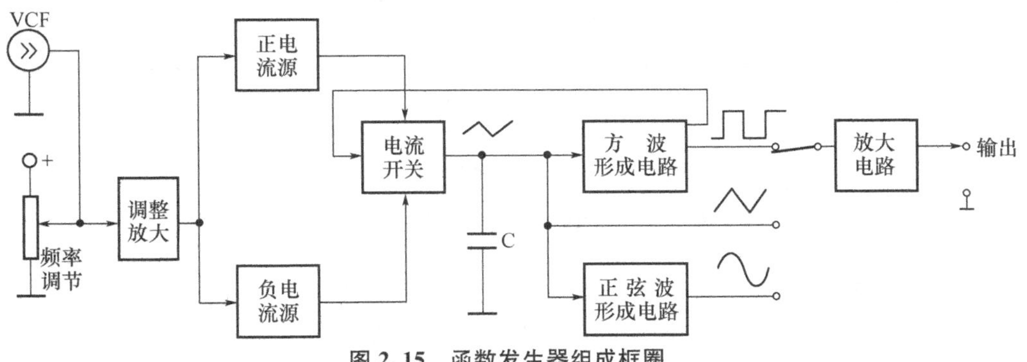

图 2.15 函数发生器组成框圈

2.2.2　SP1641B 型函数发生器

SP1641B 型函数发生器实际上是一种多功能仪器,它不仅可以产生函数信号——正弦波、三角波、方波(对称或不对称),还可以产生 TTL/CMOS 脉冲信号、扫频信号,并能测量外来信号的频率。

1）面板操作键及功能说明

SP1641B 型函数发生器的前面板如图 2.16(a)所示。

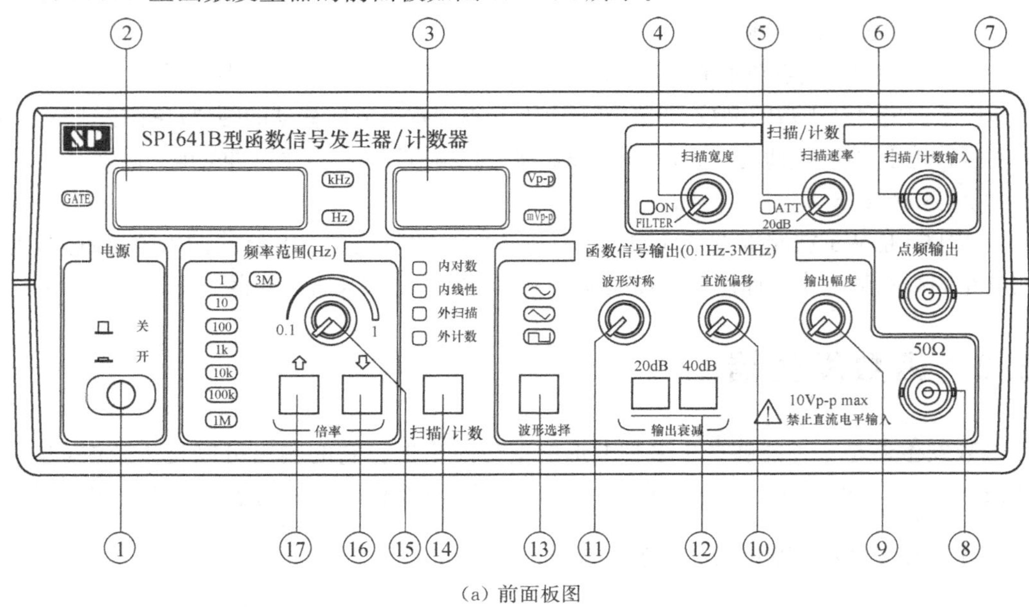

(a) 前面板图

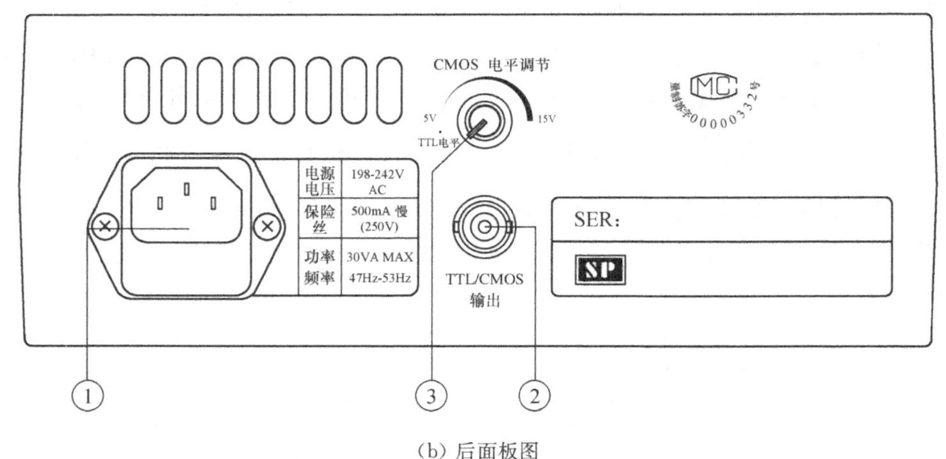

(b) 后面板图

图 2.16　SP1641B 型函数发生器面板图

①电源开关

此键按下,仪器电源接通,整机工作。此键释放为关掉整机电源。

②频率显示窗口

显示输出信号的频率或外测频信号的频率,其单位为 kHz 或 Hz(选中的单位灯亮)。

③幅度显示窗口

显示输出信号的峰峰值，其单位为 V 或 mV（选中的单位灯亮）。

④扫描宽度调节旋钮

调节此电位器可调节扫频输出信号的频率范围。在外测频时，应将此旋钮左旋到底（绿灯亮），则输入的被测信号经过低通滤波器进入仪器的测量系统。

⑤扫描速率调节旋钮

调节此电位器可以改变内扫描的时间长短。在外测频时，应将此旋钮左旋到底（绿灯亮），则外来的被测信号经过衰减"20dB"进入仪器的测量系统。

⑥扫描/计数输入插座

当"⑭扫描/计数选择按钮"选择在外扫描或外计数功能时，外扫描控制信号或外来被测（频率）信号由此插座输入。

⑦点频输出插座

由此插座输出标准的正弦波信号，其频率为 100Hz，峰峰值为 2V。

⑧函数信号输出插座

由此插座输出多种波形受控的函数信号，包括有正弦波、三角波、方波（对称或不对称），以及扫频信号。

⑨函数信号输出幅度调节旋钮

调节范围为 20dB（即幅度调节范围为 10 倍）。

⑩函数输出信号直流电平偏移调节旋钮

调节此旋钮可以改变函数输出信号中直流电平的大小。直流电平调节范围为：−5V～+5V（50Ω 负载），−10V～+10V（1MΩ 负载）。当电位器处在"关"位置（左旋到底）时，则直流电平为 0V。

⑪函数输出波形对称性调节旋钮

调节此旋钮可改变函数输出信号波形的对称性。当电位器处在"关"（左旋到底）位置时，则输出信号波形对称。

⑫函数信号输出幅度衰减按键

"20dB"、"40dB"键均不按下，输出信号不经衰减，直接输出到输出插座。"20dB"或"40dB"键按下，则输出信号大小分别衰减了 10 倍或 100 倍。"20dB"、"40dB"键同时按下，则输出信号大小衰减了 1 000 倍。

⑬函数输出波形选择按键

按动此键，可选择正弦波、三角波或方波输出（选中的波形灯亮）。

⑭扫描/计数按键

按动此键，可选择"内对数"、"内线性"、"外扫描"信号输出或"外计数"（即测量外来信号频率）工作方式。

⑮频率微调旋钮

调节该旋钮，可微调输出信号频率。

⑯倍率选择按键

每按一次此按键，可将输出信号频率递减一个频段。

⑰倍率选择按键

每按一次此按键，可将输出信号频率递增一个频段。

SP1641B 型函数发生器后面板如图 2.16(b)所示。

①电源插座

交流市电 220V 输入插座

②TTL/CMOS 输出插座

由此插座输出连续脉冲信号,用于 TTL 电路或 CMOS 电路。

③TTL/CMOS 电平调节旋钮

当此旋钮处于“关”(左旋到底)位置时,TTL/CMOS 输出插座输出为 TTL 电平,旋钮打开,则输出为 CMOS 电平。

2) 使用方法

(1) 初步检查

①检查电源电压是否满足仪器的要求(220V±22V)。

②将直流电平偏移调节旋钮,波形对称调节旋钮置于“关”位置,输出衰减按钮置常态(不按下),输出幅度调节旋钮置中间位置。

③将函数信号输出插座与示波器输入端相连。

④开啟电源开关,此时“波形选择”自动选为正弦波,“频率范围”自动选择为 1kHz 档,频率显示窗口、幅度显示窗口均有数字显示,示波器上可观察到正弦波形,则说明函数发生器工作基本正常。

(2) 正弦波、三角波、方波的产生

①按照所需产生的波形,按动“波形选择”按钮,直至所需的波形灯亮。

②按照所需产生的信号频率,按动“倍率”按钮,选定输出信号的频段,然后调节频率微调旋钮,使频率符合要求。例如需要产生 2kHz 频率的信号,应按动“倍率”按键,选定频段为 10kHz,再调节频率微调旋钮,使频率显示窗口显示 2kHz 时为止。

③按照所需产生的信号大小,按下合适的“输出衰减”键,然后调节“输出幅度”旋钮,可使输出电压的大小在一定范围内连续可调,直至电压大小符合要求。

本仪器负载为 1MΩ 时,最大输出电压峰峰值为 20V;负载为 50Ω 时,最大输出电压峰峰值为 10V。因此,当空载时,在 20dB、40dB 键均不按下(不衰减);20dB 键按下;40dB 键按下;20dB、40dB 同时按下(衰减 60dB)这四种情况下,调节输出幅度旋钮,输出电压的峰峰值分别在 1~20V;0.1~2V;10~200mV;1~20mV 之间连续可调。

④若需输出信号具有某一大小的直流分量,则调节输出信号直流电平偏移调节旋钮即可。

(3) 矩形波或锯齿波的产生

①先产生方波或三角波,方法同(2)。

②调节输出波形对称性旋钮,就可使方波变为占空比可以变化的矩形波,或者使三角波变为锯齿波。

(4) 点频正弦信号输出

由点频输出插座可输出标准的正弦波信号,其频率为 100Hz,峰峰值为 2V,中心电平为 0。

(5) TTL/CMOS 输出

由 TTL/CMOS 输出插座可以有连续脉冲信号输出,输出信号的频率调节方法同前。当 TTL/CMOS 电平调节旋钮置于“关”(左旋到底)时,输出信号为 TTL 电平,其大小固定,不可调节，高电平约为4V，低电平为0V；旋钮打开时，输出信号为CMOS电平，其低电平为0V，高电平可通过调节该旋钮在5～15V之间变化。

(6) 扫频信号的产生

当按动“计数/扫描”按钮，选定“内对数”、“内线性”或“外扫描”(外扫描下，应在“扫描/计数”输入插座输入外扫描控制信号)时，在函数信号输出端的输出信号为扫频信号。此时，调节扫描宽度调节旋钮，可以调节扫频信号的频率范围；调节扫描速率调节旋钮，可以改变内扫描的时间长短。

(7) 外测频率

将需测量频率的外部信号接至扫描/计数输入插座，按动扫描/计数按钮，选定“外计数”方式，扫描宽度及扫描速率调节旋钮均置于“关”(左旋到底，指示灯亮)的位置，此时频率显示窗口上显示的数值即为被测信号的频率。

3) 主要技术特性

(1) 输出信号波形

输出信号波形有正弦波、三角波、方波(对称或不对称)和TTL/CMOS脉冲波。

(2) 输出信号频率范围

0.1Hz～3MHz按十进制共分八个频段。

(3) 输出信号幅度

接1MΩ负载时，最大输出电压峰峰值为20V；接50Ω负载时，最大输出电压峰峰值为10V。

(4) 输出信号波形特性

正弦波：失真度<1%

三角波：线性度>99%(输出幅度的10%～90%区域)。

方波：上升沿、下降沿时间<30ns。

(5) 输出阻抗

在函数、点频输出情况下，输出阻抗为50Ω；在TTL/CMOS输出情况下，输出阻抗为600Ω。

2.3　电子电压表

电子电压表(又称交流毫伏表)一般是指模拟式电压表。它是一种在电子电路中常用的测量仪表，采用磁电式表头作为指示器，属于指针式仪表。电子电压表与普通万用表相比较，具有以下优点：

(1) 输入阻抗高：一般输入电阻至少为500kΩ，仪表接入被测电路后，对电路的影响小。

(2) 频率范围宽：适用频率范围约为几赫[兹]到几千兆赫[兹]。

(3) 灵敏度高：最低电压可测到微伏级。

(4) 电压测量范围广：仪表的量程分挡可以从几百伏到1毫伏。

2.3.1　电子电压表的组成及工作原理

电子电压表根据电路组成结构的不同，可分为放大—检波式，检波—放大式和外差式。

DA-16型、SX2172型等交流毫伏表，属于放大—检波式电子电压表。它们主要由衰减器、交流电压放大器、检波器和整流电源四部分组成,其方框图如图 2.17 所示。

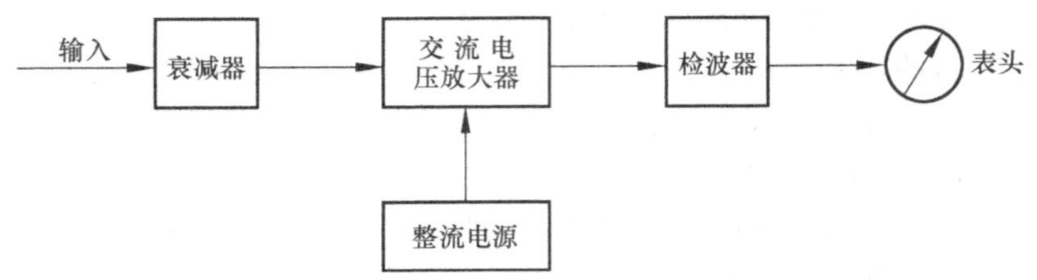

图 2.17 放大—检波式电子电压表

被测电压先经衰减器衰减到适宜交流放大器输入的数值,再经交流电压放大器放大,最后经检波器检波,得到直流电压,由表头指示数值的大小。

电子电压表表头指针的偏转角度正比于被测电压的平均值,而面板却是按正弦交流电压有效值进行刻度的,因此电子电压表只能用以测量正弦交流电压的有效值。当测量非正弦交流电压时,电子电压表的读数没有直接的意义,只有把该读数除以 1.11(正弦交流电压的波形系数),才能得到被测电压的平均值。

2.3.2 SX2172 型交流毫伏表

1) 面板操作键及功能说明

面板如图 2.18 所示。各部分如下:

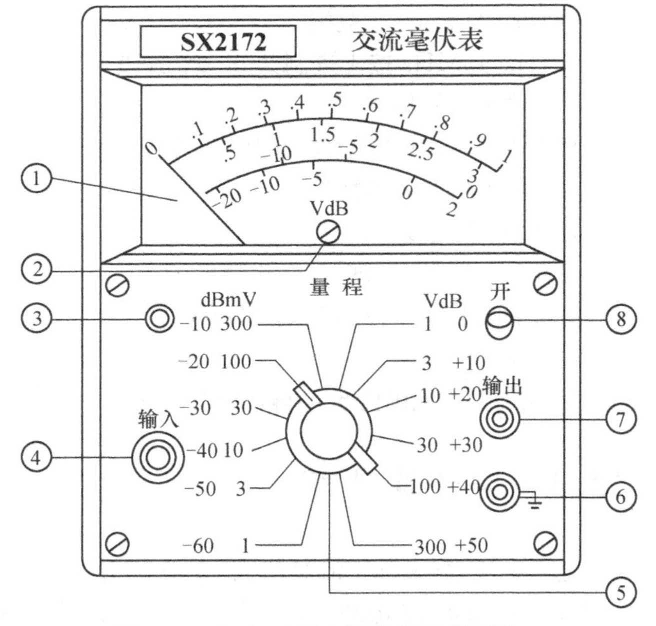

图 2.18 SX2172 型交流毫伏表前面板

①表面。

②机械零调节螺丝:用于机械调零。

③指示灯:当电源开关拨到“开”上时,该指示灯亮。

④输入插座:被测信号电压输入端。

⑤量程选择旋钮:该旋钮用以选择仪表的满刻度值。

⑥接地端。

⑦输出端:SX2172 型交流毫伏表,不仅可以测量交流电压,而且还可以用作为一个宽频带、低噪声,高增益的放大器。此时,信号由输入插座输入,由输出端和接地端间输出。

⑧电源开关。

2) 使用方法及注意事项

(1) 机械调零:仪表接通电源前,应先检查指针是否在零点,如果不在零点,应调节机械零调节螺丝,使指针位于零点。

(2) 正确选择量程:应按被测电压的大小合适地选择量程,使仪表指针偏转至满刻度的

1/3以上区域。如果事先不知被测电压的大致数值，应先将量程开关置在大量程，然后再逐步减小量程。

(3) 正确读数：根据量程开关的位置，按对应的刻度线读数。

(4) 当仪表输入端连线开路时，由于外界感应信号可能使指针偏转超量限，而损坏表头。因此，测量完毕时，应将量程开关置在大量程。

3) 主要技术特性

(1) 交流电压测量范围

100μV～300V。共分12挡量程：1mV、3mV、10mV、30mV、100mV、300mV，1V、3V、10V、30V、100V、300V。

(2) 输入电阻

1～300mV量程，8MΩ±0.8MΩ；

1～300V量程，10MΩ±1MΩ。

2.4 直流稳压电源

直流稳压电源是将交流电转变为稳定的、输出功率符合要求的直流电的设备。各种电子电路都需要直流电源供电，所以直流稳压电源是各种电子电路或仪器不可缺少的组成部分。

2.4.1 直流稳压电源的组成及工作原理

直流稳压电源通常由电源变压器、整流电路、滤波器和稳压电路四部分组成，其原理框图如图2.19所示。各部分的作用及工作原理是：

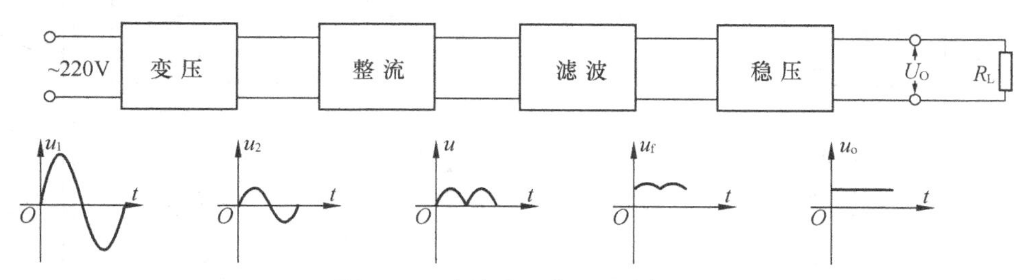

图2.19　直流稳压电源组成框图

(1) 电源变压器；将交流市电电压(220V)变换为符合整流需要的数值。

(2) 整流电路：将交流电压变换为单向脉动直流电压。整流是利用二极管的单向导电性来实现的。

(3) 滤波器：将脉动直流电压中交流分量滤去，形成平滑的直流电压。滤波可利用电容、电感或电阻—电容来实现。

小功率整波滤波电路，通常采用桥式整流，电容滤波，其输出直流电压可用式$U_F=1.2U_2$来估算，式中U_2为变压器副方交流电压的有效值。

(4) 稳压电路：其作用是当交流电网电压波动或负载变化时，保证输出直流电压稳定。简单的稳压电路可采用稳压管来实现，在稳压性能要求高的场合，可采用串联反馈式稳压电路(它包括基准电压，取样电路，放大电路和调整管等组成部分)。目前，市场上通用的集成稳压电路也相当普遍。

2.4.2　DF1731S 型直流稳压、稳流电源

DF1731S 型直流稳压、稳流电源，是一种有三路输出的高精度直流稳定电源。其中二路为输出可调、稳压与稳流可自动转换的稳定电源，另一路为输出电压固定为 5V 的稳压电源。二路可调电源可以单独，或者进行串联、并联运用。在串联或并联时，只需对主路电源的输出进行调节，从路电源的输出严格跟踪主路，串联时最高输出电压可达 60V，并联时最大输出电流为 6A。

1）*面板各元件名称及功能说明*

DF1731S 型稳压，稳流电源面板如图 2.20 所示。

①主路电压表：指示主路输出电压值。

②主路电流表：指示主路输出电流值。

③从路电压表：指示从路输出电压值。

④从路电流表：指示从路输出电流值。

⑤从路稳压输出调节旋钮：调节从路输出电压值（最大为 30V）。

⑥从路稳流输出调节旋钮：调节从路输出电流值（最大为 3A）。

⑦电源开关：此开关被按下时，电源接通。

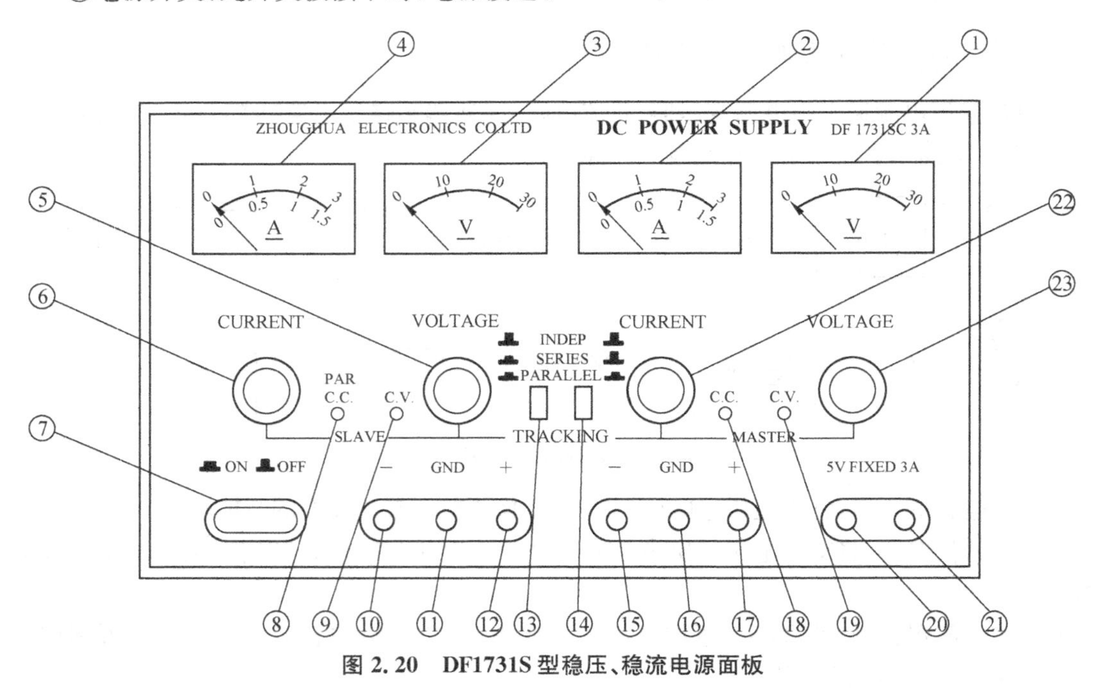

图 2.20　DF1731S 型稳压、稳流电源面板

⑧从路稳流状态或二路电源并联状态指示灯：当从路电源处于稳流工作状态或二路电源处于并联状态时，此指示灯亮。

⑨从路稳压指示灯：当从路电源处于稳压工作状态时，此指示灯亮。

⑩从路直流输出负接线柱：从路电源输出电压的负极。

⑪机壳接地端。

⑫从路直流输出正接线柱:从路电源输出电压的正极。

⑬二路电源独立、串联、并联控制开关。

⑭二路电源独立、串联、并联控制开头。

⑮主路直流输出负接线柱:主路电源输出电压的负极。

⑯机壳接地端。

⑰主路直流输出正接线柱:主路电源输出电压的正极。

⑱主路稳流状态指示灯:当主路电源处于稳流工作状态时,此指示灯亮。

⑲主路稳压状态指示灯:当主路电源处于稳压工作状态时,此指示灯亮。

⑳固定 5V 直流电源输出负接线柱。

㉑固定 5V 直流电源输出正接线柱。

㉒主路稳流输出调节旋钮:调节主路输出电流值(最大为 3A)。

㉓主路稳压输出调节旋钮:调节主路输出电压值(最大为 30V)。

2) 使用方法

(1) 二路可调电源独立使用

将二路电源独立、串联、并联开关⑬和⑭均置于弹起位置,为二路可调电源独立使用状态。此时,二路可调电源分别可作为稳压源、稳流源使用,也可在作为稳压源使用时,设定限流保护值。

可调电源作为稳压电源使用:

首先将稳流调节旋钮⑥和㉒顺时针调节到最大,然后打开电源开关⑦,调节稳压输出调节旋钮⑤和㉓,使从路和主路输出直流电压至所需要的数值,此时稳压状态指示灯⑨和⑲亮。

可调电源作为稳流电源使用:

打开电源开关⑦后,先将稳压输出调节旋钮⑤和㉓顺时针旋到最大,同时将稳流输出调节旋钮⑥和㉒反时针旋到最小,然后接上负载电阻,再顺时针调节稳流输出调节旋钮⑥和㉒,使输出电流至所需要的数值。此时稳压状态指示灯⑨和⑲暗,稳流状态指示灯⑧和⑱亮。

可调电源作稳压电源使用时,任意限流保护值的设定:

打开电源,将稳流输出调节旋钮⑥和㉒反时针旋到最小,然后短接正、负输出端,并顺时针调节稳流输出调节旋钮⑥和㉒,使输出电流等于所要设定的限流值。

(2) 二路可调电源串联——提高输出电压

先检查主路和从路电源的输出负接线端与接地端间是否有连接片相连,如有则应将其断开,否则在二路电源串联时将造成从路电源短路。

将从路稳流输出调节旋钮⑥顺时针旋到最大,将二路电源独立、串联、并联开关⑬按下,⑭置于弹起位置,此时二路电源串联,调节主路稳压输出调节旋钮㉓,从路输出电压严格跟踪主路输出电压,在主路输出正端⑰与从路输出负端⑩间最高输出电压可达 60V。

(3) 二路可调电源并联——提高输出电流

将二路电源独立、串联、并联开关⑬和⑭均按下,此时二路电源关联,调节主路稳压输出调节旋钮㉓,指示灯⑧亮。调节主路稳流输出调节旋钮㉒,两路输出电流相同,总输出电流最大可为 6A。

3) 使用注意事项

(1) 仪器背面有一电源电压(220/110V)变换开关,其所置位置应和市电 220V 一致。

(2) 二路电源串联时,如果输出电流较大,则应用适当粗细的导线将主路电源输出负端与从路电源输出正端相连。在二路电源并联时,如输出电流较大,则应用导线分别将主、从电源的输出正端与正端、负端与负端相连接。以提高电源工作的可靠性。

(3) 该电源设有完善的保护功能(固定5V电源具有可靠的限流和短路保护,二路可调电源具有限流保护),因此当输出发生短路时,完全不会对电源造成任何损坏。但是短路时电源仍有功率损耗,为了减少不必要的能量损耗和机器老化,所以应尽早发现短路并关掉电源,将故障排除。

2.4.3 直流稳压电源的主要技术特性

直流稳压电源的技术特性是用来衡量直流稳压电源性能的标准,通常有下列几项内容:

(1) 输出电压 U_0

指稳压电源输出符合要求的电压值以及它的调整范围。

(2) 输出电流 I_0

通常是指稳压电源允许输出的最大电流以及输出电流的变化范围。

(3) 电压稳定度 K_U

K_U 为当输出电流 I_0 不变(即 $\Delta I_0=0$),交流电源电压变化±10%时,输出电压的相对变化量。即

$$K_U=\left|\frac{\Delta U_0}{U_0}\right|\times 100\%$$

式中:U_0 是输出电压;ΔU_0 是输出电压的变化量。K_U 越小,表示稳压电源的稳压性能越好。

(4) 内阻 r_0

在交流电源电压不变情况下,负载电流变化 ΔI_0,将引起输出电压变化 ΔU_0,r_0 为 ΔU_0 与 ΔI_0 之比,即

$$r_0=\left|\frac{\Delta U_0}{\Delta I_0}\right|$$

内阻 r_0 的数值越小,稳压电源的带负载能力就越强,稳压性能也就越好。

(5) 温度系数 K_T

交流电源电压和稳压电源输出电流都不变时,环境温度变化 ΔT,会引起稳压电源输出电压变化 ΔU_0,则

$$K_T=\frac{\Delta U_0}{\Delta T}\quad (\text{V/℃})$$

由上式可知,K_T 越小,说明稳压电源的输出电压受环境温度的影响越小。

(6) 纹波电压 U_{rip}

纹波电压是指直流稳压电源输出电压中的交流分量,其大小可用交流分量的有效值或峰峰值表示。纹波电压越小,稳压电源的性能越好。

2.5 实验——常用电子仪器的使用

2.5.1 实验目的

(1) 掌握常用电子仪器的使用方法。

(2) 掌握几种典型信号的幅值、有效值和周期的测量。

2.5.2 实验内容与步骤

(1) 熟悉示波器、函数发生器、交流毫伏表和直流稳压电源等常用电子仪器面板上各控制件的名称及作用。

(2) 掌握常用电子仪器的使用方法。

①电源的使用(DF1731S 型)

a. 将二路可调电源独立稳压输出,调节一路输出电压为 10V,另一路为 15V。

b. 将稳压电源输出接为图 2.21 示正负电源形式。输出直流电压±15V。

c. 将电源作为稳流源使用,负载电阻为 50～100Ω,调节输出稳定电流为 0.2A。

d. 将两路可调电源串联使用,调节输出稳压值为 48V。

15V

−15V

图 2.21 正负电源

②示波器、函数发生器和交流毫伏表的使用

a. 示波器双踪显示,调出两条扫描线。注意当触发方式置于“常态”时,有无扫描线。

b. 校准信号的测试

用示波器显示校准信号的波形,测量该电压的峰峰值、周期、高电平和低电平。并将测量结果与已知的校准信号峰峰值、周期相比较。

c. 正弦波的测试

用函数发生器产生频率为 1kHz(由 LED 屏幕指示),有效值为 2V(用交流毫伏表测量)的正弦波。再用示波器显示该正弦交流电压波形,测出其周期、频率、峰峰值和有效值。数据填入表 2.2。

表 2.2 实验数据(一)

使用仪器	正 弦 波			
	周 期	频 率	峰峰值	有效值
函数发生器		1kHz		
交流毫伏表				2V
示 波 器				

d. 叠加在直流上的正弦波的测试

调节函数发生器,产生一叠加在直流电压上的正弦波。由示波器显示该信号波形,并测出其直流分量为 1V,交流分量峰峰值为 5V,周期为 1ms,如图 2.22 所示。

再用万用表(直流电压挡)和交流毫伏表分别测出该信号的直流分量电压值和交流电压有效值,用函数发生器测出(显示)该信号的频率。数据填入表 2.3。

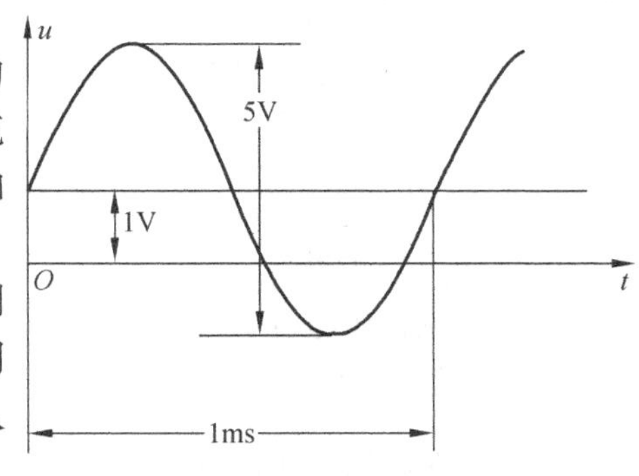

图 2.22 叠加在直流上的正弦波

表 2.3　实验数据(二)

使用仪器	直流分量	交流分量			
		峰峰值	有效值	周　期	频　率
示　波　器	1V	5V		1ms	
万　用　表					
交流毫伏表					
函数发生器					

e. 相位差的测量

按图 2.23 接线,函数发生器输出正弦波频率为 2kHz,有效值为 2V(由交流毫伏表测出)。用示波器测量 u 与 u_c 间的相位差 φ。

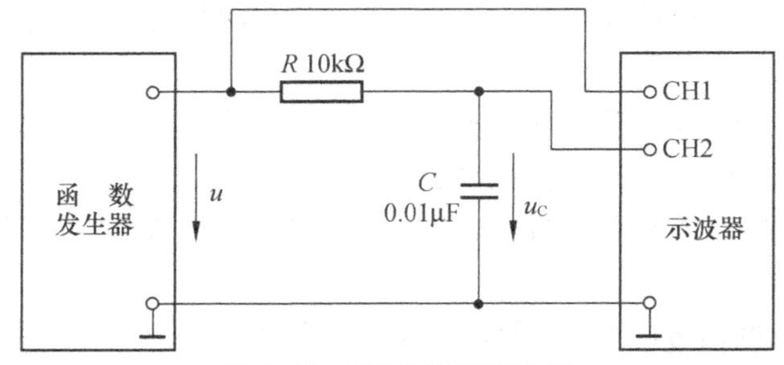

图 2.23　*RC* 串联交流电路

③几种周期性信号的幅值、有效值及频率的测量

调节函数发生器,使它的输出信号波形分别为正弦波,方波和三角波,信号的频率为 2kHz(由函数发生器频率指示),信号的大小由交流毫伏表测量为 1V。用示波器显示波形,且测量其周期和峰值,计算出频率和有效值,数据填入表 2.4 中(有效值的计算可参考表 2.5)。

表 2.4　实验数据(三)

信号波形	函数发生器频率指示(kHz)	交流毫伏表指　示(V)	示波器测量值		计算值	
			周　期	峰　值	频　率	有效值
正弦波	2	1				
方　波	2	1				
三角波	2	1				

2.5.3　实验仪器仪表

(1) 通用示波器　　YB4324 型　　1 台
(2) 函数发生器　　SP1641B 型　　1 台
(3) 交流毫伏表　　SX2172 型　　1 台
(4) 直流稳压电源　　DF1731S 型　　1 台
(5) 电阻、电容　　10kΩ,0.01μF　　各 1 只

2.5.4　实验预习要求

(1) 搞清常用电子仪器面板上各控制元件的名称及作用。

（2）搞清各种常用电子仪器的使用方法。

2.5.5 实验报告要求

（1）整理实验数据，记录、填入表格。

（2）讨论：对本章末复习思考题或实验中出现的问题进行讨论。

2.6 要点及复习思考题

1）要点

（1）了解示波器、函数发生器、交流毫伏表和直流稳压电源等常用电子仪器的基本组成和工作原理。

（2）掌握常用电子仪器的使用方法。

2）复习思考题

（1）什么叫扫描、同步，它们的作用是什么？

（2）触发扫描和自动扫描有什么区别？

（3）使用示波器时，如出现以下情况：①无图像；②只有垂直线；③只有水平线；④图像不稳定，试说明可能的原因，应调整哪些旋钮加以解决？

（4）用示波器测量电压的大小和周期时，垂直微调旋钮和扫描微调旋钮应置于什么位置？

（5）用示波器测量直流电压的大小与测量交流电压的大小相比，在操作方法上有哪些不同？

（6）设已知一函数发生器输出电压峰峰值U_{opp}为10V，此时分别按下输出衰减20dB，40dB键或同时按下20dB、40dB键，这三种情况下，函数发生器的输出电压峰峰值变为多少？

（7）交流毫伏表在小量程挡，输入端开路时，指针偏转很大，甚至出现打针现象，这是什么原因？应怎样避免？

（8）函数发生器输出正弦交流信号的频率为20kHz，能否不用交流毫伏表而用数字万用表交流电压挡去测量其大小？

（9）在实验中，所有仪器与实验电路必须共地（所有的地接在一起），这是为什么？

（10）对于方波或三角波，交流毫伏表的指示是否是它们的有效值？如何根据交流毫伏表的指示求得方波或三角波的有效值？

（提示：参考表2.5，各种信号波形有效值$U_{有}$、平均值$U_{平}$、峰值$U_{峰}$之间的关系。）

表2.5 各种信号波形有效值$U_{有}$、平均值$U_{平}$、峰值$U_{峰}$之间的关系

信号波形	全波整流后的		
	$U_{有}/U_{平}$（波形系数）	$U_{平}/U_{峰}$	$U_{有}/U_{峰}$
正弦波	1.11	$2/\pi$	$1/\sqrt{2}$
方　波	1.00	1	1
三角波	1.15	1/2	0.557

3 交流电路和安全用电

随着电气化的发展，交流电源在国民经济各部门和人民生活诸方面都得到广泛应用，已成为人类不可缺少的能源。但在使用过程中，如果不注意安全，就会造成人身伤亡或电气设备损坏事故，还可能会危及电力系统，造成电力系统停电，给生产和生活带来重大损失。为了保证人身、设备(电气设备)、电力系统的安全，在用电的同时，首先应懂得用电基本知识，并把安全用电放在首位。

3.1 交流电路

在直流电路中，电压和电流的大小及方向都是恒定不变的。电力系统提供的却是大小和方向都随时间按正弦规律变化的电压和电流。这里讲到的交流电路指的是正弦交流电路，也就是具有正弦交流电源的电路。

3.1.1 交流电的产生

电厂发出的电都是交流电。交流电与直流电相比，具有许多优点：交流电机结构及工艺简单，价格便宜，运行可靠。交流电可以用变压器变压，从而改变交流电压，便于远距离输送和分配。即使需要用直流电时，也可由整流设备将交流电变为直流电。

交流电通常由交流发电机利用电磁感应的原理而产生，电能由机械能转变而来。

图 3.1 所示为交流发电机结构原理示意图。

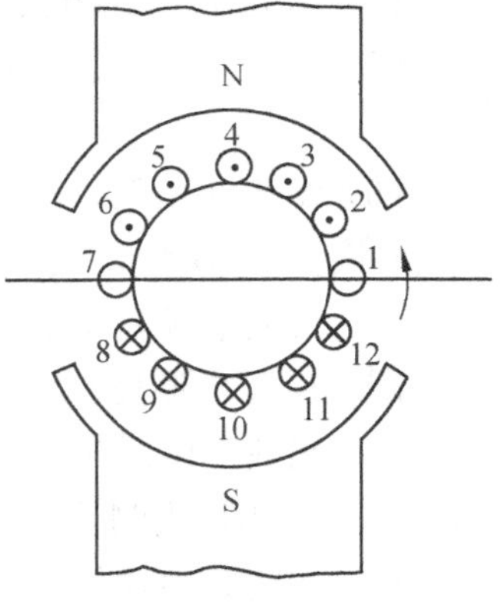

图 3.1　交流发电机结构原理示意图

在一固定磁场中，有一钢制转筒，上面固定一根直导线(图中 1～12 表示转筒转动时导线在磁场中的不同位置)。通常发电机的磁场都不是均匀的，而是在两磁场的正中，磁感应强度最大，向两边逐渐减小，在通过轴心的水平面上磁感应强度为零(磁感应强度为零的平面称为中性面)。磁场的方面处处与转筒面垂直。当转筒在这样的磁场中围绕轴心作匀速旋转时，由于导线运动速度不变，导线有效长度不变，导线中产生的感应电动势完全随着磁场各处磁感应强度的大小而变化。

当导线在位置 1 时，处在中性面，此时磁感应强度为零，因而导线中没有感应电动势产生。随着转筒的旋转，导线经过位置 2、3，磁感应强度逐渐增大，因而导线中产生的感应电动势也逐渐增大，当导线到达位置 4 时，正处在磁极的正中，磁感应强度最大，因而导线中产生感应电动势也最大，以后导线经过位置 5、6 时，由于磁感应强度逐渐减小，因而导线中产生的感应电动势也逐渐变小，当导线到达位置 7 时，又处于中性面，磁感应强度为零，所以导线中感应电动势也为零。导线经过位置 7 后，便转入另一个磁极下。因为导线切割磁力线的方向与前半转的方向相反，所以，导线中产生的感应电动势的方向也相反。这时感应电动势随着磁感应强度的增大而增大，到位置 10 时，产生反方向感应电动势的最大值。此后，感应电动势又逐渐减小。当导线转动到原来的起点时，感应电动势又减为零。

我们可以把导线在圆周上旋转的位置展开，如图 3.2 所示，在水平横坐标上表示出导线在圆周上所处的各个位置，在垂直方向（纵坐标方向）按比例画出在这些位置上导线中所产生的感应电动势的大小，并规定垂直向上的方向的感应电动势为正，相反方向的感应电动势为负。按这些感应电动势的大小，就可以画出一条具有规律性变动的曲线，叫做正弦曲线。它表示转筒转动一圈，导线中感应电动势按正弦规律变化。

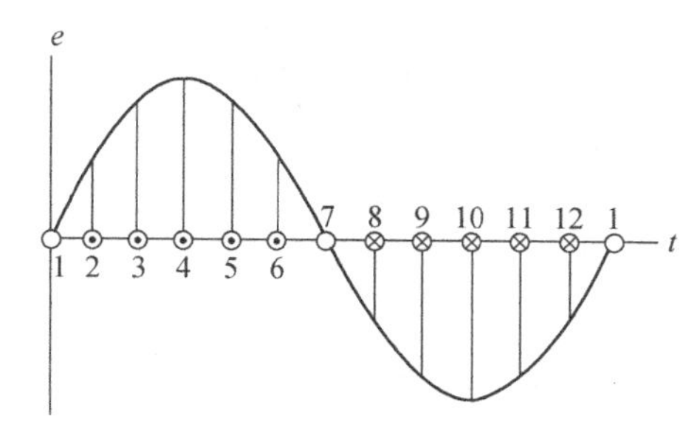

图 3.2　正弦信号波形

上述可归纳为：当导线在磁场中做圆周运动时，导线中产生的感应电动势的大小和方向，都跟着时间作有规律的变化。之所以有大小的变化，是因为导线在各点切割磁力线的多少（磁感应强度的大小）不同。之所以有方向的变化，是因为导线做圆周运动，上半周与下半周切割磁力线的方向相反。

这种大小和方向都跟随时间变化的感应电动势称之为交变电动势，由交变电动势所推动的大小和方向变化的电流称之为交变电流，简称交流。

目前使用的发电机，它的转动部分（转子）是磁极，定子是线圈。当磁铁转动时，线圈与磁极发生相对运动切割磁力线而产生交流电，其基本原理和以上所述是一样的。

3.1.2　三相交流电

电厂所发的电都是三相交流电。三相交流电由三相交流发电机产生，图 3.3 所示是三相发电机的示意图。图中 AX、BY、CZ 是完全相同而彼此相隔 120°的三个定子绕组，X、Y、Z 分别称为末端，A、B、C 称为首端。当转子以角频率 ω 匀速旋转时，三个定子绕组中都会感应出随时间按正弦规律变化的电压。这三个感应电压的振幅和频率是一样的，而彼此间相位角差 120°，感应电压的参考极性定为 A、B、C 为正极，X、Y、Z 为负极。这三个绕组相当于如图 3.4(b)所示的三个独立的正弦电源，如以 u_A 为参考，这三个电源的瞬时式分别为：

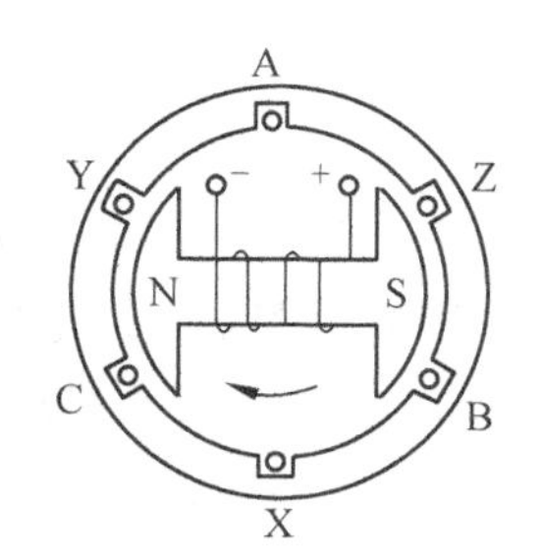

图 3.3　三相发电机示意图

$$\left.\begin{aligned}u_A&=U_m\sin\omega t\\u_B&=U_m\sin(\omega t-120°)\\u_C&=U_m\sin(\omega t+120°)\end{aligned}\right\}\tag{3.1}$$

上述的三个正弦电压的振幅和频率都相同，彼此间的相位差相等，都等于 120°，这样的一组电压，称为对称三相电压。这三个电压到达最大值（或零值）的先后次序叫相序。由式(3.1)所示三相电压中最先到达正最大值的是 u_A，其次是 u_B，再其次是 u_C。因此，它们的相序是 A-B-C,叫做正相序(顺相序)。若相序是 A-C-B,叫做负相序(逆相序)。

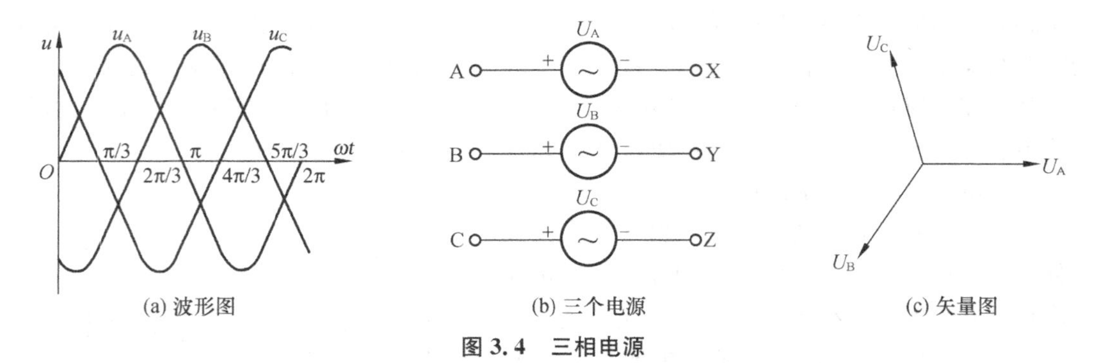

(a) 波形图　(b) 三个电源　(c) 矢量图

图 3.4　三相电源

3.1.3　三相交流电源的连接形式

通常把三相电源(包括发电机和变压器)的三相绕组接成星形或三角形向外供电。

1) 三相绕组的星形连接

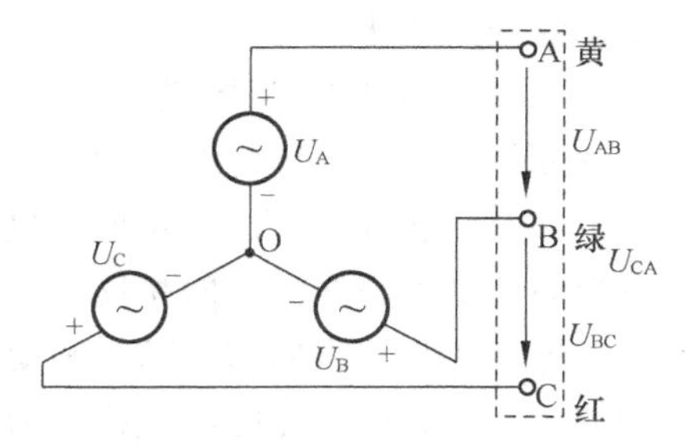

图 3.5　三相电源 Y 形连接

把三相发电机三个定子绕组的末端 X、Y、Z 连接在一起,此点用“O”表示,就构成了星形连接,如图 3.5 所示。公共点 O 称为中点,A、B、C 三端将电能输送出去,这三根输电线称为火线,分别用黄、绿、红色标出。图中每个电源的电压称为相电压,用 u_p 表示,如 u_A、u_B、u_C 即相电压。火线之间的电压称为线电压,用 u_l 表示,如 u_{AB}、u_{BC}、u_{CA} 即为线电压。线电压的参考方向定为 A 指向 B,B 指向 C,C 指向 A。显然,

$$u_{AB}=u_A-u_B$$
$$u_{BC}=u_B-u_C$$
$$u_{CA}=u_C-u_A$$

用矢量图求解线电压与相电压之间关系:

$$\begin{aligned}U_{AB}&=U_A-U_B\\U_{BC}&=U_B-U_C\\U_{CA}&=U_C-U_A\end{aligned}\tag{3-2}$$

根据式(3-2)作出线电压矢量图,由图 3.6 可知线电压也是三相对称的。其线电压有效值为

$$U_1=2U_p\cos30°=\sqrt{3}U_p\tag{3-3}$$

当三相电源作星形连接时,线电压是相电压的$\sqrt{3}$倍,在相位上较对应的相电压超前 30°。

根据需要作星形连接的三相电源,可以引出中线(从 O 点引出),也可以不引出中线。引出中线的,称三相四线制电源。它可以供给用户两种数值的电压,如配电线路中用得很普遍的 220/380V。其中 220V 为相电压,380V 是线电压,它们之间有$\sqrt{3}$的关系。只引出三

根火线的称三相三线制。

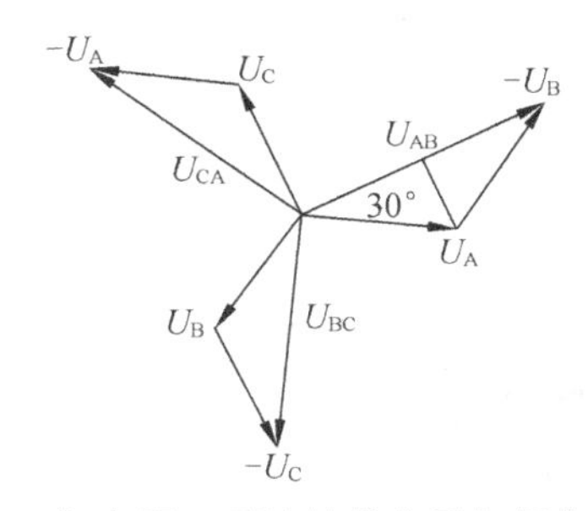

图 3.6 三相电源 Y 形连接线电压与相电压矢量图

2) 三相绕组的三角形连接

三相电源另一种接法是三角形连接,或称△连接,如图 3.7 所示。一相定子绕组的始端与另一相绕相的末端相连,顺序连接成 A_X-B_Y-C_Z-A_X,再从各连接点 A、B、C 引出三根火线。这种连接法中是没有中线的,线电压等于相电压。

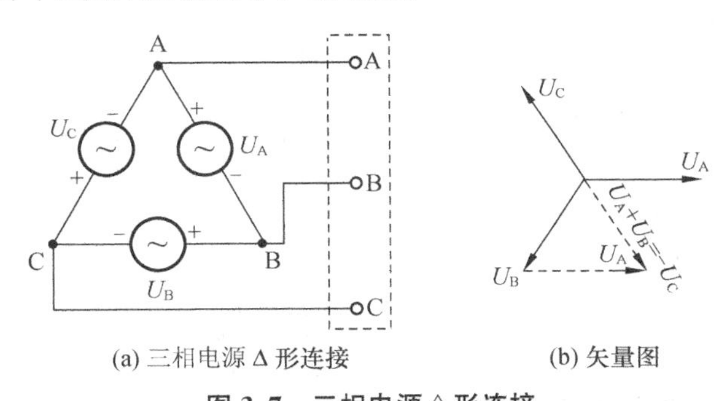

(a) 三相电源 Δ 形连接 (b) 矢量图

图 3.7 三相电源△形连接

$$U_1 = U_p \tag{3-4}$$

闭合回路中三组相电压之和恒为零,如图 3.7(b)所示,三个对称的相电压矢量相加等于零。

$$U_A + U_B + U_C = 0$$

即

$$u_A + u_B + u_C = 0$$

3.1.4 电力系统简介

电力是输送和取用都很方便的动力能。电力的生产、输送、分配和使用的全过程,实际上是在同一瞬间实现的。这个全过程是由发电厂、供电局(所)、变电所、配电变压器和用户紧密联系起来的一个整体。图 3.8 表示从发电厂到用户的输电过程。

发电厂、电力网以及用户所组成的一个整体,称为电力系统。

电力网(简称电网)是电力系统的一部分。它包括所有的变、配电所的电气设备以及各种不同电压等级的线路组成的统一整体。它的作用是将电能转送和分配给各用电单位。

电能是由发电厂生产的。但是发电厂与用电负荷集中的地点往往相距几十、几百、甚至上千公里之远,需用高电压输电线路输送电能,然后通过变电所变成较低一级的电压,再经配电线路将电能送往各用户。

用户的用电电压，除少数大功率电动机采用较高一级电压外，一般用电电压为380/220V。

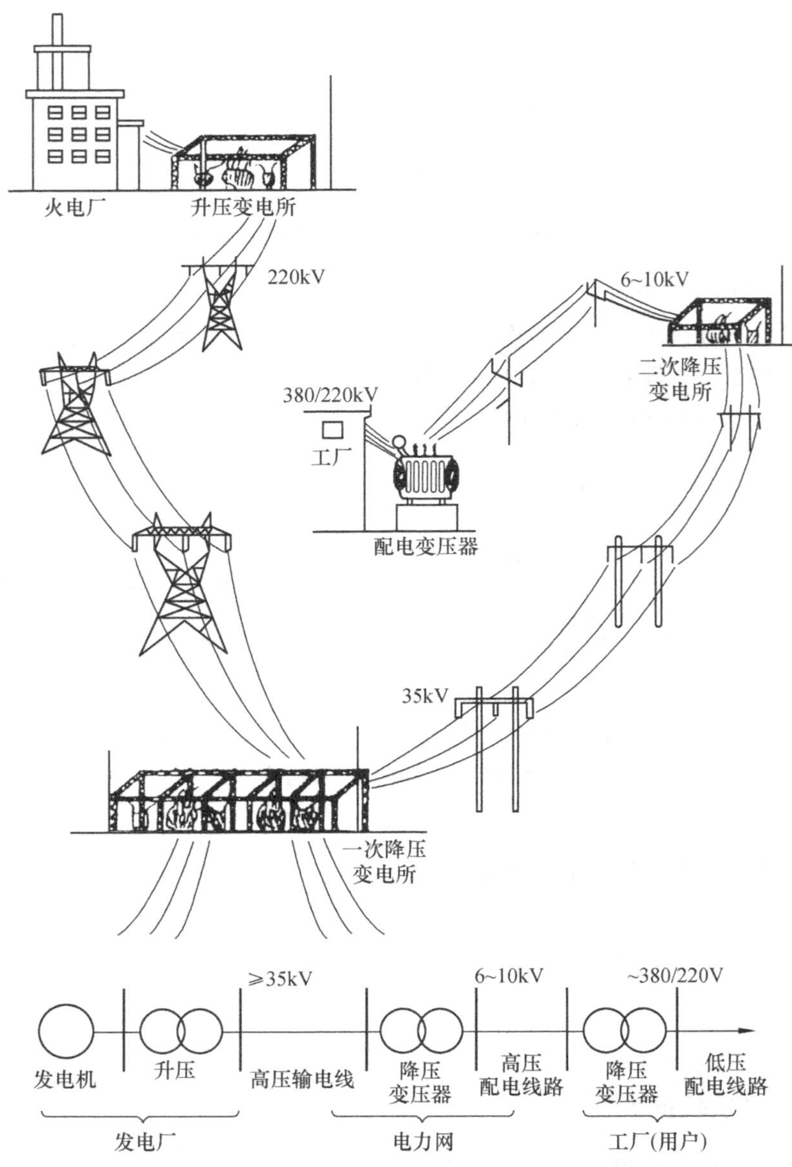

图 3.8　从发电厂到电力用户的输配电过程示意图

3.1.5　低压供配电系统

1）低压供电系统

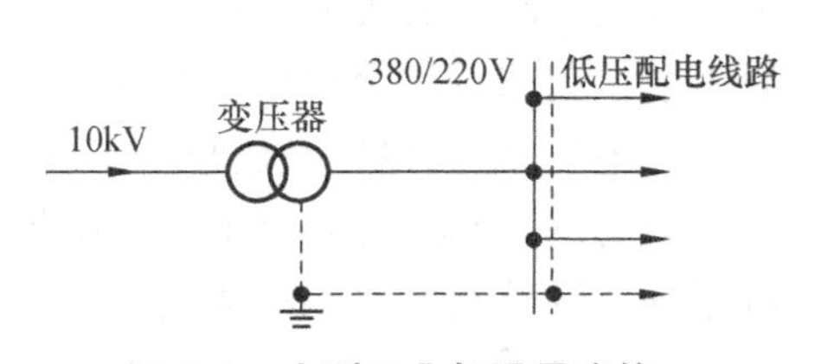

图 3.9　小型工业与民用建筑设施低压供电系统

从变压器二次侧到用户的用电设备采用380/220V 低压线路供电，称为低压供电系统。

普通民用设施的供电，一般只需设立一个简单的降压变压器，电源进线为 10kV，降为低压 380/220V，其供电系统如图 3.9 所示。

照明、电热以及中、小功率电动机等用电设备的供电一般采用 380/220V 三相四线制。380/220V 三相四线制低压供电系统如图 3.10 所示。

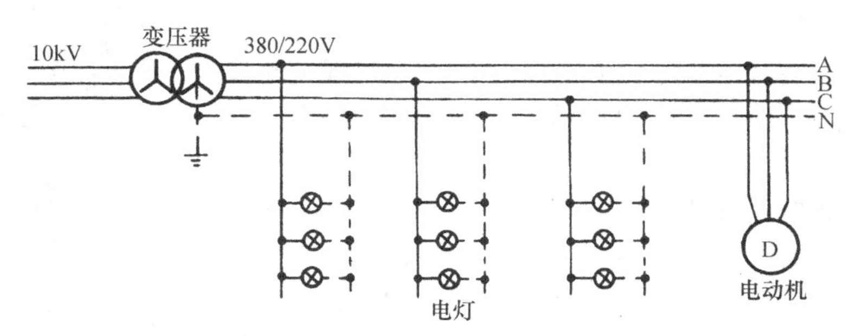

图 3.10　三相四线制低压供电系统

2）低压配电系统

低压配电系统由低压配电装置（低压配电箱）及低压配电线路（干线及支线）组成。如图 3.11 所示，一组低压用电设备（如电灯）接入一条支线，若干条支线接入一条干线，若干条干线接入一条总进户线。汇集支线接入干线的配电装置称为分配电箱，汇集干线接入总进户线的配电装置称为总配电箱。

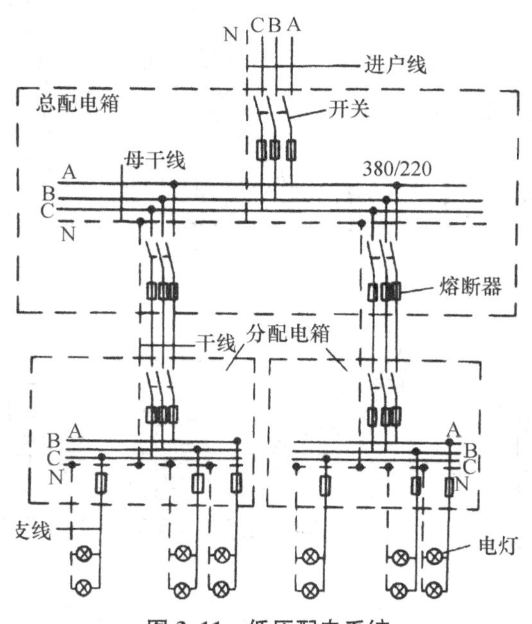

图 3.11　低压配电系统

3）低压配电装置和量电装置

配电装置就是用来接收和分配电能的电气装置。低压配电装置一般由低压配电电器（刀开关、熔断器、自动空气开关等）组成。

电度表是用来测量和记录电能的，它与进户总熔丝盒、电流互感器等部分组成量电装置。

通常将总熔丝盒装在进户管的户内侧的墙上，如图 3.12 所示。

将电流互感器、电度表、低压配电电器都安装在一块配电板上，如图 3.13 所示。

(1) 总熔丝盒

总熔丝盒内装有熔断器和接线桥，分别与进户线的相线和中性线相连，是低压用户的最前级保护装置，如图 3.14 所示。

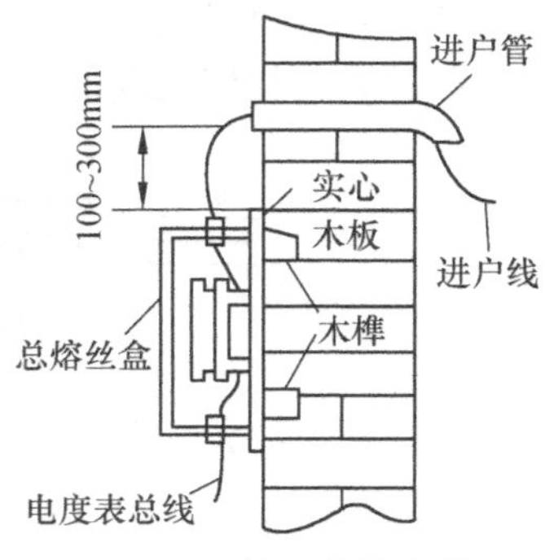

图 3.12　总熔丝盒的安装

总熔丝盒属电业管理，用户不能擅自开启。当低压用户的电气设备或线路发生故障时，可迅速切断电路，防止故障蔓延到前级配电干线上而引起更大区域的停电；检修进户、量配电装置时，可拔去总熔丝盒中的熔体(又称熔丝或保险丝)，切断电源，防止检修时触电事故的发生；总熔丝盒内熔体额定值，由电业部门根据用户用电量配置，可加强用电的管理。

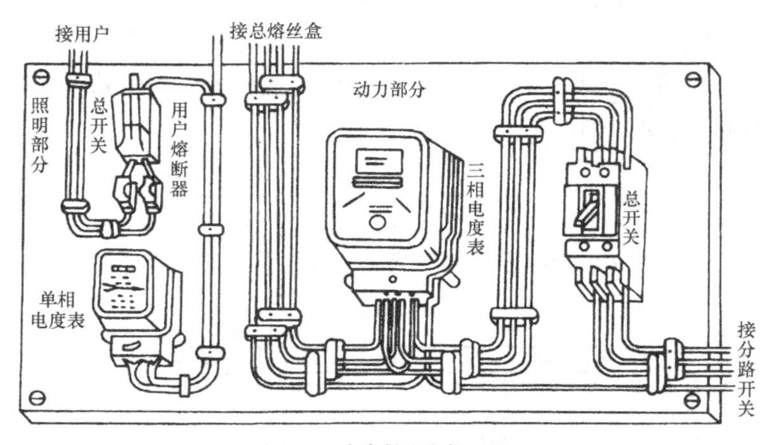

(a)小容量配电板

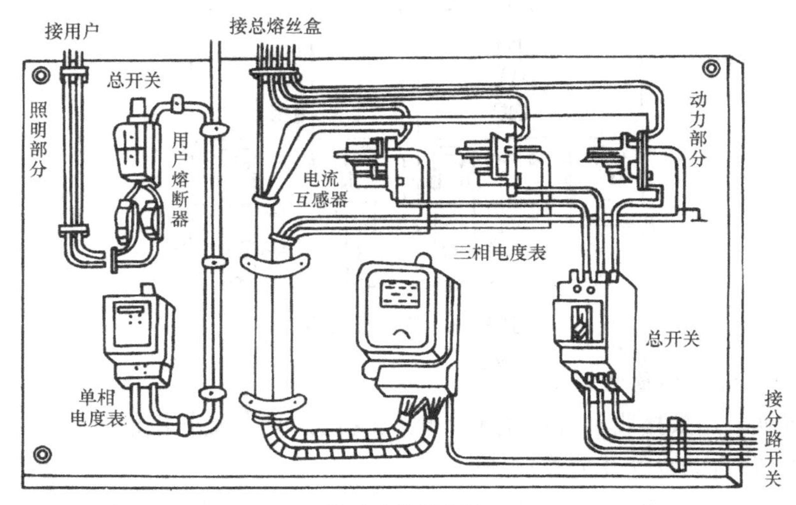

(b)大容量配电板

图 3.13　配电板的安装

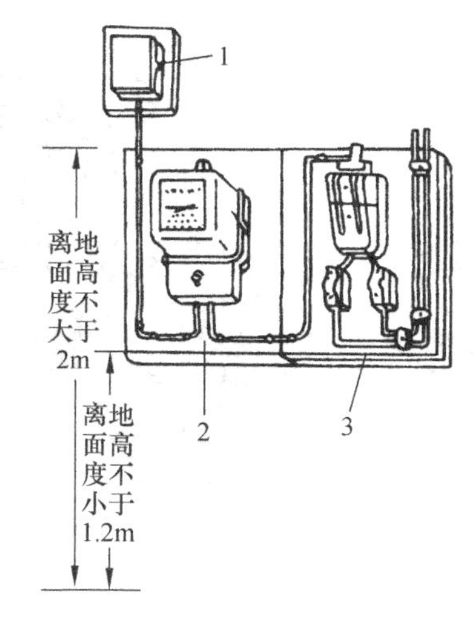

图 3.14 总熔丝盒、电度表、开关板的安装
1—总熔丝盒；2—电度表；3—开关板

每只电度表应有单独的熔断器保护，熔断器应装在熔丝盒内；单相电度表在一根相线上装一只熔断器，三相四线电度表在三根相线上装三只熔断器，但在中性线上不得装熔断器，可用瓷接头或铜接线桥将中性线直连。

总熔丝盒后面如安装多只电度表，则在每只电度表前分别安装分总熔丝盒。

(2) 瓷底胶盖闸刀开关

外形与结构及其安装见图 3.15 所示。

这种胶盖开关是带熔断装置开关中最简单的一种。其价格便宜，但防护性差，一般仅用于低压小容量的照明等负荷控制。开关的熔断装置主要起短路保护作用，在一定范围内也起过载保护作用。

使用时应注意保持胶盖完好无损。进行合闸或拉闸操作时，必须盖好胶盖。人站在稍微偏开一些位置上，以免发生故障时，飞溅出来的电弧伤人。无论合、分闸，动作要迅速果断。合闸要合到头，拉闸要拉到底，以免电流将刀片烧毁。

瓷底胶盖闸刀开关有二极和三极式结构两种。

在低压配电装置中，凡照明与电热容量在 2kW 及以下时，总开关可采用瓷底胶盖双极闸刀开关，可不另加装熔断器。照明与电热容量为 2～5kW，电力总容量在 15kW 以下时，总开关也可用瓷底胶盖闸刀开关，但应将开关内的熔体部分短接(直接接通)，另外加装熔断器。当电力容量在 15kW 以上时，总开关应采用自动空气开关。

(3) 低压熔断器

熔断器是最简单和最早使用的一种保护电器，用来保护电路中的电气设备，使其在短路或过负荷时免受损坏。熔断器的优点是结构简单、体积小、重量轻、使用和维护方便。在低压配电装置中，对功率较小和对保护性能要求不高时，可与闸刀开关配合代替低压自动空气开关。

熔断器主要由金属熔体(又称熔丝或保险丝)、支持熔体的触头和外壳构成。某些熔断器内还装有特种灭弧物质，如石英砂等，用来熄灭熔体熔断时形成的电弧。

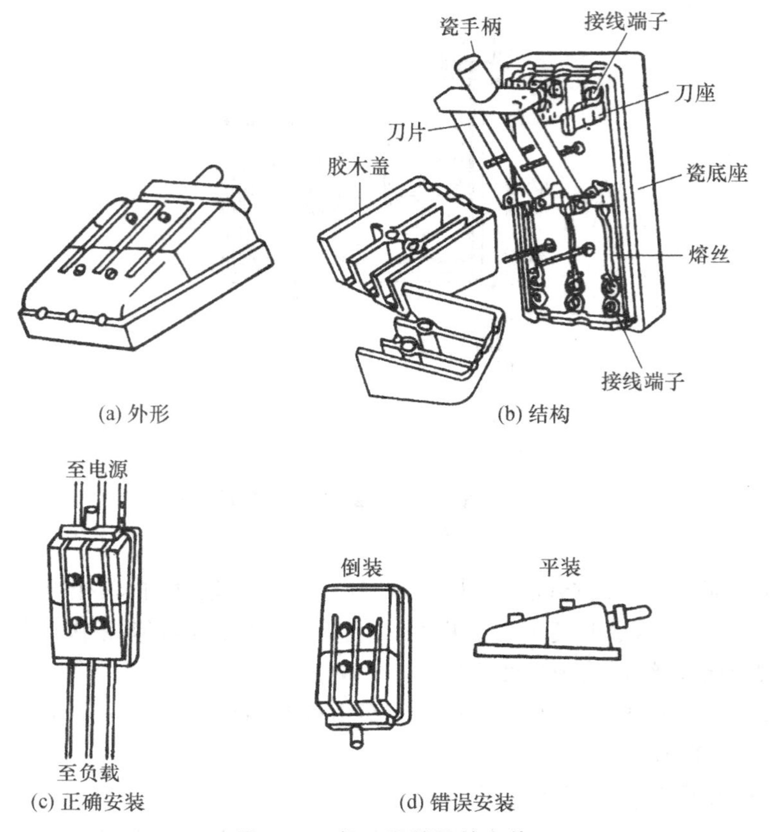

(a) 外形　(b) 结构

(c) 正确安装　(d) 错误安装

图 3.15　闸刀开关及其安装

熔断器被串联在电路中，当电路发生短路或过负荷，电流超过一定数值(一般为额定安全电流的 1.3～2.1 倍，称为熔断电流)时，因短路电流或过负荷电流的加热，使熔体在被保护设备(如导线、电缆或电机的线圈等)的温度未达到破坏其绝缘之前熔断，电路断开，使设备得到保护。

熔断器内所用熔体的额定电流不可超过瓷件上标明的熔断器的额定电流。在正常工作时，熔体仅通过不大于额定值的负荷电流，其正常发热温度不会使它熔断。熔断器的其他部分，如触头、外壳等也会发热，但不超过它们的长期容许发热温度。

①瓷插式熔断器

RC1A 系列瓷插式熔断器如图 3.16 所示。主要使用在 380V(或 220V)50Hz 的低压电路的末端，作为电器设备的短路保护。当过载电流超过 2 倍额定电流时，熔体能在 1h 内熔断，故也可起到一定程度的过载保护作用，RC1A 系列熔断器的额定电流有 10A、15A、30A、60A、100A、200A 等几种。将熔体顺势固定在瓷插件的触头上时，注意不能压得过松过紧。过松了，接触不良，会引起跳火；过紧了，将熔体压伤，会使熔断电流大大降低。

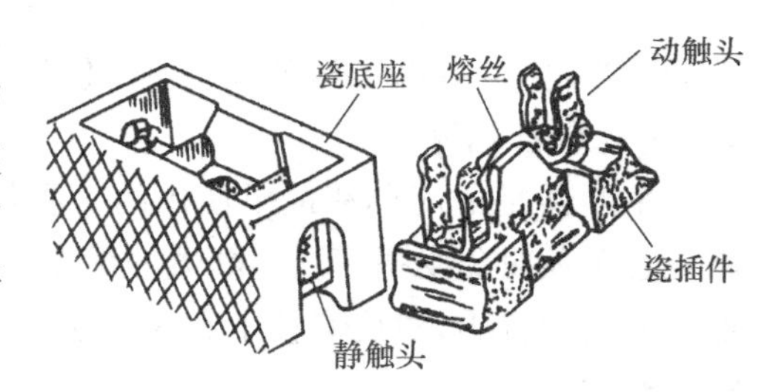

图 3.16　RC1A 型瓷插式熔断器

瓷插式熔断器只有在拔掉瓷盖后才能安装熔体，所以比较安全。

②螺旋式熔断器

图3.17所示为螺旋式熔断器。

熔断管内装有熔体并充满石英沙，使用时将熔断管放入底座内，拧紧瓷帽，即可接通电路。熔断管内的石英砂起着冷却和熄灭电弧的作用。熔断管顶端有一指示色片，当熔体熔断时，该色片脱落至瓷帽的透明罩内，起熔断指示作用。

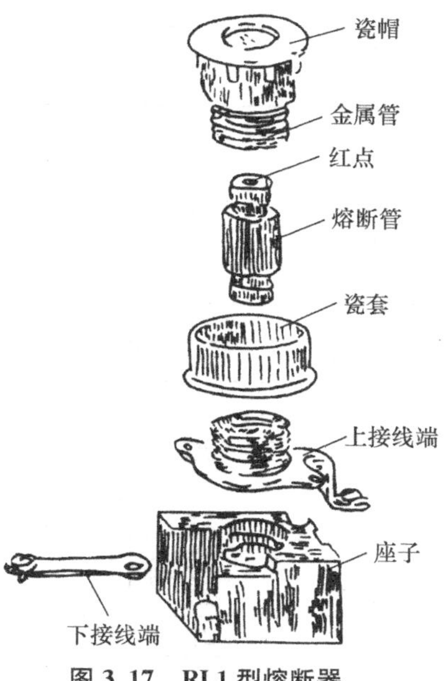

图3.17　RL1型熔断器

这种熔断器的特点是：不用任何工具就能旋下瓷帽，有明显的熔断指示，安装方便，体积小，断流能力强。

螺旋式熔断器分两类：

a. RL1系列、RL2系列

这是普通型。RL1型有15～200A（额定电流）四种规格，RL2型有25～100A三种规格，各种规格均可配用多种容量级的熔体管芯。

b. RLS系列

这是快速熔断器。适用于硅整流元件的短路和过载保护等。熔断器额定电压为500V，RLS-10型额定电流为10A，可配用额定电流为3A、5A、10A的熔体管芯；RLS-50型额定电流为50A，可配用15A、20A、25A、30A、40A、50A的熔芯。

③熔体的选择

为了使熔断器真正起到保护电路的作用，熔体大小的选择必须适当。熔体选得太大，熔断电流过高，对电路起不到保护作用；反之，熔断电流过低，不该断时就断了，影响电路正常工作。

例：照明电路熔体的选择。

所选熔体的额定电流应等于或稍大于电路的工作电流（但不可超过工作电流的20%）。用公式表示：

$$I_g \leq I_{e.r} < 1.2I_g$$

式中：$I_{e.r}$——熔体的额定电流；（e表示额定，r表示熔体）

I_g——工作电流（g表示工作）。

工作电流可以根据线路上计划装灯总功率或实际装灯总功率来计算。例如，某单相交流220V线路，装了总功率为2 250W的电灯，则工作电流：

$$I_g = 2\ 250 \div 220 = 10.2\text{A}$$

查表3.1，可用额定电流11A的熔体。

表 3.1　常用熔体规格

铅熔丝				铜丝			
直径(mm)	近似英规线号	额定电流(A)	熔断电流(A)	直径(mm)	近似英规线号	额定电流(A)	熔断电流(A)
0.08	44	0.25	0.5	0.234	34	4.7	9.4
0.15	38	0.50	1.0	0.254	33	5.0	10.0
0.20	36	0.75	1.5	0.274	32	5.5	11.0
0.22	35	0.80	1.6	0.295	31	6.1	12.2
0.25	33	0.90	1.8	0.315	30	6.9	13.8
0.28	32	1.00	2.0	0.345	29	8.0	16.0
0.29	31	1.05	2.1	0.376	28	9.2	18.4
0.32	30	1.10	2.2	0.447	27	11.0	22.0
0.35	29	1.25	2.5	0.457	26	12.5	25.0
0.40	27	1.50	3.0	0.508	25	15.0	29.5
0.46	26	1.85	3.7	0.559	24	17.0	34.0
0.52	25	2.00	4.0	0.60	23	20.0	39.0
0.54	24	2.25	4.5	0.70	22	25.0	50.0
0.60	23	2.50	5.0	0.80	21	29.0	58.0
0.71	22	3.00	6.0	0.90	20	37.0	74.0
0.81	21	3.75	7.5	1.00	19	44.0	88.0
0.98	20	5.00	10.0	1.13	18	52.0	104.0
1.02	19	6.00	12.0	1.37	17	63.0	125.0
1.25	18	7.50	15.0	1.60	16	80.0	160.0
1.51	17	10.00	20.0	1.76	15	95.0	190.0
1.67	16	11.00	22.0	2.00	14	120.0	240.0
1.75	15	12.00	24.0	2.24	13	140.0	280.0
1.98	14	15.00	30.00	2.50	12	170.0	340.0
2.40	13	20.00	40.0	2.73	11	200.00	400.0
2.78	12	25.00	50.0				
2.95	11	27.5	55.0				
3.14	10	30.0	60.0				
3.81	9	40.0	80.0				
4.12	8	40.0	90.0				
4.44	7	50.0	100.00				

④低压熔断器的安装要求

a. 安装的低压熔断器应完整无损，接触紧密可靠，熔断器上应有额定电压、电流值的标志，并尽可能标明熔体的规格。

b. 瓷插式熔断器应垂直安装，熔体应采用合格的铅合金丝或铜丝，不允许用多根较小的熔体代替一根较大的熔体，否则将会影响熔体熔断时间。铅熔体和铜熔体的额定电流见表 3.1 所示。

c. 螺旋式熔断器的进线应接在底座的中心端上，出线应接在螺纹壳上，以防调换熔管时发生触电事故。

d. 在电业管理的总熔丝盒内，无论是单相的中性线，还是二相三线或三相四线的中性线上都不允许装熔断器。因为在低压配电网络中，虽然电源电压是对称的，但由于低压用户处有许多单相负载不均匀地分配在各相上，引起三相负载不平衡，使对称三相电路成为不对称的三相电路。如在中性线上装熔断器，当熔断器熔断而三相负载又是不平衡时，负载中性点将严重位移，造成负载相电压的严重不对称，使有的相电压过高烧坏电器，有的相电压过低而不能正常工作。

e. 低压用户采用熔断器保护线路时，熔断器应装在各相线上，在二相三线或三相四线回路的中性线上不允许装熔断器，但在单相线路的中性线上可装熔断器。因为单相线路的中性线上熔断器熔断时，不会引起负载中性点位移，另外单相回路常会有相线和中性线调错情况，因此在单相线路的中性线上装熔断器会更为安全可靠。

(4) 低压自动空气开关

低压自动空气开关又称自动空气断路器。这种开关具有良好的灭弧性能，它能在正常工作条件下切断负载电流，又能在电路发生过载、短路或欠电压时自动分断电路。因而，它被广泛应用于低压配电装置中。

图 3.18 所示为 DZ 系列塑料外壳自动空气开关的外形图。

自动空气开关由触头、灭弧装置、保护装置和传动机构等组成，它的工作原理可由图 3.19 来说明。

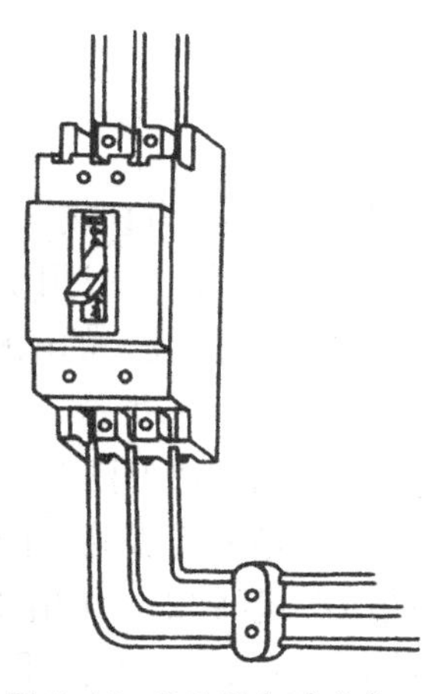

图 3.18　DZ 型自动空气开关外形

图中 1 为自动空气开关的触头，共有三个，串联在三相主电路中。当自动开关操作手柄合闸后，触头 1 由锁键 2 保持闭合状态，锁键 2 由搭钩支持着，搭钩 3 可以绕轴 4 转动。如果搭钩 3 被杠杆 5 顶开，则触头 1 就被弹簧 6 拉开，电路分断。搭钩 3 被杠杆 5 顶开这一动作是由过电流脱扣器 7 和欠压脱器 8 来完成的。过电流脱扣器的线圈和主电路串联，当线路发生短路出现很大过电流时，过电流脱扣器的线圈铁心所产生的电磁吸引力才能将衔铁 9 吸合(正常电流产生的吸力不能使衔铁动作)。衔铁 9 吸合时撞击杠杆 5，把搭钩 3 顶上去，使触头 1 打开。欠电压脱扣器 8 的线圈是并联在主电路上的，当线路电压正常时，欠电压脱扣器产生的吸力能够将它的衔铁 10 吸合，如线路电压降到某一定值时，欠电压脱扣器的吸力减小，衔接 10 被弹簧 11 拉开，这时同样撞击杠杆 5，把搭扣 3 顶开，也可使触头 1 打开。热脱扣器的作用就是当线路发生过载时，过载电流流过加热电阻丝 13 而使双金属片 12 发热弯曲，同样可以将搭钩 3 顶开，使触头分断，超过载保护作用。分励脱扣器 14 是用来作远距离分闸(通过按钮 15)，或由继电保护装置动作来实现自动跳闸。

欠电压脱扣器电磁线圈的引线，应接到自动空气开关的进线端，否则自由脱扣机构松动，不能完成合闸操作。分励脱扣器的电磁线圈通常接于外部操作电源。

自动空气开关都装有操作手柄，作为正常情况下闭合和分断电路及故障后重新接通电路用。

(5) 电度表

电度表有单相电度表和三相电度表两种。单相电度表多用于民用照明，常用规格有 2.5(5)A 和 5(10)A。三相电度表又有三相三线制和三相四线制电度表两种；按接线方式

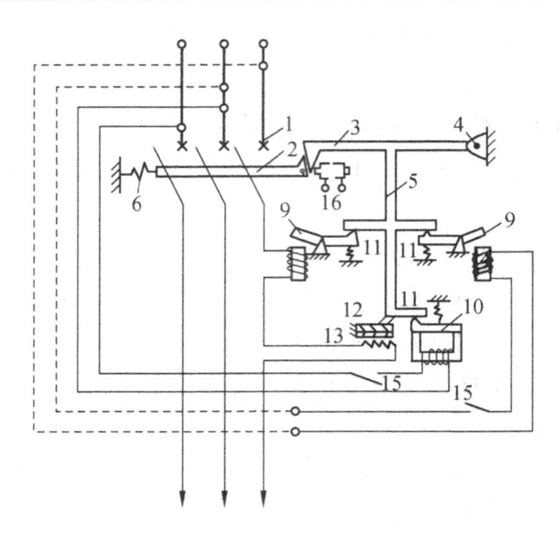

图 3.19　自动空气断路器原理图

1—触头；2—锁键；3—搭钩；4—转轴；5—杠杆；6、11—弹簧；
7—过流脱扣器；8—欠压脱扣器；9、10—衔铁；12—热脱扣器双金属片；
13—加热电阻丝；14—分励脱扣器(远距离切除)；
15—按钮；16—合闸电磁铁(DW 型可装，DZ 型没有)

不同，又各分为直接式和间接式两种。直接式三相电度表常用规格有 10、20、30、50、75、100A 等多种，一般用于电流较小的电路上，间接式的常用规格是 5A 的，与电流互感器连接后，用于电流较大的电路上。

①单相电度表

接线方法如图 3.20 所示。

单相电度表共有四个接线桩头，从左到右按 1、2、3、4 编号。接线方法一般按号码 1、3 接电源进线，2、4 接出线，称为跳入式接线，如图 3.20(a)所示。也有的按号码 1、2 接电源进线，3、4 接出线，称为顺入式接线如图 3.20(b)所示。具体的接线方法应参照电度表接线桩盖子上的接线图。

②三相四线制电度表

可用于动力和照明的总用户接线方法如图 3.21 所示。这种电度表共有 11 个接线桩头，从左至右按 1、2、…、11 编号。其中 1、4、7 是电源相线的进线桩头，用来连接从总熔丝盒下桩头引来的三根相线；3、6、9 是相线的出线桩头，分别去接总开关的三个进线桩头；10、11 是电源中性线的进线和出线桩头；2、5、8 三个接线桩头可空着。

间接式三相四线电度表的接法，可参照图 3.22 所示进行。这种三相电度表需配用三只相同规格的电流互感器。接线时，应先将电度表接线盒内的三块连片都拆下。

(6) 电流互感器

在大电流的交流电路中，常用电流互感器将大电流转换为一定比例的小电流(一般为 5A)以供测量和断电保护之用。

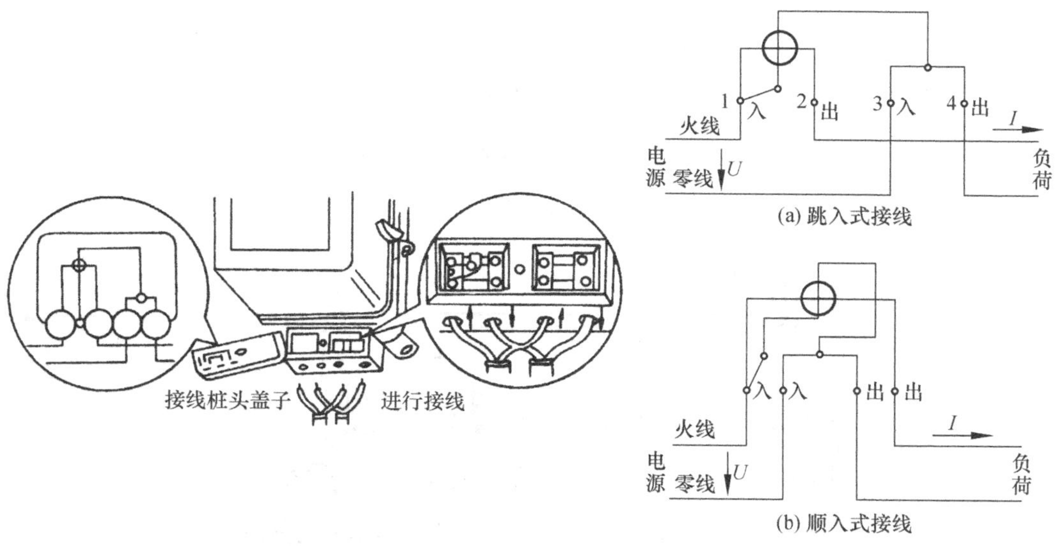

图 3.20 单相电度表接线

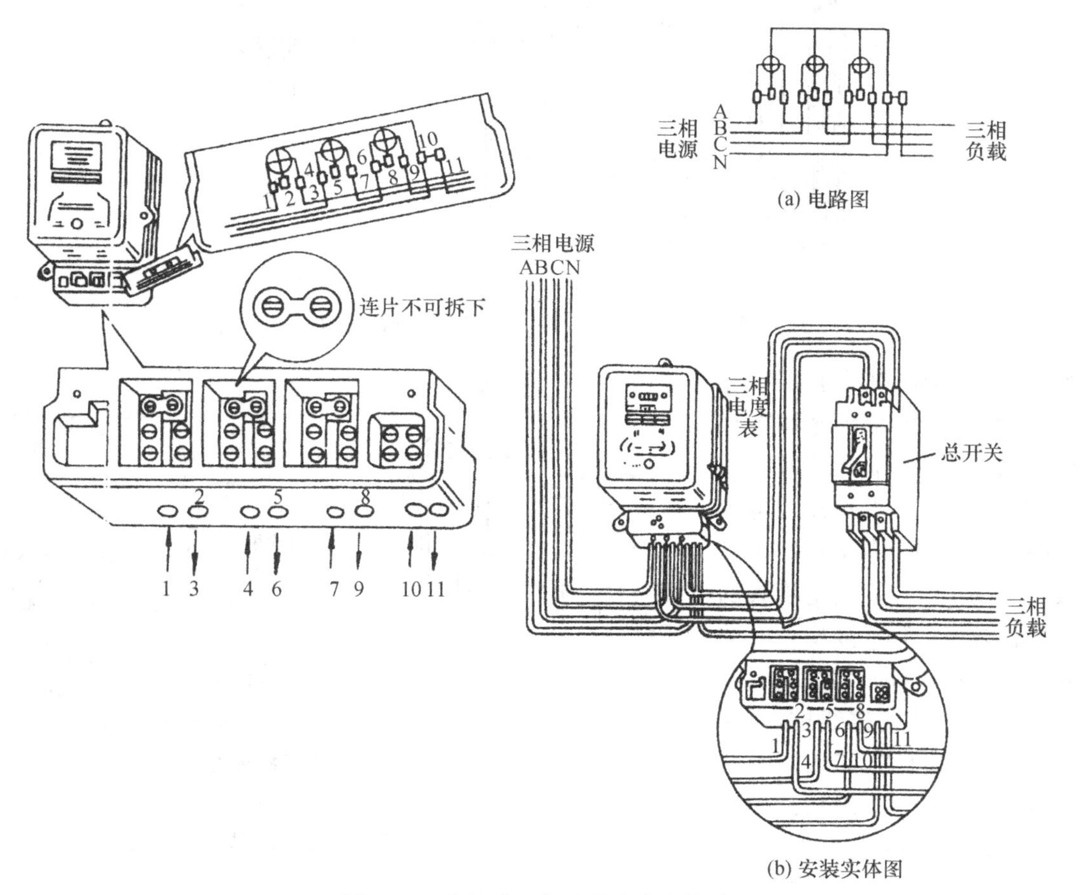

图 3.21 直接式三相四线电度表接法

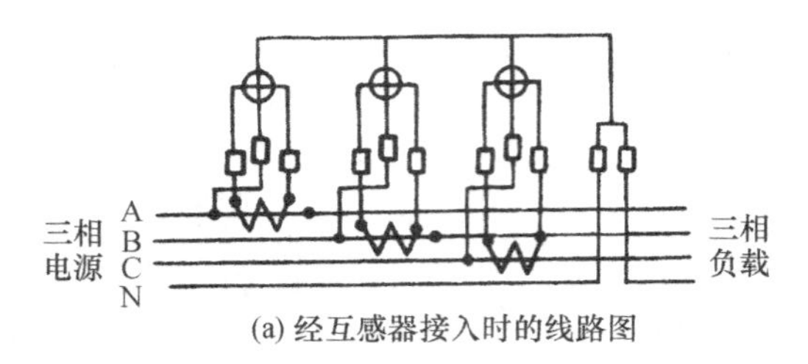

(a) 经互感器接入时的线路图

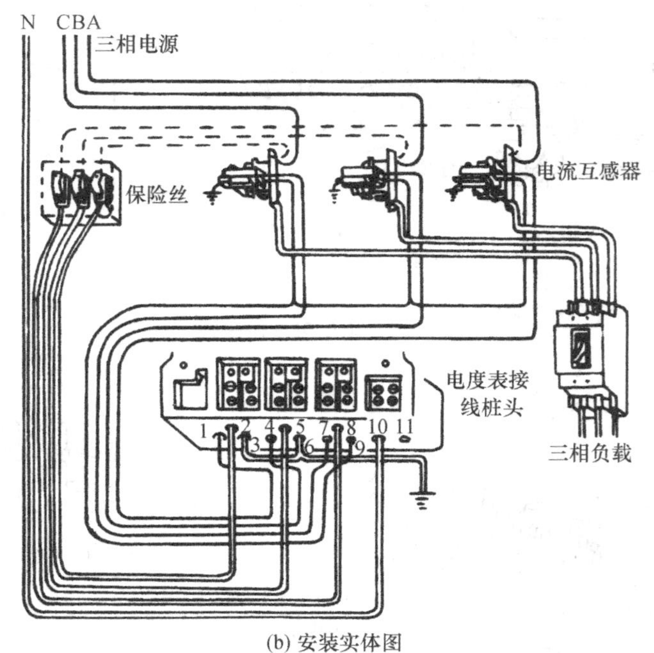

(b) 安装实体图

图 3.22　间接式三相四线制电度表接线图

电流互感器的外形与接线如图3.23所示。电流互感器次级(即二次回路)标有“K_1”或“+”的接线桩要与电度表电流线圈的进线桩连接,标有“K_2”或“−”的接线桩要与电度表的出线桩连接,不可接反。电流互感器的初级(即一次回路)标有“L_1”或“+”的接线桩,应接电源进线,标有“L_2”或“−”的接线桩,应接电源出线。次级的“K_2”或“−”接线桩、外壳和铁心都必须可靠的接地。电流互感器应装在电度表的上方。

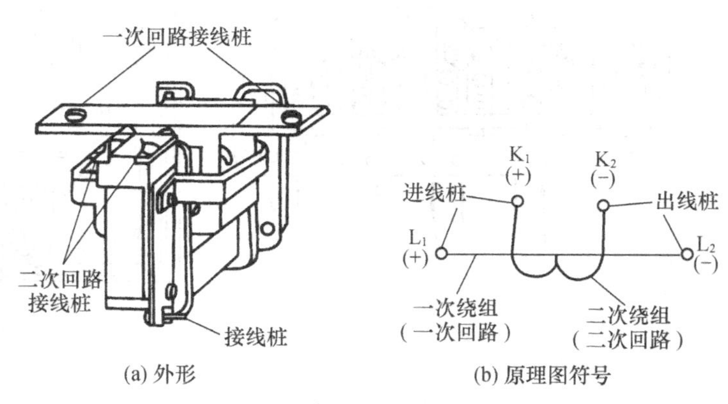

(a) 外形　　(b) 原理图符号

图 3.23　电流互感器接线桩

3.1.6　日光灯

1）日光灯电路简介

（1）日光灯电路由日光灯管、镇流器、启辉器等三部分组成，如图 3.24 所示。

①日光灯管

日光灯管是一根普通的玻璃管，管内壁涂有一层均匀的荧光粉（卤磷酸钙）。在抽掉管内空气后注入氩气。灯管两端各有一根钨丝绕成的螺旋状灯丝，灯丝上涂有金属氧化物（如氧化钡、氧化锶等）。

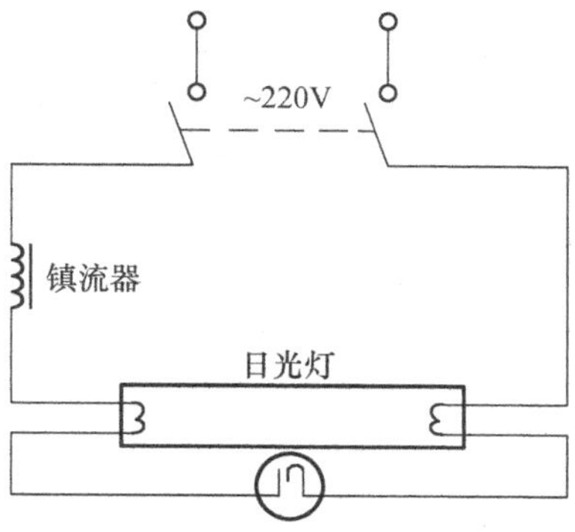

灯丝的作用是：当通过电流后因受热而发射电子。在灯管两端高电压的作用下，高速电子将氩气电离而产生弧光放电。水银蒸气在弧光放电下发出紫外线，管壁上的荧光粉因受紫外线激发而发出频谱接近于阳光的光线，因而称之为日光灯。日光灯是一种放电管，放电管的特点是开始放电时需要较高的电压，一旦放电后可在较低电压下维持。

图 3.24　日光灯电路

②镇流器

镇流器是一个绕在硅钢片铁心上的电感线圈，其作用有二：一是当启辉器两触头突然断开瞬间由于 di/dt 很大，在灯管两端产生足够高的自感电动势，使灯管内气体被电离导电；二是在管内气体电离而呈低阻状态时，由于镇流器的降压和限流作用而限制灯管电流，防止灯管损坏。

③启辉器

启辉器俗称别火，它是一个很小的充气放电管（氖管），如图 3.25 所示，启辉器内有两个电极，其中一个由双金属片制成，在室温下两个电极之间有空隙。启辉器两电极间的启辉电压（开始放电时的电压）比日光灯管开始放电压要低。

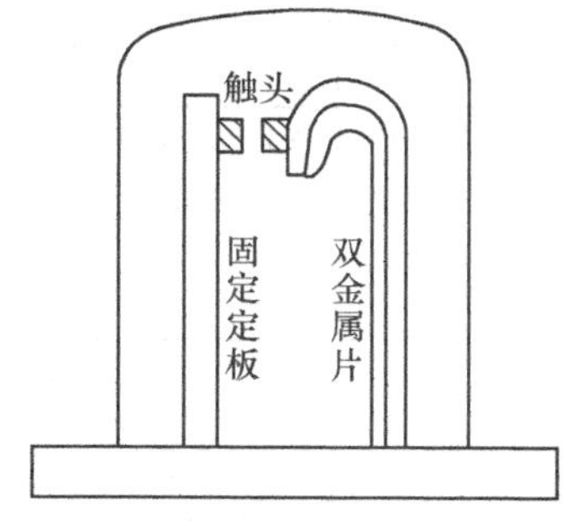

图 3.25　启辉器原理

当日光灯电路接上电源后，电源电压便加到启辉器的两个电极上，使启辉器发生辉光放电，放电所产生的热量加热了电极，于是双金属片伸张与另一电极接触。两电极接触后把日光灯的灯丝电路接通，使日光灯的灯丝灼热，另一方面两电极接触后启辉器内的辉光放电停止，于是双金属片逐渐冷却并在零点几秒内恢复原状，与另一电极分开。在两电极分开的瞬间 di/dt 很大，镇流器上产生一个很大的反电势，它和电源电压一起加到日光灯管的两端使日光灯发生放电并发出频谱接近于阳光的光线（发生原理如前所述）。

日光灯管放电后，电路变成了镇流器和日光灯管相串联，电路中有一定电流通过，镇流器上就有一部分电压降（IX_L），因而使日光灯管两端的电压低于电源电压，由于启辉器与灯并联，故也低于启辉器的启辉电压，所以启辉器在日光灯点燃后不会再发生辉光放电。简而言之，启辉器接通时，它使日光灯管的灯丝加热；启辉器断开时，它使日光灯管放电，启辉器起点燃日光灯的作用。为防止两触头断开时产生火花将触头烧坏，在启辉器两电极间并接一个小电容器。

(2) 日光灯管、镇流器、启辉器的技术参数(见表 3.2、表 3.3、表 3.4)。

表 3.2　直管形日光灯的型号、参数及尺寸

型号		额定功率(W)	工作电压(V)	工作电流(mA)	启动电流(mA)	额定光通量(lm)	平均寿命(h)	主要尺寸(mm)			灯光型号
统一型号	工厂型号							管直径 D	全长 L	管长 L_1	
YZ4	—	4	35	110	170	70	700	15.5	150	134	2RC—14
YZ6		6	55	135	200	150	1000		226	210	
YZ8		8	65	145	220	250			301	285	
—	(RR)-15S	15	58	300	500	665	3000	25	451	436	2RC—23
	(PR)-30S	30	96	320	560	1700			909	894	
YZ15	(RR)-15	15	50	320	440	580		38	451	436	2RC—35
	(RL)-15					635					
YZ20	(RR)-20	20	60	350	500	930			604	589	
	(RL)-20					1000					
YZ30	(RR)-30	30	81	350	560	1550			909	894	
	(RL)-30					1700					
YZ40	(RR)-40	40	108	410	650	2400			1215	1200	
	(RL)-40					2640					
YZ100	(RR)-100	100	87	1500	1800	5000	2000				
	(RL)-100					6400					

注:①RR—为日光色;RL—为冷白色。

②型号中的"S"表示细管。

表 3.3　日光灯镇流器的技术数据

型号	配用灯管功率(W)	工作电压(V)	工作电流(mA)	启动电压(V)	启动电流(mA)
YZ_1-220/6	6	203	140±5	215	180±10
YZ_1-220/8	8	200	150±10		190±10
YZ_1-220/15	15	202	300±30		400±10
YZ_1-220/20	20	196	350±30		460±30
YZ_1-220/30	30	180	360±30		560±30
YZ_1-220/40	40	165	410±30		650±30
YZ_1-220/100	100	185	1500±100		1800±100

表 3.4　启辉器技术参数

配用灯管功率(W)	电源电压(V)	启辉电压(V)	起动速度				额定寿命(次)
			电源电压(V)	时间(s)	电源电压(V)	时间(s)	
6～40 100	220	>135	220	1～4	180 200	<15 2～5	5 000

2) 日光灯工作原理

图 3.24 当开关 S_1 闭合,电源电压首先加在与灯管并联的起辉器两触头之间,在辉光管中引起辉光放电,产生大量热量,加热了双金属片,使其膨胀伸展与静触头接触,灯管被短

接，电源电压几乎全部加在镇流器线圈上，一个较大的电流流经镇流器线圈、灯丝及辉光管。电流通过灯丝，灯丝被加热，并发出大量电子，灯管处于“待导电”状态。起辉器动静二触头接触电压下降为零，辉光放电停止，不再产生热量，双金属片冷却两触头分开，切断了镇流器线圈中的电流，在镇流器线圈两端便产生一个很高的电压，此电压与电源电压叠加而作用在灯管两端，使管内电子形成高速电子流撞击气体分子电离而产生弧光放电，日光灯便点燃。点燃后，电路中的电流以灯管为通路，电源电压按一定比例分配于镇流器及灯管上，灯管上的电压低于起辉器辉光放电电压，起辉器不再产生辉光放电，日光灯进入正常工作，此时，镇流器起电感器的作用，限制灯管中的电流不至过大，当电源电压波动时，镇流器起镇定电流变化之用。在日光灯电路中，由于镇流器是高感抗元件，故整个电路的功率因数很低，一般只有 $\cos\Phi=0.5\sim0.6$。如在电路中采用跨接电容器的方法可以提高功率因数。

3）日光灯的安装

在安装日光灯时应注意以下几个问题：

（1）镇流器必须和电源电压、灯管功率相配合，不可混用。由于镇流器比较重，又是发热体，宜将镇流器反装在灯架中间，且注意适当通风。

（2）启辉器规格需根据灯管的功率大小来决定，启辉器宜装在灯架上便于检修的位置。

4）电子镇流器

日光灯电子镇流器具有节能低耗（自耗 1W），效率高；不用启辉器；工作时无蜂音；功率因数大于 0.9，甚至接近 1；使用它可使灯管寿命延长一倍。因而被愈来愈广泛地使用。但电子镇流器在价格上还比较贵，内部的一些电子元器件比较容易损坏。

电子镇流器种类繁多，但其原理大多基于使电路产生高频自激振荡，通过谐振电路使灯管两端得到高频高压而点燃。图 3.26 为日光灯电子镇流器的电路图。图 3.27 为采用电子镇流器的日光灯接线图。

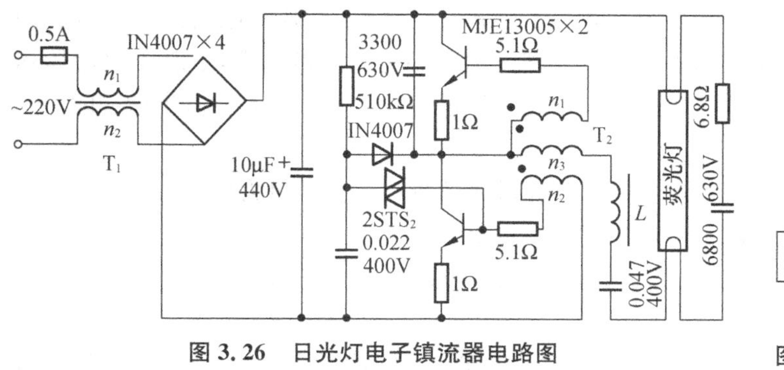

图 3.26　日光灯电子镇流器电路图

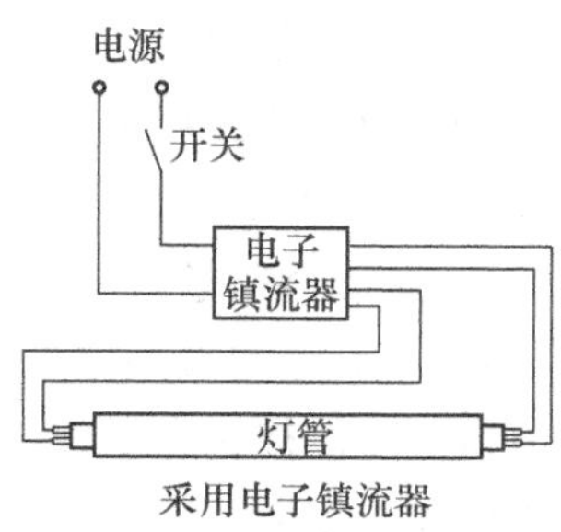

图 3.27　采用电子镇流器的日光灯接线图

3.2　安全用电

安全用电实际上包含有供电系统的安全，用电设备的安全及人身安全三个主要方面。只要我们在思想上充分重视安全用电问题，掌握安全用电的知识和技术，在用电实践中采取正确防范措施，就可以避免发生人身、设备事故。

3.2.1 人体触电及触电急救

1) 人体触电

人体与带有较高电压的带电体接触，或有一定的电流通过人体，均会造成人体受伤或死亡的现象称为触电。触电对人体的危害程度与以下5个因素有关：

(1) 电流强度

电流是触电伤害的直接因素。通过人体的电流越大，对人体的伤害就越大。按照人体对电流的生理反应强弱和电流对人体的伤害程度，可将电流大致分为感知电流、摆脱电流和致命电流三级。感知电流是指使人有触电感觉但无有害生理反应的通过人体的最小电流值；摆脱电流是指人触电后能自主摆脱电源而无病理性危害的最大电流；致命电流是指能引起心室颤动而造成生命危险的最小电流。上述几种电流的数值与触电者的性别、年龄以及触电时间等因素有关。实验证明，当工频电流通过人体时，成年男性的平均感知电流为1mA，摆脱电流为10mA，致命电流为50mA(且通过时间超过1s)。其中以工频电流对人体伤害为最大。

(2) 电压高低

人体接触的电压越高，通过人体的电流越大，越危险。接触电压高，使皮肤破裂，降低了人体电阻，通过人体的电流随之加大；在接近高压时，还有感应电流的影响，因此，也是很危险的。

(3) 电流通过人体的途径

电流由任何途径通过人体都可以致人死亡。电流通过心脏、中枢神经或有关部位、呼吸系统是最危险的。因此，电流通过人体的途径中以左手到前胸的通路最危险，从脚到脚的电流途径危险性较小，但触电者可能会因痉挛而摔倒，导致电流通过全身或二次事故。

(4) 触电时间长短

一般用触电电流与触电持续时间和乘积(称为电击能量)来反映触电的危害程度。通电时间越长，能量积累增加，越容易引起心室颤动。由于心室颤动极细微，心脏不再起压送血液作用，即血液循环中止，导致死亡。若电击能量超过50mA·s时，人就有生命危险。

(5) 人体状况

①妇女、儿童、老人及体弱者触电后果比身体健康的青壮年男子更为严重。

②人体电阻的大小也是影响触电后果的一个重要因素。

③心理、精神状态不佳，常可造成触电事故的发生和增加触电伤害程度。

2) 触电急救

一旦发生人身触电事故，有效的急救在于迅速处理，并抢救得法。根据统计资料介绍，触电后1分钟就开始救治者，一般有90%获得良好效果；触电后6分钟开始救治者，只有10%有良好效果；而触电后12分钟才开始救治者，其救活的可能性极小。

人触电后，往往会出现神经麻痹、呼吸困难、血压升高、昏迷、痉挛，直至呼吸中断、心脏停跳等险象，呈昏迷不醒的状态。如果没有明显的致命外伤，就不能轻率地认定触电者已经死亡，而应看做是“假死”，救护者切勿放弃抢救，而应果断地以最快的速度和正确的方法就地施行抢救，多数触电者是可以复活的。有的触电者经过四、五个小时的抢救才起死回生脱离险境。

触电急救的第一步是使触电者迅速脱离电源，第二步是抓紧时间进行现场救护，现分述如下：

(1) 脱离电源的方法

为使触电人迅速脱离电源，应根据现场具体条件，果断采取适当方法和措施，但绝不能用手直接去拉触电人，防止救护人触电事故。一般采取以下几种方法和措施：

①首先迅速切断电源。现场附近有电源闸刀或者插头的，可立即拉开闸刀或拔掉插头。但普通的拉线开关由于只切断一根线，要注意必须是火线才行。

②当有电线在人身上时，要用干燥的木棍、竹竿或其他绝缘物体为工具将电线挑开，使触电者脱离电源。

③如果开关距离较远，用绝缘钳剪断电线，并注意用单手操作，防止自身触电。剪断的电源线要用黑胶布包好，免得再引起触电事故。

④如果人在高处触电，应防止触电者在脱离电源时从高处落下摔伤。

(2) 现场救护

将触电者脱离电源后，立即进行急救处理。如触电者尚未失去知觉，则应让其静卧，注意观察，并请医生前来诊治。

触电者呼吸停止但有心跳，应该用口对口，或摇臂压胸人工呼吸法抢救。

若触电者心跳停止但有呼吸，此时，应该用胸外心脏按压法抢救。

若触电者心跳、呼吸都已停止时，需同时进行胸外心脏按压与口对口人工呼吸。配合的方法是，做一次口对口人工呼吸后，再做四次胸外心脏按压。

在抢救过程中，要不停顿地进行，使触电者恢复心跳和呼吸。

同时要注意，切勿滥用药物或搬动、运送，并应立即请医生前来指导抢救。

3.2.2 接地与接零

电气设备漏电或击穿碰壳时，平时不带电的金属外壳、支架及其相连的金属部分就会呈现电压，人若触及这些意外带电部分，就会发生触电事故。为防止意外事故的发生，应采取保护措施。

在低压配电系统中采用的保护措施有两种。当低压配电系统变压器中点不接地时，采用接地保护。当低压配电系统变压器中点接地时采用接零保护。

1) 保护接地

为防止触电事故而装设的接地，称之为保护接地。如电气设备不带电的金属外壳、支架及相连的金属部分的接地就是保护接地。设备接地后将会起到保护作用。如图 3.28(a)所示三相电源，中点不接地，如果接在这个电源上的电动机的外壳没接地而发生一相漏电或碰壳时，它的外壳就带有较高的对地电压，这时如果人接触到电机外壳，就有电流流过人体入地，并经线路与大地之间的分布电容构成回路，这是很危险的。

如果电动机外壳接了地，由于人体电阻与接地电阻并联，而人体电阻远大于接地电阻，大部分电流经接地装置入地，通过人体的电流很小，保护了人的安全，如图 3.28(b)所示。

保护接地仅适用于中性点不接地的电网。凡接在这个电网中的电气设备的金属外壳

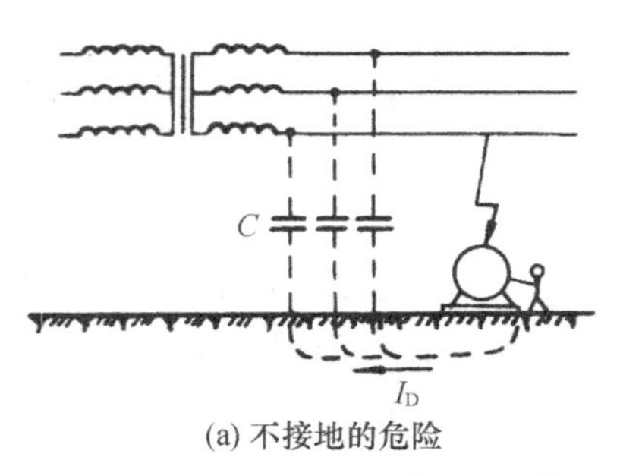

(a) 不接地的危险

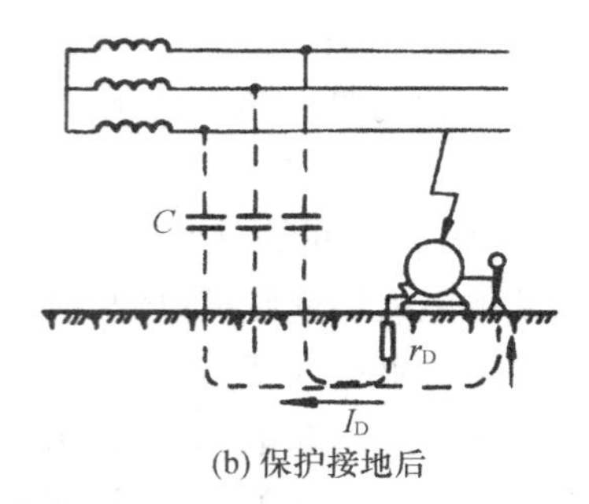

(b) 保护接地后

图 3.28　保护接地原理图

支架及相连的金属部分均应接地。

2）保护接零

在中点直接接地的三相四线制电网中，电气设备应采用保护接零。将电气设备正常运行时不带电的金属外壳与电网的零线连接起来。当一相发生漏电或碰壳时，由于金属外壳与零线相连，形成单相短路，电流很大，能使电路保护装置迅速动作，切断了电源，这时外壳不带电，保护了人身完全和电网其他部分的正常运行。如图 3.29 所示。

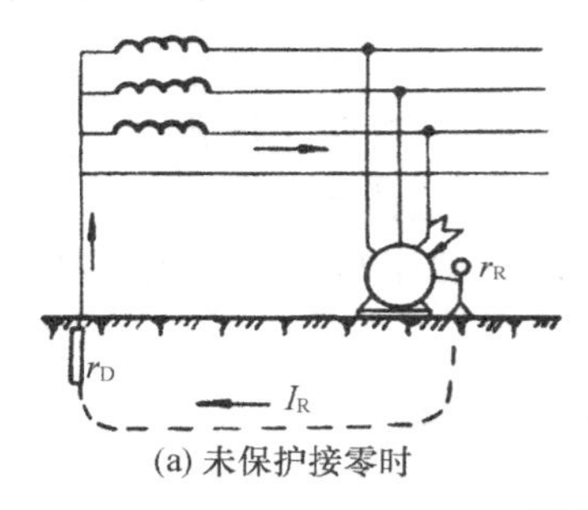

(a) 未保护接零时

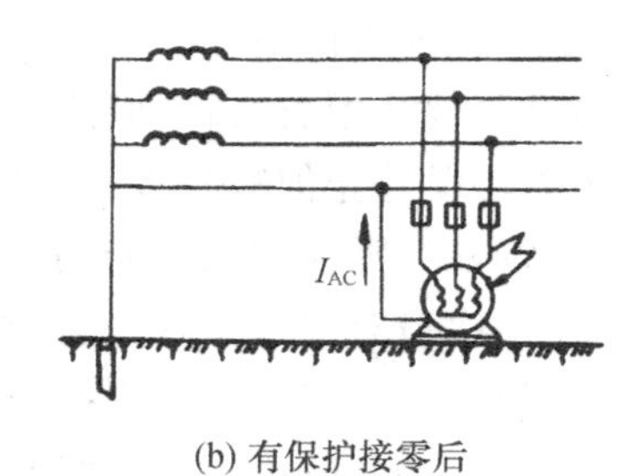

(b) 有保护接零后

图 3.29　保护接零原理图

在采用接零保护时，电源中线不允许断开，如果中线断开，则保护失效。所以在电源中线上不允许安装开关和熔断器(包括保险丝)。在实际应用中，用户端常将电源中线再重复接地，防止中线断线，如图 3.30 所示，重复接地电阻一般小于 10Ω。

在中性点接地的电源上使用的电气设备，必须采用接零保护，而不能采用接地保护，如果将设备的金属外壳接地，如图 3.31，一旦发生漏电或碰壳事故，通过短路相的保险丝电流 I_D 并不很大，保险丝如果不动作，设备的外壳将出现 $U=\frac{r_C}{r_0+r_C}U_\Phi$ 这样的一个电压，如果 $r_0=r_C$，$U_\Phi=220V$，则 $U=110V$。保护零线对地的电压也为 110V。

也就是说，不仅这台设备的外壳带有危险的电压，而且使接在这个电网中的所有接零设备的外壳全都带有危险的电压。

3）家用电器的接零与接地

如果居民区供电变压器低压输出的三相四线电源中性点不接地，家用电器须采用保护接地作为保安措施。

如三相四线电源中点接地，应采用接零保护。居民住宅一般是单相供电，即一根相线，一根零线。家用电器多采用三脚插头和三眼插座。图 3.32 所示为三眼插座的接法，接三眼

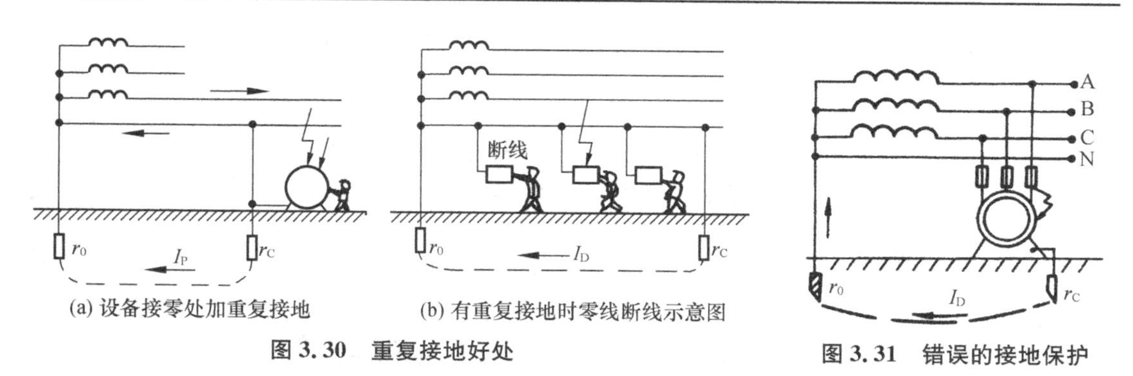

(a) 设备接零处加重复接地　　(b) 有重复接地时零线断线示意图

图 3.30　重复接地好处

图 3.31　错误的接地保护

插座时，不准将插座上接电源中线的孔与接地线的孔连接，如图 3.32(a)所示；否则，如果接零孔的线路松落或断开，会使设备金属外壳带电，或者当零线与相线接反时也会使金属外壳带电，如图 3.32(b)所示。三眼插座的正确接法，是将插座上接零线的孔同接地的孔分别用导线并联到中性线上，如图 3.32(c)所示。

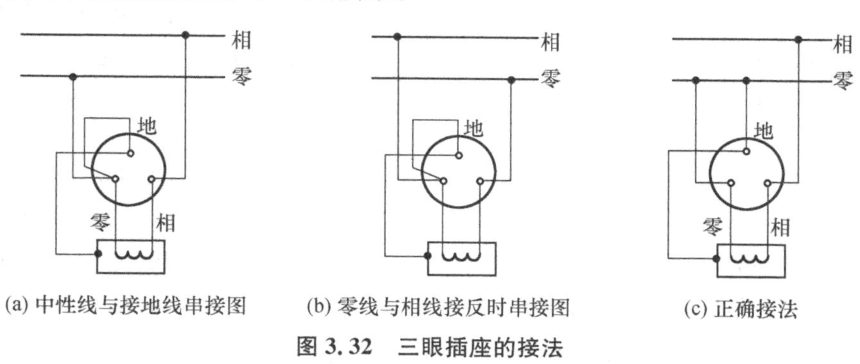

(a) 中性线与接地线串接图　　(b) 零线与相线接反时串接图　　(c) 正确接法

图 3.32　三眼插座的接法

3.2.3　漏电保护装置

普通民用住宅的配电箱大多数采用熔断器作为保护装置。随着家用电器的日益增多，这类保护电器已不能满足安全用电的要求。当设备只是绝缘不良引起漏电时，由于泄漏电流很小，不能使传统的保护装置(熔断器、自动空气开关等)动作。漏电设备外露的可导电部分长期带电，这增加了人身触电的危险。漏电保护开关(简称漏电开关)就是针对这种情况在近年来发展起来的新型保护电器。

漏电保护开关的特点是在检测与判断到触电或漏电故障时，能自动切断故障电路。图 3.33所示为目前通用的电流动作型漏电保护开关的工作原理图。它由零序互感器 TAN、放大器 A 和主回路断路器 QF(内含脱扣器 YR)等三个主要部件组成。其工作原理是：设备正常运行时，主电路电流的相量和为零，零序互感器的铁心无磁通，其二次侧无电压输出。如设备发生漏电或单相接地故障时，由于主电路电流的相量和不再为零，零序互感器的铁心有零序磁通，其二次侧有电压输出，经放大器 A 判断、放大后，输入脱扣器 YR，令断路器 QF 跳闸，从而切除故障电路，避免人员发生触电事故。

按保护功能分，漏电保护开关有两种。一种是带过流保护的，它除具备漏电保护功能外，还兼有过载和短路保护功能。使用这种开关，电路上一般不需再配用熔断器。另一种是不带过流保护的，它在使用时还需配用相应的过流保护装置（如熔断器）。

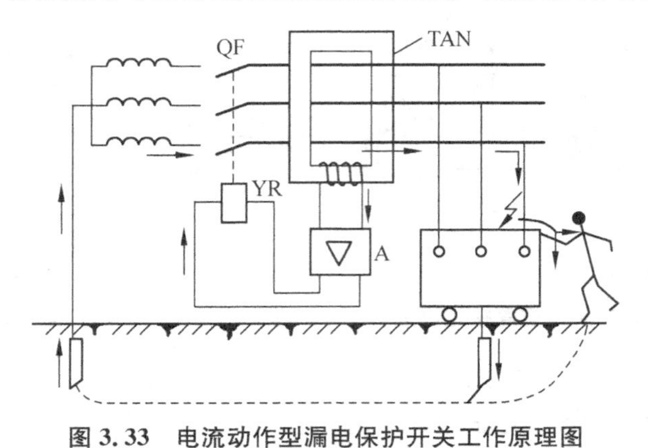

图 3.33　电流动作型漏电保护开关工作原理图

TAN—零序互感器；A—放大器；YR—脱扣器；QF—低压断路器

漏电保护断电器也是一种漏电保护装置，它由零序互感器，放大器和控制触点组成。它只具有检测与判断漏电的能力，本身不具备直接开闭主电路的功能。通常与带有分励脱扣器的自动空气开关配合使用，当断电器动作时输出信号至自动空气开关，由自动开关分断主电路。

表 3.5 是我国生产的电流动作型漏电保护装置的技术数据。其中 DZL18-20 型漏电保护开关采用了国际电工委员会（IEC）标准，它适用于额定电压为 220V、电源中性点接地的单相回路。由于采用了微电子技术，这种漏电开关具有结构简单、体积小、动作灵敏、性能稳定可靠等优点，很适合一般民用住宅使用。

表 3.5　国产漏电保护装置技术数据

<table>
<tr><th>型　号</th><th>名　称</th><th>极数</th><th>额定电压（V）</th><th>额定电流（A）</th><th>额定漏电动作电流（mA）</th><th>漏电动作时间（s）</th><th>保护功能</th></tr>
<tr><td>DZ15-20L</td><td>漏电开关</td><td>3</td><td>380</td><td>3、4、5、10、15、20</td><td>30、50、75、100</td><td><0.1</td><td>过载、短路、漏电保护</td></tr>
<tr><td rowspan="2">DZ$_1$5-20</td><td rowspan="2">漏电开关</td><td>3</td><td rowspan="2">380</td><td rowspan="2">6、10、15、20、30、40</td><td rowspan="2">30、50、75、100</td><td rowspan="2"><0.1</td><td rowspan="2">过载、短路、漏电保护</td></tr>
<tr><td>4</td></tr>
<tr><td rowspan="3">DZL-16</td><td rowspan="3">漏电开关</td><td>2</td><td>220</td><td rowspan="3">6、10、15 25、40</td><td>15</td><td><0.1</td><td rowspan="3">漏电保护</td></tr>
<tr><td>3</td><td rowspan="2">380</td><td rowspan="2">36</td><td rowspan="2"><0.1</td></tr>
<tr><td>4</td></tr>
<tr><td>DZL18-20</td><td>漏电开关</td><td>2</td><td>220</td><td>20</td><td>10、30</td><td><0.1</td><td>过载、短路、漏电保护</td></tr>
<tr><td>DZL-20</td><td>漏电开关</td><td>2</td><td>220</td><td>20</td><td>6、15</td><td><0.1</td><td>漏电保护</td></tr>
<tr><td>JD-100</td><td>漏电继电器</td><td>贯穿孔</td><td>380</td><td>100</td><td>100、200、300、500</td><td><0.1</td><td>漏电保护专用</td></tr>
<tr><td>JD-200</td><td>漏电继电器</td><td>贯穿孔</td><td>380</td><td>200</td><td>200、300、400、500</td><td><0.1</td><td>漏电保护专用</td></tr>
</table>

图 3.34 为家用单相漏电开关的外形图，图 3.35 为三相漏电开关的外形图。

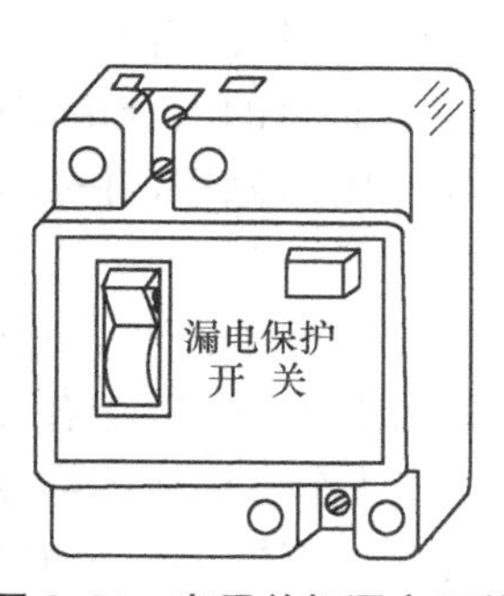

图 3.34　家用单相漏电开关

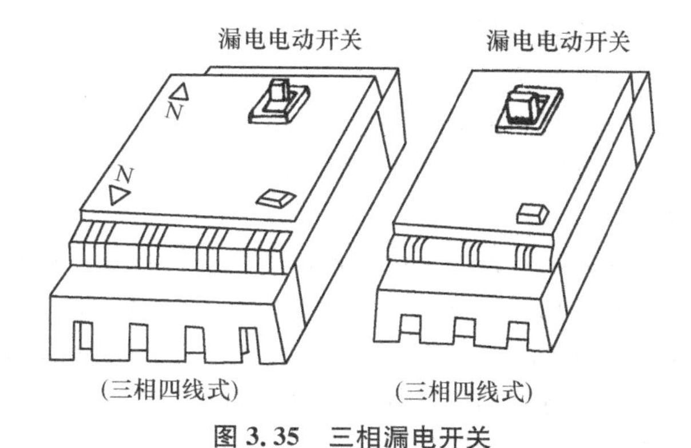

图 3.35　三相漏电开关

3.2.4　低压测电笔

一般最常见的检查低压线路或低压设备上是否带电的工具是试电笔。试电笔由氖管、高值电阻(5MΩ 左右)、弹簧和笔身部分组成，如图 3.36 所示。使用试电笔时应手握笔身并与笔尾金属体接触(注意绝不能与笔尖的金属部分相接触)，此时，用笔尖去接触载流导线或电源插座，如氖管发光，说明测试点"带电"，试电笔接触的是火线；如氖管不发光，说明被测点不"带电"，试电笔接触的是地线或零线。

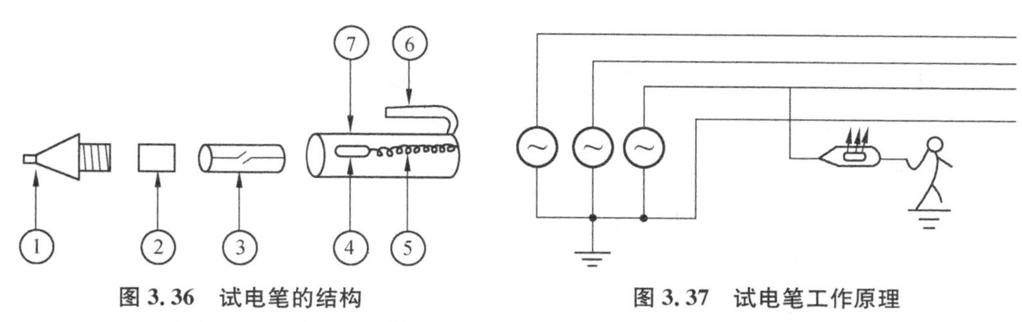

图 3.36　试电笔的结构

①—笔尖金属体；②—电阻；③—氖管；
④—小窗；⑤—弹簧；⑥—笔尾金属体；⑦—笔身

图 3.37　试电笔工作原理

试电笔的工作原理可用图 3.37 来说明，当试电笔接触火线时，电流通过试电笔、人体、大地、电源接地线回到电源，形成回路，使氖管发光。如果试电笔接触的是地线，此时回路中没有电势因而氖管不亮。由于试电笔中有高值电阻存在，所以用试电笔测试火线时，上述回路中的电流仅为几十微安，使人感觉不到"麻电"。但如果电压过高，就不能用试电笔去试，以免触电。

3.2.5　安全用电

为了更好地使用电能，防止触电事故的发生，一定要了解和掌握必要的电气安全知识，建立和健全必要的电气安全工作制度，并切实采取如下一些安全措施：

(1) 各种电气设备，尤其是移动式电气设备，应建立经常的与定期的检查制度，如发现故障或与有关的规定不符合时，应加以及时处理。

(2) 使用各种电气设备时,应严格遵守操作制度。不得将三脚插头擅自改为二脚插头,也不得将线头直接插入插座内用电。

(3) 尽量不要带电工作,特别是危险场所(如工作地很狭窄,工作地周围有对地电压在250V以上的导体等),禁止带电工作。如果必需带电工作时,应采取必要的安全措施(如站在橡胶垫上或穿绝缘橡胶靴,附近的其他导电体或接地处都应用橡胶布遮盖,并需有专人监护等)。

(4) 带金属外壳的家用电器的外接电源插头一般都用三脚插头,其中有一根为接地线。一定要可靠接地。如果借用自来水管作接地体,则必须保证自来水管与地下管道有良好的电气连接,中间不能有塑料等不导电的接头。绝对不得利用煤气管道作为接地体或接地线使用。另外还须注意家用电器插头的相线、零线应与插座中的相线、零线一致。插座规定的接法为:面对插座看,上面的接地线,左边的接中线,右边的接相线。

(5) 在低压线路或用电设备上做检修和安装工作时,应随身携带低压试电笔;分清火线、地线,断开导线时,应先断火线,后断地线。搭接导线时的顺序与上述相反。人体不得同时接触两根线头。

(6) 开关、熔断器、电线、插座、灯头等,坏了就要修好。平时不要随便触摸。在移动电风扇、电烙铁以及仪器等设备时,先要拔出插头,切断电源。开关必须装在火线上。

3.3 实验

3.3.1 实验1 三相异步电动机的检验与反转

1) 实验目的

(1) 学习测量异步电动机绝缘电阻的方法。

(2) 掌握三相异步电动机的反转方法。

2) 实验内容与步骤

(1) 三相异步电动机绝缘性能的检查。

①用万用表的欧姆挡,检查电动机定子绕组的六个出线端哪两端是同一相。

②测量电动机的绝缘电阻。

将兆欧表的"接地"测量端接机壳的任意部位,另一测量端分别去接触每相绕组的一端,均匀旋转兆欧表手柄,观察并记下兆欧表读数;将兆欧表的两个测量端分别接触两个不同绕组的出线端,均匀旋转兆欧表手柄,观察并记下兆欧表读数。

各相绕组对地的绝缘电阻以及各绕组的相间绝缘电阻均必须大于0.5MΩ,否则电机不能使用。

(2) 异步电动机的反转

①按图3.38接线,指导教师检查无误后,将三相双投开关Q向上合,观察此时电机的旋转方向。

②将开关Q拉开,电机停止转动,再将开关Q向下合时,观察电机的转动方向。

3) 实验仪器与设备

(1) 三相异步电动机　　Y801－4　　0.55kW　　1台

(2) 兆欧表　　500V　　1只
(3) 万用表　　1只
(4) 三相双投闸刀开关　　1只

4) 实验预习要求

(1) 了解三相异步电动机的基本组成。

(2) 了解三相异步电动机的正、反转的基本原理。

5) 实验报告要求

(1) 通过实验数据说明电动机的绝缘电阻是否合格。

(2) 总结异步电动机正、反转的方法。

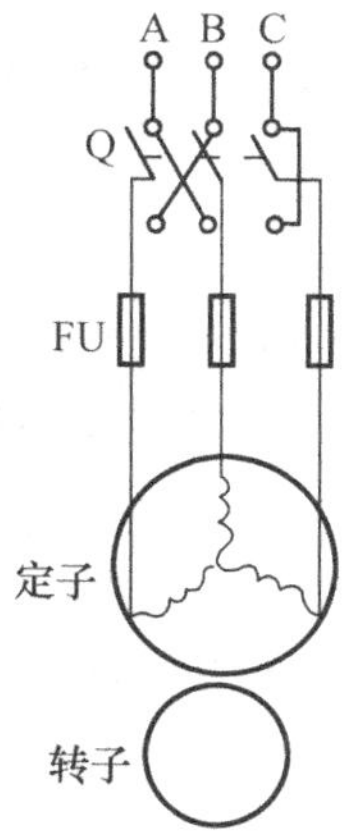

图 3.38　异步电动机的正、反转接线

3.3.2　实验 2　日光灯的接线与测量

1) 实验目的

(1) 了解日光灯电路的工作原理，电路中各元件的作用，并掌握日光灯的安装接线。

(2) 习交流电压表、交流电流表的正确使用方法。

2) 实验内容与步骤

(1) 清点实验电路中要用的设备，观察日光灯各组成部分的构造，并用万用表检查日光灯丝、镇流器线圈是否断线，起辉器触头是否粘接，单联开关通断是否良好等。

(2) 画出实验电路，经教师认可后，按图连接实验电路。

(3) 用验电笔找出火线，按操作规定将火线接单联开关。接通电源观察日光灯点燃过程。

(4) 日光灯正常发光后测量电源电压 U_1，灯管电压 U_2，镇流器电压 U_3，日灯电流 I。

3) 实验仪器与设备

(1) 日光灯管	220V/20W	1只
(2) 镇流器	(配 220V/20W 日光灯)	1只
(3) 起辉器	(40W)	1只
(4) 万用表	(有交流电流挡)	1只
(5) 验电笔		1只
(6) 单联开关	250V/1A	1只
(7) 熔断器		1只
(8) 接线盒		1套

4) 实验预习要求

(1) 搞清日光灯电路的工作原理。

(2) 搞清实验安全注意事项。

5) 实验报告要求

(1) 画出实验电路图，通过观察说明日光灯起辉和发光过程。

(2) 测量电源电压 U_1 和日光灯正常发光后灯管工作电压 U_2，镇流器工作电压 U_3。说明 U_1 是否等于 U_2 和 U_3 的代数和。

(3) 记录实验中测量的数据：U_1、U_2、U_3、I。

3.4　要点及复习思考题

1）要点

（1）了解三相交流电路的基本知识，电气设备的接地，接零保护措施。

（2）了解安全用电知识。

（3）日光灯的组成及工作原理。

2）复习思考题

（1）什么叫火线、中线、地线和零线？

（2）什么叫相电压、线电压？它们大小有何种关系？

（3）中线上不允许装有开关，也不允许装熔断器，这是为什么？

（4）为了安全用电，有许多规定，如开关必须安装在火线上；三芯插座中工作零线端和保护零线端不允许短接在一起；又如电气设备必须有接地保护或接零保护措施，你能说明它们的理由吗？

（5）说明日光灯的组成及工作原理。

（6）如果日光灯的启动器坏了，临时可采用什么方法点亮日光灯？

4 焊接技术、印制电路板的设计与制作

电子技术工作人员在产品设计过程中，往往需要自己制作一、二个电路进行实验、调试，这就要求会焊接和设计、制作印制电路板。可以认为，焊接技术、印制电路板的设计和制作是电子技术工作人员应掌握的基本技能。本章不仅介绍锡焊材料与机理、手工烙铁焊技术、印制电路板的设计和人工制作印制电路板的方法，而且介绍了当前电子工业中的焊接技术，印制电路板的计算机辅助设计技术和制作方法，以使读者有较为全面的了解。

4.1 焊接技术

焊接是电子产品生产过程中的一项重要技术，它的应用十分广泛。焊接质量的好坏，直接影响到产品的质量。焊接通常可分为

(1) 加压焊(加热或不加热)：如点焊、冷压焊。

(2) 熔焊(母材熔化)：如电弧焊、气焊。

(3) 钎焊(母材不熔化，焊料熔化)：如锡焊。

本节只介绍锡焊方法。所谓锡焊就是将熔点比焊件(即母材，如铜引线、印制电路板的铜箔)低的焊料(锡合金)、焊剂(一般为松香)和焊件共同加热到一定的锡焊温度(约 240 ~ 360℃)，在焊件不熔化的情况下，焊料熔化并浸润锡焊面，依靠扩散形成合金层，使得焊件相互连接。

4.1.1 锡焊材料

1) 焊料

焊料是易熔金属及其合金，它的作用是将焊件连接在一起。一般要求焊料具有熔点低，熔融时具有较好的流动性和浸润性，凝固时间短，凝固后外观好，有足够的机械强度，具有良好的导电性和抗腐蚀性。

锡焊采用的焊料为锡铅焊料(一般称为焊锡)。锡铅焊料的牌号由焊料两字汉语拼音第一个字母 Hl 及锡铅元素 SnPb，再加上铅的百分比含量组成。如成分为 Sn61%，Pb39% 的锡铅焊料表示为 HlSnPb39，称为锡铅料 39。

常用铅锡焊料的成分及用途见表 4.1 所示。

对应于成分为 Sn61.9%、Pb38.1% 的锡铅合金，称为共晶焊锡，它具有熔点最低(183℃)、凝固快、流动性好及机械强度高等优点，所以在电子产品的焊接中，都采用这种配比的焊锡。

焊料的形状有带状、球状、圆片状、焊锡丝等几种。为提高焊接质量和速度，手工烙铁焊通常采用有松香芯(焊剂)的焊锡丝。

2）焊剂

焊剂又称助焊剂，它的作用是净化焊料和母材表面，清除氧化膜，减小焊料表面张力，提高焊料的流动性，以使焊接牢固、美观。

表 4.1　常用锡铅焊料的成分及用途

<table>
<tr><th rowspan="2">名　称</th><th rowspan="2">牌　号</th><th colspan="3">主要成分(%)</th><th rowspan="2">杂质
<%</th><th rowspan="2">熔点
(℃)</th><th rowspan="2">抗拉强度
(Pa)</th><th rowspan="2">用途及焊接对象</th></tr>
<tr><th>锡</th><th>锑</th><th>铅</th></tr>
<tr><td>10 锡铅焊料</td><td>HISnPb10</td><td>89～91</td><td>≤0.15</td><td rowspan="9">余
量</td><td rowspan="5">0.1</td><td>220</td><td>43</td><td>食品医药卫生物品</td></tr>
<tr><td>39 锡铅焊料</td><td>HISnPb39</td><td>59～61</td><td rowspan="2">≤0.8</td><td>183</td><td>47</td><td>电子、电气制品</td></tr>
<tr><td>50 锡铅焊料</td><td>HISnPb50</td><td>49～51</td><td>210</td><td rowspan="2">38</td><td>计算机散热器、黄铜</td></tr>
<tr><td>58-2 锡铅焊料</td><td>HISnPb58-2</td><td>39～41</td><td rowspan="3">1.5～2</td><td>235</td><td>工业及物理仪表等</td></tr>
<tr><td>68-2 锡铅焊料</td><td>HISnPb68-2</td><td>29～31</td><td>256</td><td>33</td><td>电缆护套、铅管等</td></tr>
<tr><td>80-2 锡铅焊料</td><td>HISnPb80-2</td><td>17～19</td><td rowspan="4">0.6</td><td>277</td><td>28</td><td>油壶容器、散热器</td></tr>
<tr><td>90-6 锡铅焊料</td><td>HISnPb58-2</td><td>3～4</td><td>5～6</td><td rowspan="2">265</td><td>59</td><td>黄铜和铜</td></tr>
<tr><td>73-2 锡铅焊料</td><td>HISnPb73-2</td><td>24～26</td><td>1.5～2</td><td>28</td><td>铅管</td></tr>
<tr><td>45 锡铅焊料</td><td>HISnPb45</td><td>53～57</td><td></td><td>200</td><td></td><td></td></tr>
</table>

对焊剂的要求为：

①焊剂的熔点应比焊料低，比重比焊料小，以便在焊接过程中能充分发挥焊剂的活化作用。

②要有较强的活性，能迅速去除母材表面的氧化层。

③焊剂不能腐蚀母材。如果焊剂酸性过强，就会不仅去除氧化层，也会腐蚀金属，造成焊件损坏。

④高绝缘性。焊剂喷涂于印制板上后，不能降低电路的绝缘性能。

⑤焊接后焊剂的残留物质要少，并且比重要小于焊料，便于清洗。

⑥焊接过程中不产生有毒气体和刺激性气味，不污染环境，对人体无危害作用。

焊剂按其性质可分为无机系列（主要是氯化锌、氯化铵）、有机系列（主要由有机酸、有机卤素组成）和松香系列三类。无机系列焊剂的去氧化作用最强，但有强腐蚀作用；有机系列焊剂也有一定的腐蚀作用，因此一般在电子产品的焊接中它们是不采用的。松香被加热熔化时，呈现较弱的酸性，起到助焊的作用，而常温下无腐蚀作用，绝缘性强，所以电子线路的焊接通常都是采用松香或松香酒精焊剂。

几种常用国产焊剂的配方及性能见表 4.2。

表 4.2　几种常用国产焊剂的配方、性能及用途

<table>
<tr><th>品　种</th><th colspan="2">配方(g)</th><th>可焊性</th><th>活性</th><th>适用范围</th></tr>
<tr><td>松香酒精
焊剂</td><td>松香
无水乙醇</td><td>23
67</td><td>中</td><td>中性</td><td>印制板、导线焊接</td></tr>
<tr><td>盐酸二乙胺
焊剂</td><td>盐酸二乙胺
三乙醇胺
松香
正丁醇
无水乙醇</td><td>4
6
20
10
60</td><td>好</td><td>有轻度腐蚀性或余渣</td><td>手工烙铁焊接
电子元件、零部件</td></tr>
</table>

续表 4.2

<table>
<tr><th>品　种</th><th>配方(g)</th><th>可焊性</th><th>活性</th><th>适用范围</th></tr>
<tr><td>盐酸苯胺焊剂</td><td>盐酸苯胺 4.5
三乙醇胺 2.5
松香 23
无水乙醇 60
溴化水杨酸 10</td><td rowspan="4">好</td><td rowspan="4">有轻度腐蚀性或余渣</td><td>同上，可用于搪锡</td></tr>
<tr><td>210 焊剂</td><td>溴化水杨酸 10
树脂 20
松香 20
无水乙醇 50</td><td>元器件搪锡、浸焊、波峰焊</td></tr>
<tr><td>201-1 焊剂</td><td>溴化水杨酸 7.9
丙烯酸树脂 3.5
松香 20.5
无水乙醇 48.1</td><td>印制板涂覆</td></tr>
<tr><td>SD 焊剂</td><td>SD 6.9
溴化水杨酸 3.4
松香 12.7
无水乙醇 77</td><td>浸焊、波峰焊</td></tr>
<tr><td>氯化锌焊剂</td><td>$ZnCl_2$ 饱和水溶液</td><td rowspan="2">很好</td><td rowspan="2">强腐蚀性</td><td>各种金属制品、钣金件</td></tr>
<tr><td>氯化铵焊剂</td><td>乙醇 70
甘油 30
NH_4Cl 饱和</td><td>锡焊各种黄铜零件</td></tr>
</table>

4.1.2 锡焊机理

锡焊过程实际上是焊料、焊剂、母材(焊件)在焊接加热的作用下，相互间所发生的物理——化学过程。锡焊的机理如下：

1) 润湿

焊接时首先产生润湿现象。所谓润湿，又称浸润，就是指熔化的焊料在固体金属表面的扩散。

干净清洁的金属表面粗看起来是光滑的，但用显微镜放大就可看出表面上有无数个凹凸不平、晶粒界面和伤痕。焊接时熔融的焊料沿着凹凸与伤痕处产生毛细管力，就会形成扩散。

焊接质量好坏的关键取决于浸润的程度，熔融的焊料与母材的接触角称为润湿角，用 θ 表示，见图 4.1。润湿角的大小可表征润湿与否和润湿的程度，$\theta<90°$ 为润湿良好，焊接质量就好；$\theta>90°$ 为润湿不足或不润湿，焊料很容易脱落，焊接质量就差。

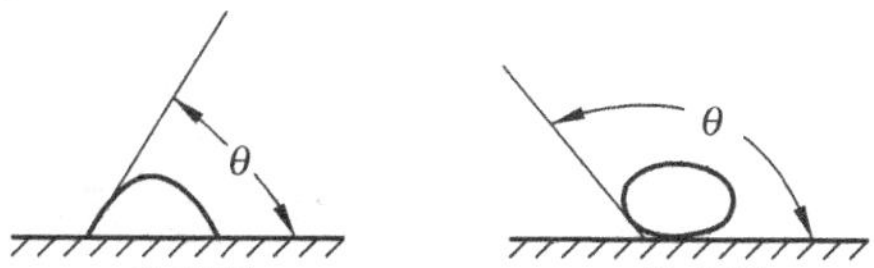

如果在金属的表面有一层氧化膜，就不会产生润湿，熔融的焊料在表面张力的作用下，总是力图变为球状，以致减小焊料的附着力。采用焊剂可以去除金属表面的氧化物，减小熔融焊料的表面张力，提

θ
$\theta<90°$
润湿性好
θ
$\theta>90°$
润湿性差

图 4.1　润湿角 θ

高焊料的扩散能力，从而提高润湿性，这也就是焊剂之所以能起助焊作用的道理。

2）合金层的形成

在润湿的同时，还发生液态焊料和固态母材金属之间的原子扩散，结果在焊料和母材的交界处形成一层金属化合物层，即合金层，合金层使不同的金属材料牢固地连接在一起。合金层的成分和厚度取决于母材、焊料的金属性质，焊剂的物理化学性质，焊接的温度、时间等因素。因此，焊接的好坏，在很大程度上取决于这一层合金层的质量。

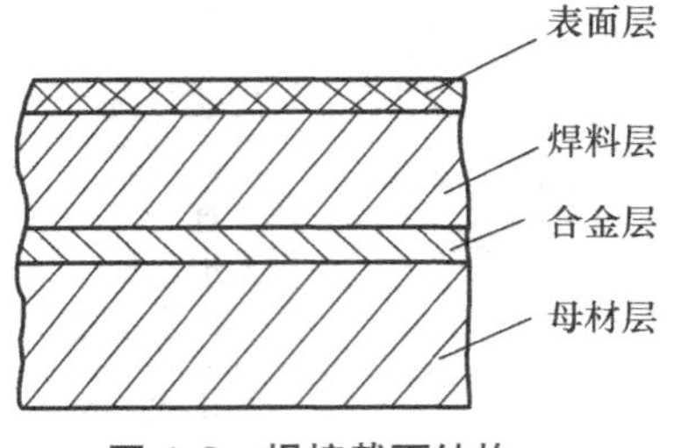

图 4.2　焊接截面结构

焊接结束后，焊接处截面结构如图 4.2 所示，共分四层：母材层（如印制板的铜箔，元器件的引线）、合金层、焊料层和表面层（氧化层或焊剂层）。

实验证明，理想的焊接，在结构上必须具有一层比较严密的合金层。否则，将会出现虚焊、假焊现象，如图 4.3 所示。

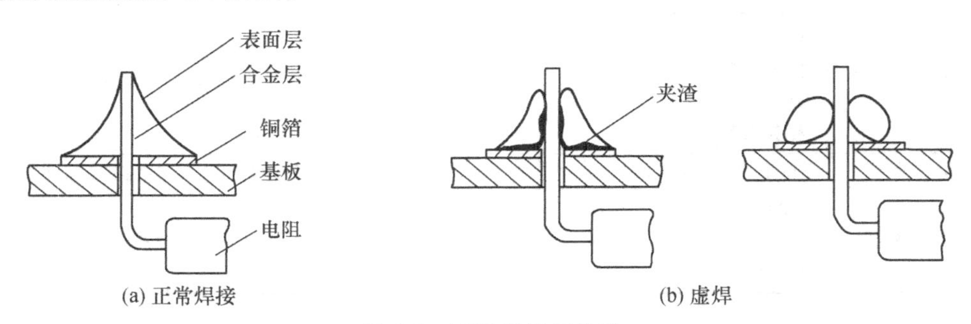

图 4.3　正常焊接与虚焊

4.1.3　手工烙铁焊接技术

使用电烙铁的手工焊接方法是一个传统的焊接方法，这种方法具有操作简便，易于掌握，焊点质量易于控制和设备投资少等优点，目前在生产、科研和生活中得到广泛采用。

1）手工烙铁焊接的主要工具——电烙铁

最常使用的电烙铁有外热式和内热式电烙铁两种。

外热式电烙铁结构如图 4.4 所示。它是由烙铁头、烙铁心、外壳、木柄、电源引线及插头等部分组成。由于发热部件烙铁心是装在烙铁头的外面，故称为外热式电烙铁。烙铁心是用电热丝平行地绕制在一根空心瓷管上构成，中间由云母片绝缘，并引出电热丝（用细瓷管绝缘）两头与交流电源相连接。

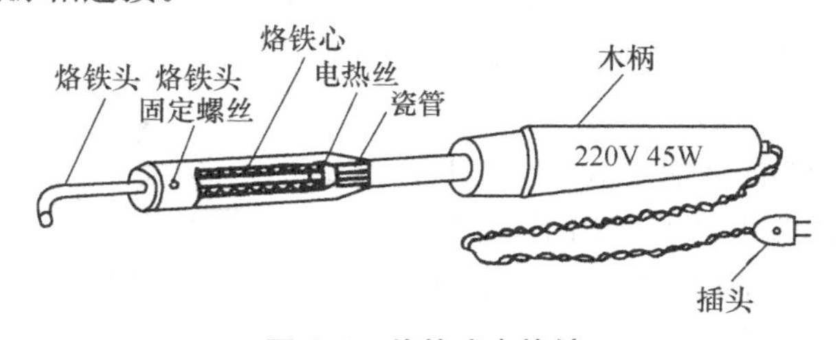

图 4.4　外热式电烙铁

烙铁头是用紫铜材料制成的，它的作用是储存热量和传导热量。根据需要，烙铁头的形状有所不同。几种常见烙铁头的外形如图 4.5 所示。圆斜面式适用于焊接印制板上不太密集的焊点，凿式和半凿式多用于电气维修工作，尖锥式和圆锥式适用于焊接高密度的焊点。

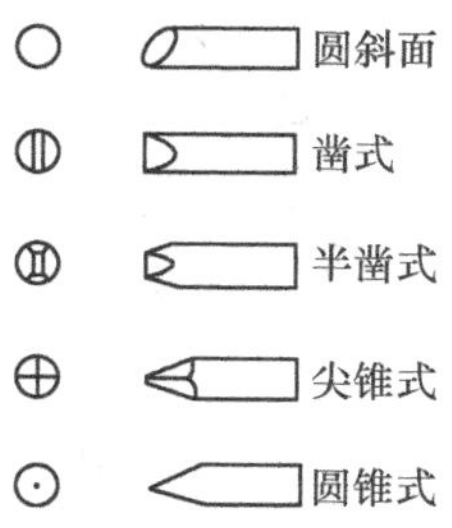

圆斜面
凿式
半凿式
尖锥式
圆锥式

图 4.5　常用烙铁头外形

外热式电烙铁的规格很多，常用的有 25W、45W、75W、100W 等。

内热式电烙铁的结构如图 4.6 所示，它是由手柄、连接杆、烙铁心、烙铁头等组成。由于发热元件烙铁心装在烙铁头的内部，故称为内热式电烙铁。

内热式电烙铁具有体积小、重量轻、升温快，热效率高等优点，因而得到广泛的应用。

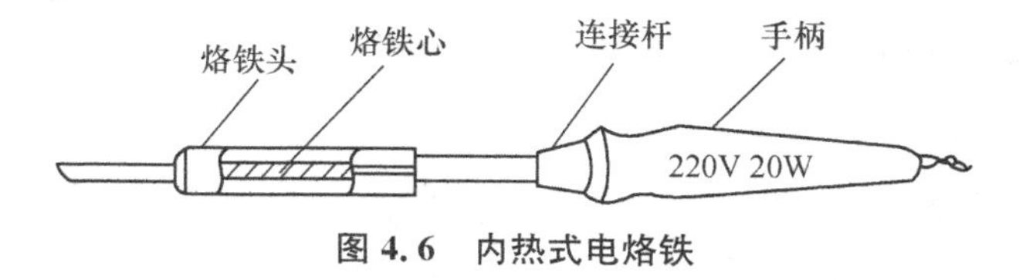

图 4.6　内热式电烙铁

内热式电烙铁的常用规格有 20W、50W 等。由于它的热效率高，20W 的内热式电烙铁大致相当于 25～40W 的外热式电烙铁。

2）焊接技术

（1）焊前准备

①电烙铁的准备：应根据焊点的大小选择功率合适的电烙铁。如果焊点较大，使用的烙铁功率较小，则焊接温度过低，焊料熔化慢，焊剂不能挥发，焊点就不光滑、不牢固，甚至焊料不能熔化，无法进行焊接。如果烙铁功率过大，会使焊点过热，造成元器件的损坏或印制板铜箔的脱落。通常电子线路的焊接可选用 25～45W 的外热式或 20W 的内热式电烙铁。

烙铁头上应保持清洁，并且镀上一层焊锡，这样才能使传热效果好，容易焊接。新的烙铁使用前必须先对烙铁头进行处理；按需要将烙铁头锉成一定形状，再通电加热，将烙铁沾上焊锡在松香中来回摩擦，直到烙铁头上镀上一层锡。如烙铁使用时间长久，烙铁头表面会产生氧化层及凹凸不平，也需先锉去氧化层，修整后再镀锡。

②焊件表面处理：对焊件表面要进行清洁处理，氧化物、锈班、油污等必须清除干净。为了提高焊接质量和速度，避免虚焊等缺陷，最好还能对焊件表面进行镀锡处理。

（2）电烙铁和焊锡丝的握持方法

电烙铁和焊锡丝的握持方法如图 4.7 所示，图中(a)为反握法，这种握法动作稳定，长时间操作不易疲劳，适于大功率烙铁的操作；(b)为正握法，适于中等功率烙铁或带弯头电烙铁的操作；(c)为握笔法，一般在操作台上焊印制板等焊件采用此法。值得注意的是，电烙铁使用后一定要稳定地放在烙铁架上，导线等物不能碰到烙铁头，以免烫坏导线绝缘层。

焊锡丝一般有两种拿法，如图 4.8 所示，(a)为连续焊接时的拿法，(b)为断续焊接时的拿法。由于焊锡丝中含有一定比例的铅，而铅是对人体有害的，因此操作时应戴手套或操作后洗手，避免食入铅尘。

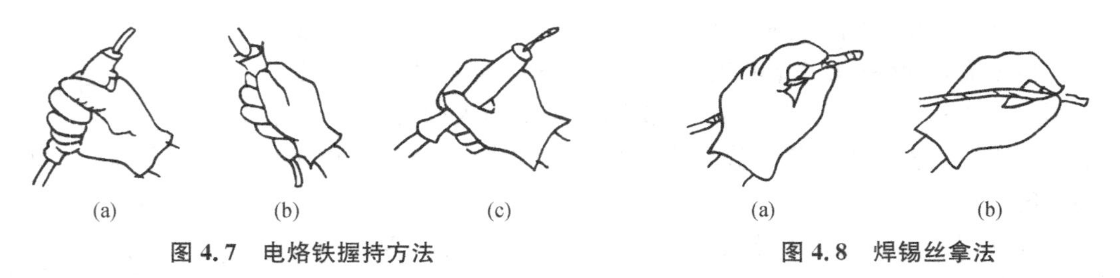

图 4.7　电烙铁握持方法　　　　**图 4.8　焊锡丝拿法**

(3) 操作方法

焊接操作方法有三工序法和五工序法。三工序法如图 4.9 所示，焊接分为准备焊接，送烙铁、焊锡丝，同时移开烙铁、焊锡丝三个工序进行。五工序法如图 4.10 所示，焊接分为准备焊接、送烙铁预热焊件、送焊锡丝、移开焊锡丝、移开烙铁五个工序进行。对于热容量小的焊件，例如印制电路板上元器件细引线的焊接，一般采用三工序操作法。

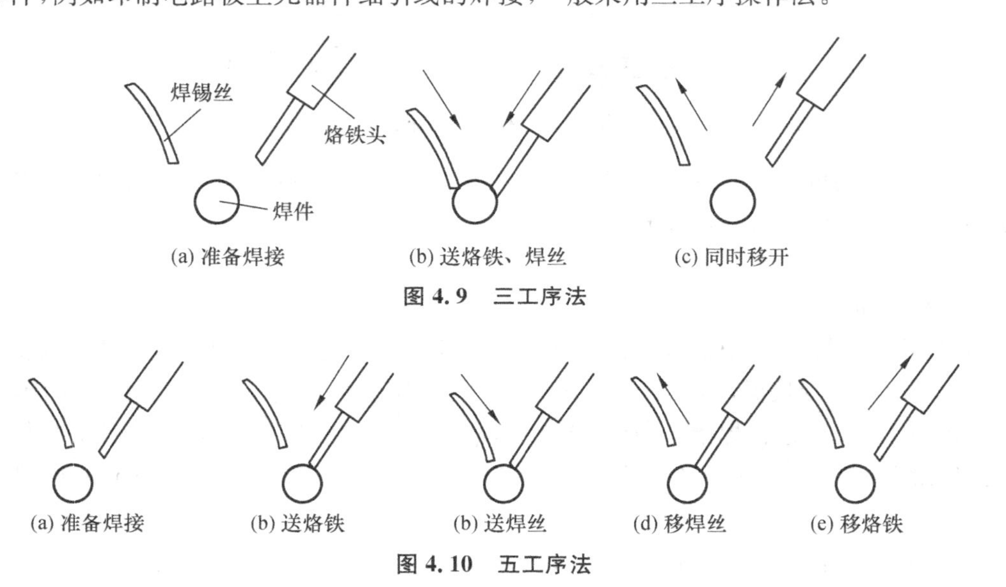

图 4.9　三工序法

图 4.10　五工序法

(4) 焊接注意事项

①加热要靠焊锡桥：焊接时烙铁头表面不仅应始终保持清洁，而且要保留有少量焊锡(称作焊锡桥)，作为加热时烙铁头与焊件间传热的桥梁。这样，由于金属液体的传热效率远高于空气，可使焊件很快就加热到焊接温度。但焊锡桥的锡量不可过多，否则可能造成焊点的误连。

焊接时不要用烙铁对焊件施加压力，以免加速烙铁头的损坏和损伤元器件。

②选择合适的焊料和焊剂：不同的焊件材料，它们的可焊性不同，因此应该选择不同的焊料和焊剂，可参见表 4.1 和表 4.2。对于印制电路板的焊接，一般采用包有松香心的焊锡丝。

③焊锡丝的正确施加方法：不论采用三工序法或是五工序法操作，不应将焊锡丝送到烙铁头上，正确的方法是将焊锡丝从烙铁头的对面送向焊件，见图 4.11 所示，以避免焊锡丝中焊剂在烙铁

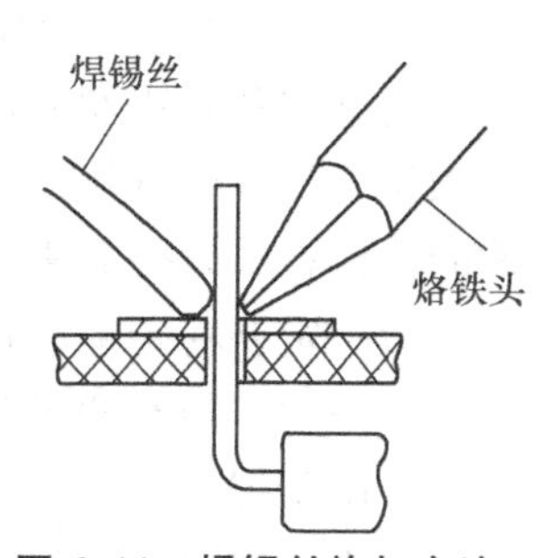

图 4.11　焊锡丝施加方法

头的高温(约 300℃)下分解失效。用烙铁头沾上焊锡再去焊接,则更是不可取的方法。

④焊锡和焊剂的用量要合适:过量的焊锡不仅浪费,而且还增加焊接时间,降低工作速度,焊点也不美观。焊锡量过少,则不牢固。焊锡量的掌握可参看图 4.12。

(a) 过多浪费

(b) 过少焊点强度差

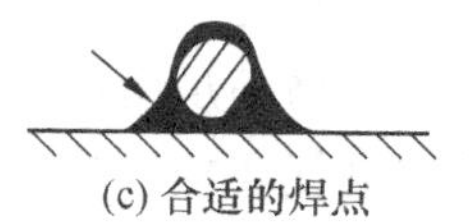
(c) 合适的焊点

图 4.12　焊锡量的掌握

焊剂用量过少会影响焊接质量;若用量过多,多余的焊剂在焊接后必须擦除,这也影响工作效率。

⑤采用合适的焊点连接形式:焊点处焊件的连接形式可大致分为插焊、弯焊(勾焊)、绕焊和搭焊四种,如图 4.13 所示。

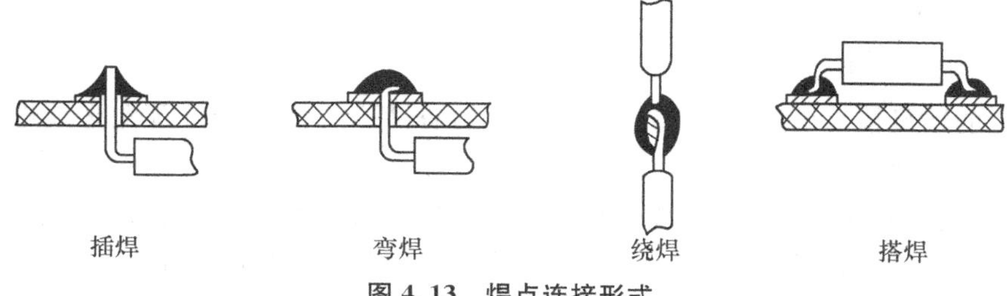

图 4.13　焊点连接形式

弯焊和绕焊机械强度高,连接可靠性最好,但拆焊很困难。插焊和搭焊连接最方便,但强度和可靠性稍差。电子电路由于元器件重量轻,对焊点强度要求不是非常高,因此元器件安装在印制电路板上通常采用插焊形式,在调试或维修中为装拆方便,临时焊接可采用搭焊形式。

⑥掌握焊接的温度和时间:焊接温度是指焊接部位在焊接时的实际温度。锡焊的焊接温度应比焊料的熔点高 60～80℃,对于使用 HI Sn Pb39 焊料的最佳焊接温度约为 243～263℃,在这个温度范围内,液态焊锡表面张力最小,润湿性、扩散性最好,焊锡和母材形成合金最迅速。焊接时,除了要有适当的焊接温度外,还须掌握好焊接加热时间。一般来说,焊接加热时间直接影响焊接温度,通常焊接时间控制在 1～2s,如引线粗焊点大(如地线),焊接时间要适当延长。

焊接时间过长或过短,焊接温度过高或过低对焊接质量都是不利的。焊接时间不足,焊接温度过低,会使焊料不能充分润湿焊件,造成虚焊或形成夹渣(松香)。焊接时间过长,焊接温度过高,容易造成元器件的损坏,焊点外观变差(表面出现粗糙颗粒,失去光泽成灰白色或出现拉尖现象),松香焊剂分解炭化(成黑色)和印制板铜箔剥落。根据焊接具体情况,准确掌握火候是优质焊接的关键。这一切主要靠操作者的经验和操作基本功,即操作者的技术水平来保证。

⑦在焊锡凝固前焊点不能动:在焊锡凝固过程中,不能振动焊点或碰拨元器件引线,特别要注意的是用镊子夹持焊件时,一定要待焊锡凝固后才能移开镊子,否则会造成虚焊。

3）焊点的质量检查

（1）焊点的质量要求

焊接质量直接影响到电子产品整机工作的正常和可靠性，一台仪器设备往往有几百个、几千个焊点，甚至更多，而一个虚焊点就可能造成整个仪器设备工作失灵，因此对每一个焊点都必须严格满足质量要求，焊点的质量要求主要有以下三点：

①可靠的电气连接：焊点要具有良好的导电性能，保证可靠的电气连接，这就必须有良好的焊接质量。如果焊点内部润湿不良，存在严重的虚焊，则接触电阻将明显增大，使导电性能下降或丧失。另外必须正确选用焊料和焊剂，否则焊点存在电化腐蚀和焊剂腐蚀，也将影响焊点的导电能力。

②足够的机械强度：通常用抗拉强度表示焊点的机械强度，影响焊点强度的因素有焊接质量、焊料性质和焊点结构形式。绕焊、弯焊等机械强度优于插焊和搭焊。

③光洁整齐的外观：焊接质量良好的焊点外观应该焊锡量适当，外表具有金属光泽，没有拉尖、裂纹等现象，表面平滑略有半弓形下凹，见图 4.3(a)和图 4.12(c)。

（2）焊点质量的检查

对焊点的质量检查可以从外观检查和通电检查两个方面进行。首先必须进行严格的外观检查，就是用眼检查焊点的焊锡量、表面形状和光泽程度，检查焊点是否有裂纹、凹凸不平、拉尖、桥接及焊盘是否有剥离等现象。必要时还要用手指触动、镊子拨动、拉线等方法检查有无引线松动、断线等缺陷。通电检查要在外观检查确认无问题后才可进行，以免通电时问题太多无法进行或损坏仪器设备。通电检查可发现虚焊、元器件损坏等问题。

常见的焊点缺陷及原因分析见表 4.3。

表 4.3　常见的焊点缺陷及原因分析

焊点缺陷	外观特点	危　　害	原因分析
虚焊	焊锡与元器件引线或与铜箔间有明显黑色界限，焊锡向界线凹陷，润湿不良	不能正常工作	元器件引线、印制板未清洁干净 焊剂质量不好
锡量过多	焊料面呈现凸形	浪费焊料，且可能包藏缺陷	焊锡丝撤离过迟
锡量过少	焊料面积小于焊盘的 80%，焊料未形成平滑面	机械强度不足	焊锡丝撤离过早或焊锡流动性差 焊剂不足或质量差
过热	焊点发白，无金属光泽，表面较粗糙	焊盘容易剥落，强度降低	烙铁功率过大，加热时间过长
冷焊	表面呈豆腐渣状颗粒，有时可能有裂纹	强度低，导电性能不好	焊料未凝固前焊料抖动

续表 4.3

焊点缺陷	外观特点	危　害	原因分析
空洞	焊锡未流满焊盘	强度不足	元器件引线、焊盘部分未清洁干净 焊料流动性不好 焊剂不足或质量差 加热不足
拉尖	出现尖端	外观不佳 绝缘距离变小，高压电路会造成打火现象	焊料过多，焊剂过少，加热时间过长，使焊锡黏性增加
桥接	相邻的铜箔被连接起来	造成电气短路	焊料过多 焊接技术不良，烙铁离开焊点时角度过小
剥离	铜箔从印制板上剥离	印制板被损坏	焊接温度过高，焊接时间过长

4）焊点的拆除

在调试和维修时经常需要更换一些元器件，这就要进行拆除焊点。拆焊比焊接困难得多，特别是更换集成电路块时，就更加困难。由于拆焊方法不当，往往造成元器件的损坏，印制导线的断裂或焊盘脱落，因此，一定要注意拆焊的方法。

像电阻、电容这些元器件，对它们的焊点分别进行加热，引线就能从印制板上拉出，因此，可以用烙铁直接拆焊。方法是将印制板竖起固定住，一边用烙铁加热元器件的焊点，一边用镊子或尖嘴钳夹住元器件的引线，轻轻地拉出来。

对于集成电路块这样的元器件，上面的拆焊方法就不行了，一般可以采用以下三种方法：

①采用专用电烙铁拆焊：专用电烙铁可以同时加热元器件所有焊点实施拆焊。

②用铜编织线拆焊：将铜编织线覆盖在要拆焊的焊点上，用烙铁在上面加热熔化焊锡，使焊锡依附在编织线上，结果去除掉焊点的焊锡。这样反复进行，直至所有焊点的焊锡被去除掉。

③用专用吸锡电烙铁拆焊：吸锡电烙铁能在焊点加热的同时，把焊锡吸入内腔，从而完成拆焊。

拆焊时要注意不要过热，用力要适当，动作要正确，以避免焊锡飞溅，元器件损坏或印刷板上焊盘、印制导线剥落，或造成人身伤害事故。

4.1.4 电子工业中焊接简介

手工烙铁焊只适用于小批量生产和维修加工，而在电子产品工业化生产中，生产数量大，焊接质量要求高，这就需要采用自动焊接生产工艺。下面简要介绍几种工业生产中的焊接方法。

1）浸焊和波峰焊

（1）浸焊

浸焊是将插装好元器件的印制板装上夹具后，把铜箔面浸入锡槽内，一次完成全部焊接工作。浸焊原理如图 4.14(a)所示。

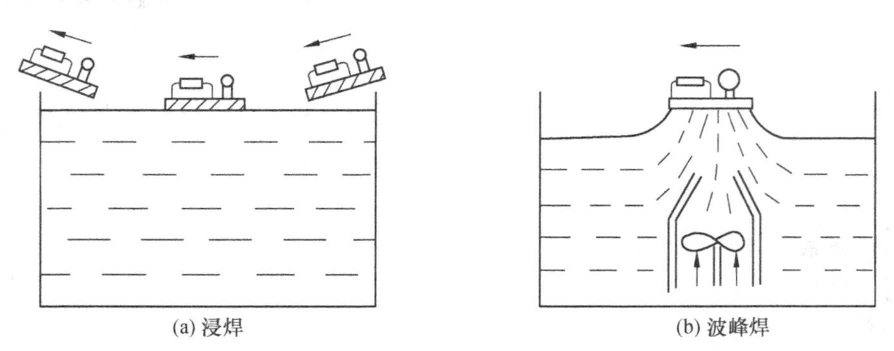

图 4.14　浸焊和波峰焊

浸焊的生产效率比手工烙铁焊高得多，所需设备简单，但焊接质量不如波峰焊。

浸焊的工艺过程为：①印制板装上专用夹具，放入自动导轨，以 15°倾角进入锡槽；②锡槽内锡液的温度控制在 250℃左右，印制板经过锡液时间为 3s；③印制板以 15°倾角离开锡槽；④元器件引线切除；⑤印制板吹风冷却后从夹具上卸下。

（2）波峰焊

波峰焊是在浸焊基础上发展起来的，是现代生产中广泛采用的先进焊接技术，使焊接质量和效率大大提高，焊点完好率可达 99%以上。

波峰焊的主要设备是波峰焊接机，其主要部分有电源控制柜、泡沫助焊箱、烘干箱、电热式预热器、波峰锡槽和风冷装置等。

波峰焊的原理如图 4.14(b)所示，在机械泵（或电磁泵）的作用下，从锡槽内部将熔融的焊料压出喷嘴，焊料在喷嘴附近形成具有一定宽度且又平稳流动的波峰区，即为施焊的工作面。印制板通过波峰区时，焊料粘积在焊盘上，达到焊接的目的。

波峰焊工艺流程包括：印制板元器件插装、焊剂涂敷、预热烘干、波峰焊接、元器件引线切除、冷却、清洗、卸板和焊点整修等工序。

2）再流焊

再流焊，又称回流焊，它是伴随微型化电子产品而发展起来的一种新的焊接技术，目前主要用于片状元件的焊接。

再流焊是先将焊料加工成一定粒度的粉末，加上适当的液态粘合剂，使之成为有一定流动性的糊状焊膏，用糊状焊膏将元器件粘贴在印制板上，通过加热使焊膏中的焊料熔化而再次流动，从而实现将元器件焊到印制板上的目的。

再流焊的操作方法简单，焊接效率高，质量好，一致性好，而且仅在元器件的引片下有很薄的一层焊料，它适用于自动化生产的微电子产品的焊接。

3）高频加热焊

高频加热焊是利用高频感应电流，将被焊的金属进行加热焊接的方法。

高频加热焊的装置主要是高频电流发生器和感应线圈。

焊接的方法是：将感应线圈放在焊件的焊接部位上，将垫圈形或圆环形焊料放入感应线圈内，然后给感应线圈通以高频电流，由于电磁感应，焊件和焊料中产生高频感应电流（涡流）而被加热，当焊料达到熔点时就会熔化并流动，待到焊料全部熔化后，便可移开感应线圈或焊件。

4）脉冲加热焊

脉冲加热焊是用脉冲电流在很短时间内对焊点加热实现焊接的。

脉冲加热焊的具体方法是：在焊接前，利用电镀或其他方法，在焊点位置加上焊料，然后通以脉冲电流，进行短时间的加热，一般以 1s 左右为宜，在加热的同时还需加压，从而完成焊接。

脉冲加热焊可以准确地控制时间和温度，焊接的一致性好，适用于小型集成电路的焊接，如电子手表、照相机等高密度焊点的电子产品。

4.2　印制电路板的设计与制作

印制电路板（简称印制板），也称为印刷电路板，它是在绝缘基板上敷有一条条铜箔线（称印制导线，作为电路的连线）和一个个焊盘（在其上焊接电子元器件）的电路板。

采用印制电路板的优点是：大大减少了接线工作量，简化了电子产品的装配、焊接和调试工作；减小了整机体积，降低了产品成本，提高了产品的质量，机械强度、耐振、耐冲击性能好，稳定性高；印制电路板具有良好的产品一致性，它可以采用标准化设计，有利于在生产过程中实现机械化和自动化；以整块经过装配调试的印刷电路板作为一个备件，也便于整机产品的维修。由于以上优点，因此印制电路板在目前得到极为广泛的应用。

4.2.1　敷铜板、印制电路板的分类

1）敷铜板

敷铜板是制作印制电路板的基本材料。它是经过粘接、热挤压工艺，使一定厚度的铜箔牢固在敷着在绝缘基板上而制成的。

敷铜板的品种按基板的刚、柔程度可分为刚性敷铜板和挠性敷铜板两大类。挠性敷铜板的基材是聚酯薄膜、聚酰亚胺薄膜等柔性材料，刚性敷铜板按基板的材料不同可分为纸基板、玻璃布基板、复合材料和特殊材料基板四大类。

目前常用的敷铜板有以下几种：

①酚醛纸基敷铜板：这种敷铜板又称纸质板，其优点是价格便宜，不足之处是机械强度低，耐高温性能差。它适用于业余小制作及要求不高的仪器仪表。

②环氧酚醛玻璃布敷铜板：它的优点是电绝缘性能好、耐高温、受热时不易变形，适用于高频、超高频电路。

③环氧双青胺玻璃布敷铜板：其优点是透明度好，有较好的机械加工性能和耐高温的特性。

④聚四氟乙烯玻璃布敷铜板：它的最大特点是耐高温，且有高绝缘性能。如果在微波频段使用时应选用此种敷铜板。

仅在基板的一面敷有铜箔，称为单面敷铜板；在基板的两面都敷有铜箔的称双面敷铜板。敷铜板的标准厚度通常有 1mm、1.5mm、2mm 三种，一般常选用的是 1.5mm 和 2mm 的敷铜板。

2）印制电路板的分类

①单面印制电路板：它是由单面敷铜板制作，在绝缘基板的一面有印制电路的印制板。

②双面印制电路板：它是由双面敷铜板制作，在绝缘基板的两面都有印制电路的印制板。

单面和双面印制电路板在制造工艺上比较简单，故目前广泛使用。

③多层印制电路板：在绝缘基板上制有三层以上印制电路的印制板称为多层印制板，它由几层较薄的单面或双面印制板（每层厚度 0.4mm 以下）叠合而成，其总厚度一般为 1.2～2.5mm。为了把夹在绝缘基板中间的印制导线引出，多层印制板上安装元件的孔需要金属化处理，即在小孔的内表面涂覆金属层，使之与夹在绝缘基板中的印制导线连接。

④挠性印制板：它具有可挠性、厚度薄等特点，可应用在可动部位，形成三维空间的立体线路形式。

4.2.2 印制电路板的设计

印制电路板的设计，就是设计人员根据电路原理图，设计出印制电路板图。印制电路板的设计现在有两种方式。一种是人工设计，另一种是计算机辅助设计。

设计印制电路板时不是简单地将元器件之间用印制导线连接就行了，而是要考虑印制电路的特点和要求。如高频电路对低频电路的影响，各元器件间是否产生有害的干扰，散热问题，接地方式，单面板印制导线不能交叉，铜箔抗剥强度较低等等。因此对印制板上元器件布局，印制导线的布线，印制导线、焊盘的尺寸和形状都有一定的原则和要求，在印制电路板设计时必须考虑。

1）元器件的布局原则

（1）要便于加工、安装、维修和考虑安装方式

在一般情况下，所有元器件应全布置在印制板的一面，以便于加工、安装和维修，对于单面印制板的元器件只能布置在没有印制导线的一面，元器件的引线通过安装孔焊接在焊盘上。

元器件的布局还要考虑安装方式，安装方式有立式、卧式两种。立式安装元器件占地面积小，适合于元器件要求排列密集的情况，对于大型过重的元器件不宜采用，否则元器件的抗震能力差，易发生倒伏而相互碰接，使可靠性降低。卧式安装机械稳定性好，排列整齐，元器件跨距大，两焊点间可以走线。对于必须安装在印制板上的大型元器件（如电解电容），焊装时应采取固定措施。元器件的安装方式如图 4.15 所示。

（2）排列要均匀、紧凑

印制板上的元器件应按电原理图顺序排列，分布均匀，疏密一致，并力求紧凑以缩小印制导线的长度和印制板的面积。

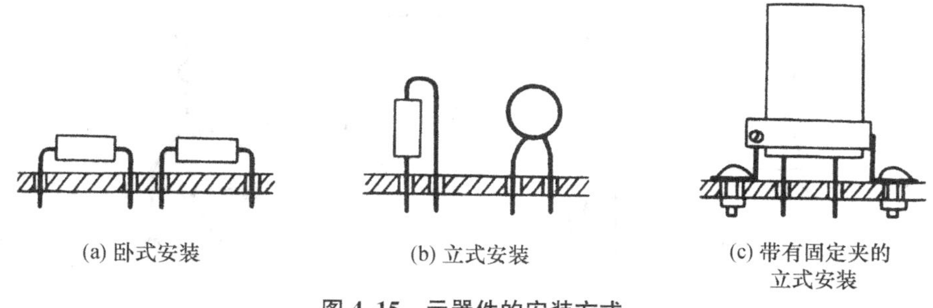

图 4.15 元器件的安装方式

元器件的排列方式有不规则和规则两种。不规则排列方式各元器件轴线方向不一致，看起来杂乱，但由于元器件不受位置和方向的限制，可减小印制导线的长度。规则排列方式元器件轴线方向排列一致，并与印制板的边沿平行，版面整齐，安装调试比较方便，但是布线复杂些，印制导线长度有所增大。

元器件不可上下交叉、重叠排列，相邻元器件间距不得过小或碰接，如相邻元器件间电位差较大，则应留有安全间隙，一般情况下，间隙安全电压为 200V/mm。

(3) 应尽量减少或避免元器件间的电磁干扰

高频电路与低频电路或高电位与低电位的元器件不宜靠得过近；电感器、变压器等器件放置时要注意其磁场方向，应尽量减少磁力线对印制导线的切割；两个电感元件的位置应使它们的磁力线相互垂直，以减小相互间的耦合。

(4) 要有利于散热

发热量大的元器件应放在有利于散热的位置与方向，必要时应装散热器，也就是要留出放散热器的位置。

(5) 要耐振、耐冲击

在布置元器件时要注意提高印制板的耐振、耐冲击的能力，印制板的负重分布要合理，以减小印制板变形。例如，对大而重的器件应尽可能布置在印制板靠近固定端的位置。

2) 布线原则

(1) 印制板由外到里，顺序布置地线、低频导线、高频导线

一般将电源、滤波、控制等低频与直流导线靠近印制板边缘布置，而高频导线布置在中间；公共地线应布置在印制板的最边缘，且公共地线不应闭合，以免产生电磁感应。印制导线与印制板边沿应留有一定距离，便于印制板在整机中固定。

(2) 印制导线不能交叉

单面印制板上导线不能交叉，如无法避免，可采用在另一面跨接导线的方法。

(3) 合理的印制板端接布线

对外连接采用接插形式的印制板，为了便于安装插接，应将输入线、输出线、地线和电源线等平行排列在印制板的一端形成插头。对于不用插接形式的印制板，为了便于与外连接，各个接出点也应放在印制板的同一边。印制板的端接布线如图 4.16 所示。

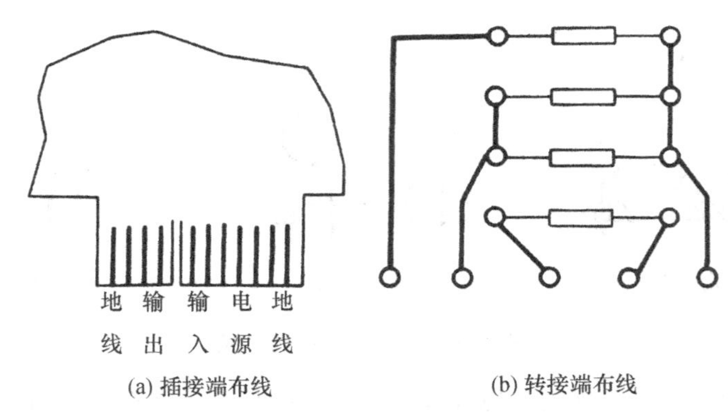

(a) 插接端布线　　(b) 转接端布线

图 4.16　印制板端接布线

(4) 避免电路中各级共用地线而导致相互间产生干扰

为避免各级共用地线产生干扰，印制板上各级电路的各个接地点要尽量集中，称为一点接地，而各级的地线汇总到印制板总接地线。在频率较高时可采用大面积接地，以减小地线的阻抗，从而减小在地线上产生的干扰。

(5) 避免交流电源对直流电路产生干扰

任何电子电路都需要直流电源供电，绝大多数是由交流市电通过降压、整流、滤波和稳压后供给的。直流电源的质量直接影响到电子电路的性能，应避免由于布线不合理致使交直流回路共用，造成交流信号对直流电路产生干扰，使电源质量下降。

3) 印制导线、焊盘的尺寸和形状要求

(1) 印制导线的宽度

目前国产印制板铜箔厚度多为 0.05mm，也有 0.02～0.03mm 的。印制导线的宽度不同，那么印制导线的截面积就不同，在一定温升条件下，允许通过的电流也就不相同。因此，印制导线的宽度取决于导线的载流量和温升。印制导线宽度和允许载流量之关系见表 4.4。

表 4.4　0.05mm 厚印制导线不同宽度下允许载流量及单位长度电阻值

印制导线宽度 (mm)	允许载流量 (A)	单位长度电阻值 (Ω/m)
0.5	0.8	0.7
1.0	1.0	0.41
1.5	1.3	0.31
2.0	1.9	0.25

印制导线的宽度已标准化，建议优先选用 0.5mm、1.0mm、1.5mm、2mm。当上述优先标准宽度不能满足时，也可选用 2.5mm 或 3.0mm。对于电源线和公共地线在布线面积允许的条件下，可以放宽到 4～5mm，甚至更宽。

(2) 印制导线的间距

印制导线的间距直接影响到电路的电气性能，如绝缘强度、分布电容等。

一般情况下，印制导线间距等于导线宽度，但不应小于 1mm。对微小型化设备，印制导线间距不应小于 0.4mm。

印制导线间距与允许工作电压、击穿电压的关系如表 4.5 所示。

表 4.5 印制导线间距与允许工作电压、击穿电压的关系

印制导线间距 (mm)	允许工作电压 (V)	击穿电压 (V)
0.5	200	1 000
1.0	400	1 500
1.5	500	1 800
2.0	600	2 100
3.0	800	2 400

(3) 印制导线的形状

由于印制板的铜箔粘贴强度有限,印制导线的形状如果设计不当,在一定的温度和拉力下往往会翘起或剥落。因此在设计印制导线时,参看图 4.17,印制导线的形状与走向应注意以下几点:

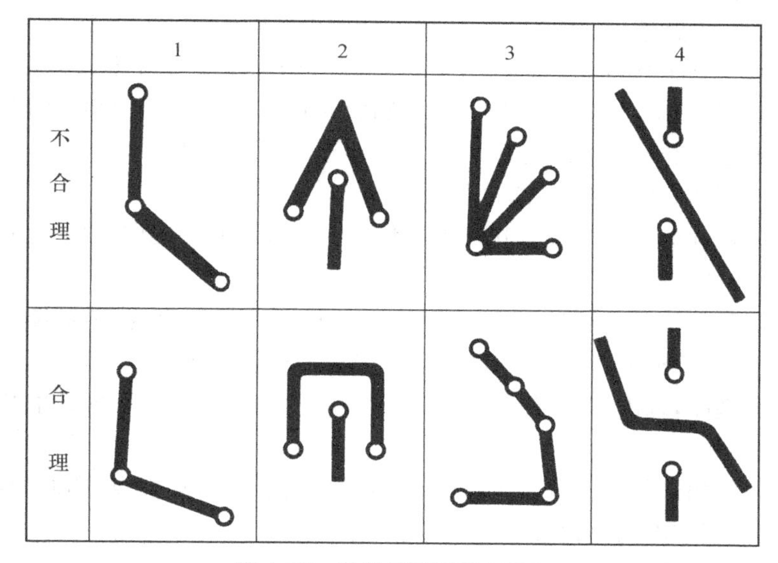

图 4.17 印制导线形状与走向

①同一块印制板上的印制导线宽度最好一样,但地线可以稍宽些。

②所有印制导线不应有急剧的弯曲和尖角,所有弯曲与过渡部分均须圆弧连接,其圆弧半径不小于 2mm。

③印制导线应尽量避免有分支,如必须有,分支应圆弧连接。

④印制导线通过两焊盘之间,应与焊盘有最大而且相等的距离。

(4) 焊盘的大小与形状

焊盘是印制在安装孔周围的铜箔部分,供焊装元器件的引线和跨接导线用。焊盘的形状和尺寸要利于增强印制导线与基板粘贴强度,为此通常将焊盘加宽成圆环形。引线孔直径应比元器件引线直径略大一些(约大 0.2~0.3mm),太大会造成焊接不良,机械强度差。引线孔直径一般为 0.8~1.3mm,焊盘外径一般应比引线孔直径大 1.3mm。因此根据安装孔的大小，焊盘外径一般选用 2.0mm、2.5mm、3.0mm、3.5mm、4.0mm 等。焊盘尺寸如果太小，焊接时铜箔易受热剥落。

常用焊盘形状如图 4.18 所示，有圆形、岛形、方形和椭圆形。圆形焊盘常用于元器件规则排列的情况，岛形焊盘常用于元器件不规则排列的情况，方形焊盘多用于元器件大、数量少、电路简单的场合，椭圆形焊盘用于集成电路器件。

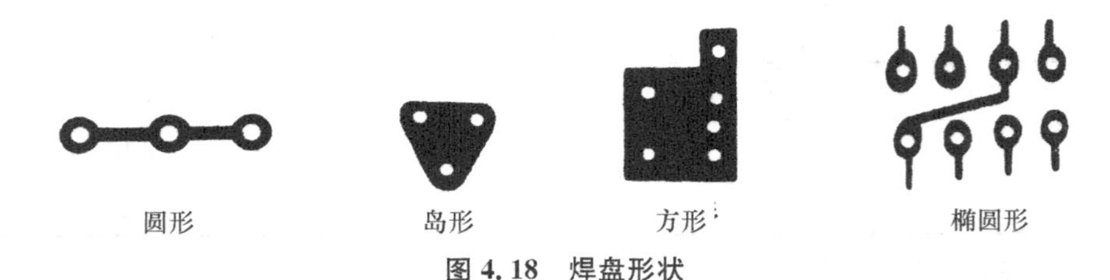

图 4.18 焊盘形状

4）印制电路板的人工设计

通常在方格坐标纸上绘制印制电路板图。图中印制板的外形尺寸，印制导线的走向及形状，焊盘的位置、形状及大小均应准确地绘制出来。

业余制作印制电路板，数量少，只一、两块，印制电路图的大小与实物相同，即采用 1∶1 的比例。工业生产印制电路板，批量生产，数量多，为了提高产品的精度，总是先画出放大的印制电路板草图，再画出照相底图，待照相制版时再缩小到实际大小。因此图的比例可根据印制板图形密度和精度来决定，采用 1∶1，2∶1，4∶1，5∶1 等。

参看图 4.19 印制电路板的绘制过程如下：

①画出印制板外形尺寸。按照电原理图上元器件的顺序，在图上均匀地安排好元器件的位置，画出元器件的轮廓。

②画出各焊盘的位置、形状。画时应注意元器件引线的间距，特别是像集成电路这样的器件，其引线间的距离是固定的，因此焊盘位置必须准确地画出。

③对照电原理图，画出印制导线。一般先画出主要元器件连线，再画出其他元器件连线，最后画地线。

印制电路板图的绘制不一定一次成功，画好后要看看是否有焊盘、印制导线过密，或交叉的地方，往往需要多次调整和修改。

如是画印制板草图，为简便起见，印制导线可以只画出走向，而不按实际宽度画出来，但要考虑线间的距离，草图完成后要注明印制导线宽度、焊盘尺寸。

4.2.3 印制电路板的制作

1）工厂中印制电路板的制作工艺过程

随着不同类型和不同要求的印制电路板，其制作工艺过程是有所不同的。下面简要介绍单面、双面印制电路板的制作工艺过程。

（1）绘制照相底图

照相底图是用以照相制版的黑白图，照相底图质量的好坏直接影响到印制板的质量。

照相底图的制作方法有手工绘制、贴图和 CAD 制图三种。

手工绘制是早期制作照相底图的方法，它是根据印制板草图在铜板纸上用墨汁绘制的。这种方法工作量大，耗时多，精度不高，且不易修改，现在已很少采用。

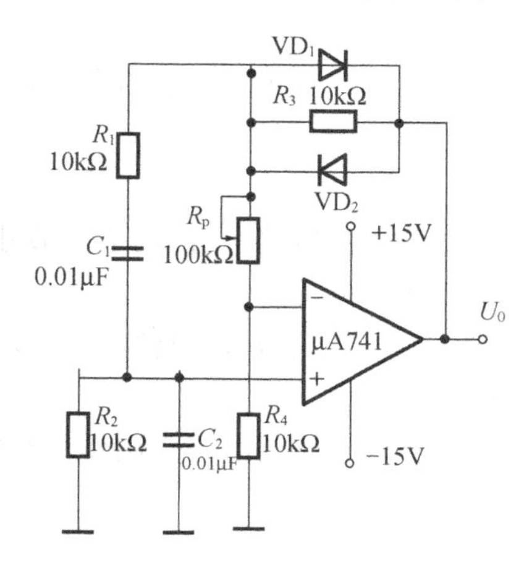

(a) 桥式 RC 振荡器原理图

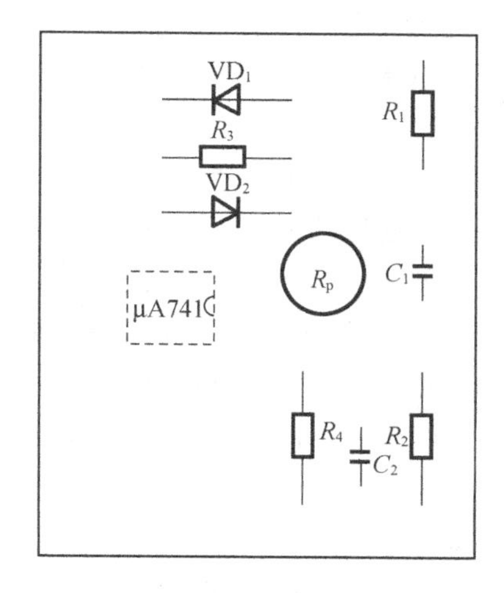

(b) 印制板元器件布局图

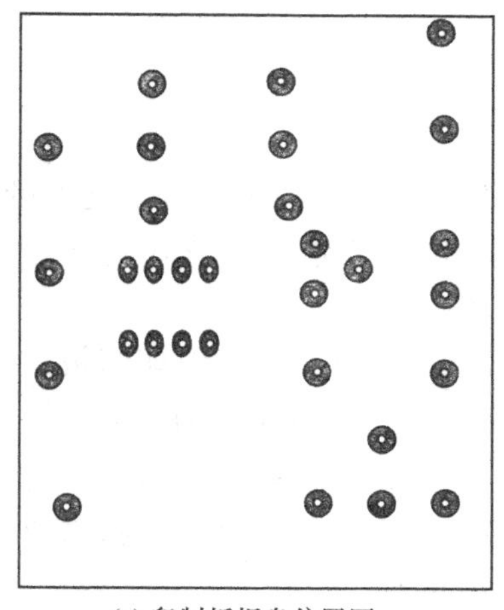

(c) 印制板焊盘位置图

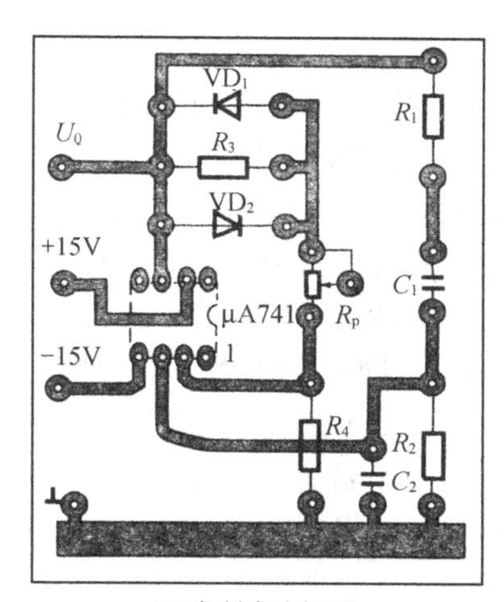

(d) 印制电路板图

图 4.19 印制电路板的绘制过程

贴图方法是在透明聚酯基片上，使用红色、蓝色或黑色压敏塑料胶带贴制照相底图。贴图的优点是比手工绘制速度快，精度高，质量好且易于修改，因此曾一度为制作照相底图的主要方法。

CAD 制图是使用计算机设计，驱动绘图机在铜板纸上绘制出 2∶1 或 4∶1 的照相底图。CAD 制图大大提高了照相底图的质量和工作效率。

(2) 照相制版及光绘

照相制版就是对照相底图进行拍照，得到底片。底片上印制板的尺寸可以通过调整相机焦距以达到实际的大小。

由于印制板设计向多层、细导线、小孔径、高密度方向迅速发展，使现有的照相制版工艺已经不能满足印制板的制作要求，而伴随计算机的发展，印制板 CAD 技术得到极大地进步，于是出现了光绘技术。使用光绘机(向量式光绘机、激光光绘机)可以直接将 CAD 设计的印制电路板图形数据送入光绘机的计算机系统，控制光绘机，利用光线直接在底片上绘制图形，再经显影、定影得到底片。

使用光绘技术制作印制板底片，速度快、精度高、质量好，使印制板的设计和制作上了一个新的台阶。

(3) 图形转移，制作耐酸保护层

在经过清洁处理的铜箔板上，把底片上的印制电路图形转移上去，制成耐酸性、抗腐蚀的电路图形保护层。通常采用的方法是感光法和丝网漏印法。

①感光法：在铜箔板上均匀地涂一层感光胶，干燥后覆上底片，进行曝光，然后经显影，固膜处理和修版，就制成了耐腐蚀的电路和图形保护层。

②丝网漏印法：这种方法类似蜡纸的油印。根据底片上印制电路图制作具有镂空图形的丝网板，印料经过丝网板漏印在铜箔板上，形成耐腐蚀的保护层。

(4) 腐蚀

用化学方法把铜箔板上没有耐酸保护层部分的铜箔腐蚀掉，而留下原设计需要的电路图形。

(5) 机械加工

机械加工包括冲孔、钻孔和剪边等。

(6) 孔金属化和表面处理

在双面印制板上，需要连接两面的印制导线或焊盘时，可以通过焊盘孔壁的金属化(常称孔金属化)来实现。由于孔壁绝缘板上不能直接电镀上铜，通常先用化学方法在孔壁沉积极薄的一层铜，然后再用电镀方法加厚，使孔金属化。

为了提高印制板的可焊性，保护印制导线或后续工序的需要，对印制板的表面常常需要进行金属涂覆、助焊剂涂覆、阻焊剂涂覆等表面处理。金属涂覆的材料有银、锡、铅锡合金等，它可以提高印制板的可焊性。助焊剂涂覆最常采用的是酒精松香水，它既保护了印制电路不被氧化，又提高了可焊性。对于采用浸焊、波峰焊焊装的印制板，需要表面阻焊剂涂覆，把印制板上不需要焊接的部分，用阻焊剂保护起来。

2) 手工自制印制电路板

在样机试制阶段，经常需要制作一、两块印制电路板，若采用上述工艺过程来进行，不仅周期长，而且很不经济，这时可以采用手工自制印制板的方法，其过程为

(1) 铜箔板下料、表面处理：按照实际尺寸裁剪好铜箔板，将表面擦拭干净。

(2) 复印印制电路：将按 1∶1 绘制的印制电路图用复印纸复印在铜箔板的铜箔面上。

(3) 描漆：用漆将印制电路图形描好。

(4) 腐蚀：待漆膜干燥后，将铜箔板放在三氯化铁水溶液(浓度为 30%～40%)中进行腐蚀，腐蚀掉没有漆膜保护的铜箔后，取出铜箔板用水冲洗干净。由于三氯化铁水溶液具有强腐蚀作用，因此在腐蚀过程中，要注意人体、衣物不要触及三氯化铁水溶液，而且三氯化铁水溶液要放在耐腐蚀的(如陶瓷、塑料)器皿内。

(5) 去除漆膜：将铜箔板表面漆膜用砂纸砂去。

(6) 打孔：根据元器件引线粗细打孔，一般采用 1mm 的钻头。

(7) 表面清洁，涂覆助焊剂：将印制板表面擦拭干净，然后涂一层酒精松香水。

在上述自制印制电路板的方法中，还可以用粘贴抗蚀的薄膜图形的方法代替描漆。薄膜图形厚度只有几个微米，图形种类有十几种，均是印制电路中常见的各种导线、焊盘、接插头和符号等。在电路比较简单的情况下，也可以在铜箔板上粘贴不干胶纸，画上印制电路，然后用小刀将不需要的部分刻去，用这样的方法来代替描漆。

4.2.4 印制电路板的发展——采用表面装配技术的印制电路板

前面所介绍的印制板是通孔基板式印制板。其主要特点是印制板上有元器件的安装孔，将传统元器件的引线从印制板的一面穿过安装孔，焊接在另一面的焊盘上。采用这种方式装配的电子产品，由于元器件有引线，当电路密集到一定程度以后，就无法解决缩小体积的问题了，同时引线间相互接触的故障，元器件引线间引起的相互干扰也难以排除，所以不能满足电子产品高密度、微型化的要求。

随着计算机技术的高速发展、贴片元器件（又称表面安装元器件或片状元器件）的出现，印制板的表面装配技术获得成功，使得电子产品的高密度、微型化得以实现。

贴片元器件有两个显著的特点：

①小型化：贴片元器件的电极上，有些只有非常短的引出线，有些完全没有引出线；相邻电极之间的距离比传统的双列直插式集成电路的引线距离（2.54mm）小得多，目前最小间距可达 0.3mm。在集成度相同的情况下，贴片元器件的体积要比传统的元器件小得多。

②表面装配方式：贴片元器件直接贴装在印制板的表面，将电极焊接在与元器件同一面的焊盘上。

现在贴片元器件无源元件有电阻器、电容器、电感器、滤波器、陶瓷振荡器等，有源器件有二极管、三极管、场效应管等分立元件，也有数字和模拟集成电路。随着技术的发展，贴片元器件的品种也会越来越多。贴片元器件的外形如图 4.20 所示。

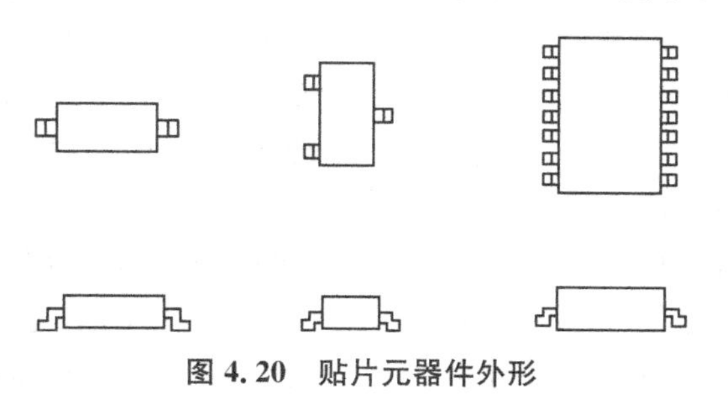

图 4.20 贴片元器件外形

安装贴片元器件的印制板，不再需要插装元器件引线的安装孔，使得印制板的布线密度大大地提高，印制导线的宽度也越来越细，现正向 0.1mm 进展。由于高密度，印制板上装配的元器件数量多，发热量也增大，这就要求印制板的基材有更好的机械性能和热性能，不再能采用酚醛纸基板或环氧玻璃布基板，而需要采用金属芯印制板（经特殊处理，印制导线和金属芯板是高度绝缘的）。

贴片元器件是采用表面装配技术装配在印制板上的。大规模生产中，必须使用价格昂贵的自动化装配设备。其装配过程是用贴装机（又称贴片机，由贴装头、供料系统、印制板定位系统和计算机控制系统四部分组成）把贴片元器件按电路的要求粘贴在印制板的表面，使它们电极准确地定位于各自的焊盘上，再用波峰焊或再流焊等焊接工艺将贴片元器件焊装起来。在小批量生产，少量使用贴片元器件的场合，往往由技术水平很高的人员手工装配焊接，手工操作虽然效率很低，质量的一致性也较差，但省去了大量设备的固定资产投入。

采用贴片元器件和表面装配技术，与采用传统元器件、通孔插装相比，具有以下优点：

①实现微型化。采用贴片元器件和表面装配技术的电子部件，体积一般可减小到原来的30%至20%。

②信号传输速度高。由于安装密度高，连线短，传输延迟小，可实现高速的信号传输。

③高频特性好。由于贴片元器件无引线或短引线，减小了电路的分布参数。

④有利于自动化生产，提高生产效率。由于贴片元器件外形尺寸标准化、系列化、焊接条件的一致性，使生产的自动化程度很高。

⑤简化了生产工序，成本降低。由于贴片元器件安装在印制板上，没有引线打弯、剪切等工序，使生产过程缩短。

目前全世界采用通孔组装技术的电子产品正以每年11%的速率下降，而采用表面装配技术的电子产品正以每年8%的速率增加，表面装配技术生产的电子产品无疑将是未来电子产品的主流。

4.3 印制线路板的计算机辅助设计

4.3.1 概述

1）*发展过程*

随着电路复杂程度的提高以及设计周期的缩短，印制线路板的设计已不再是一件简单的事。传统的手工设计印制线路板的方法已逐渐被计算机辅助设计软件(CAD)所替代。早期使用的主流电路CAD软件主要有PADS、P-CAD、Tango、OrCAD以及Protel等，它们基本上都是基于DOS操作系统。这些软件的出现给PCB板的设计带来了很大的便利，但同时也给电路设计者带来不少困扰，诸如电路文件格式的兼容性、机器内存的限制、CPU运行效率、中文符号的标注、尺寸的国际单位制等。随着DOS操作系统的没落，取而代之的是Windows操作系统，尤其是中文版Windows操作系统的普及，前述的困扰着电路设计者的那些问题已基本得到了解决。从目前的使用及普及情况来看，Protel for Windows系列已成为Windows版电路设计软件的代名词。本节介绍的重点是Protel公司于1997年7月底推出的全新结构的Advanced PCB 98印制线路板设计软件。

2）*Advanced PCB 98的主要特点*

(1) 使用简单方便

由于采用了Windows操作系统，Advanced PCB 98具有良好的人机界面，操作更加直观，入门也就变得十分容易。使用中可同时打开多个窗口，运行多个程序。新增了鹰眼功能(主操作界面左下方的小屏幕)，通过它可快速观察到整个工作区的电路板配置状态，并可局部放大，它与工作区同步变化。与Protel Advanced Schematic配合使用，可进行电路图绘制-印制板制作之间的交互探询(Cross Probe)，以避免发生电路设计版本上的误差或因人为疏忽而引起的错误。另外，Advanced PCB 98 还提供了完善的在线帮助，它的在线帮助摆脱了传统的文字描述模式，而直接以图例指点说明，便于理解和掌握。

(2) 采用主/从式结构

主/从式结构，即 Client/Server 结构，就是将用户(Client)所需的功能视为一种服务(Server)，也就是工具，软件操作环境相当于一个工具包，用户根据自己的需要，可随时改变工具包中的工具数量和类型，需要的就留下，不需要的就拿走。在新的 Client/Server 结构支持下，用户对操作环境可进行调整及修改，如更改菜单和命令的名称(可修改为中文环境)、搬动工具栏、元件库管理器及各项资源，便于用户建立具有个性化的操作界面，此外，用户还可将其他的 Windows 软件变为 Client 的一个 Server，如 MS-Word、MS-Paint、非 Protel 的 PCB 设计程序、电路模拟程序、PLD 设计程序、ASIC 设计程序等，从而极大地提高了系统配置的灵活性。

(3) 功能强大

Advanced PCB 98 采用的是 32 位数据库结构，功能极强。最大可绘制 254cm×254cm(100in×100in)印制板，分辨率达 0.001mil(1mil=0.001in)，元件、导线、焊点可平滑地旋转，旋转角度最小为 0.001 度。可快速切换英制、公制单位，且多次切换也不会产生累积误差。具有自动元件布置、自动元件对齐、自动元件间距配置功能。可由用户自行设计布线规则(Design Rule)，并提供在线布线规则检查(Online DRC)和批次布线规则检查(Batch DRC)。提供完备的器件类型及封装形式，总计 24 个 PCB 器件库，共有几千个标准器件封装，包括表面封装元件(SMT)及可编程逻辑器件(PAL、GAL、iSP、PLD 及 FPGA 等)，通过元件产生向导(Component Creation Wizard)可帮助用户自定义新的元件。印制板输出支持多种类型的打印机，包括点阵式、喷墨式、激光或 PostScrip 打印机。另外，还可产生光学绘图仪的底片文件(Gerber)，板图的任意缩放都不会影响输出品质。此外，Advanced PCB 98 还提供了一些特殊的控制字符串，当电路图输出时，这些控制字符串将自动转换成相应的值或名称，如“. PRINT-DATE”将变成打印日期，“. LAYER-DATE”将变成板层名称等。

(4) 兼容性强

Advanced PCB 98 具有极强的兼容性，具体表现在以下几方面。首先它可接受多种网表文件格式，如 Protel、Tango、Electronic WorkBench 格式等；其次它可输入多种格式的印制电路板，例如 Autotrax(*.pcb)、DOS PCB 3(*.pcb)、Protel ASCⅡ、Protel Binary、AutoCAD DXF 文件(*.dxf)、P-CAD PDIF(*.pdf)、PADS ASCⅡ(*.asc)、Gerber 文件(*.g??)、Tango ASCⅡ(*.pcb)、CCT Specetra/SB Route(*.rte)等；另外它可输出多种文件格式，包括 Protel ASCⅡ(*.pcb)、AutoCAD(*.dxf)、IPC-D350(*.ipc)、SB Route(*.rte)、Hyperlinx(高频传输线效应分析程序)等。另外，还可由印制电路板生成网表文件(Netlist)，还可产生 Excellon 格式的数控钻孔文件(NC Drill)以及自动插件机格式文件。

3) 系统要求

由于 Advanced PCB 98 具有如此强大的功能，所以它对系统的配置有一定的要求，以下给出的是系统的基本配置要求(括号内的为建议配置)。

(1) IBM-PC 或其兼容机，Pentium 200 以上(建议为 Pentium Ⅱ以上)。

(2) 内存至少为 32MB RAM(建议为 64MB 以上 SDRAM)。

(3) 显示器为 37mm(15in)、SVGA、1024×768 分辨率[建议使用 51mm(17in)显示器]。

(4) 硬盘空间至少 240MB(Protel 98 的完全安装在操作系统采用 FAT16 分区格式时大约需要 650Mb 的硬盘空间)。

(5) 鼠标及 2 倍速以上光驱(无特殊要求)。

(6) 操作系统 Windows 3.1 以上,若使用 Windows 3.1 需安装 Win32s(建议使用 Windows 95 中文版,Windows 98 或 Windows NT 4.0 中文版更好)。

4) Protel 98 和 Advanced PCB 98 的界面

图 4.21 所示为完全安装 Protel 98 后的界面(EDA Client 环境),根据功能主要分为以下几个部分:

图 4.21　Protel 98 的界面

(1) Client/Server 程序

在屏幕左边的翻页式标签列中,包括了所有 Protel 98 的 Server 程序(也可能更多),其中的 PCB 标签可启动印制版编辑程序;PCBLib 标签可启动印制版元件库编辑程序;Sch 标签可启动电路图编辑程序;SchLib 标签可启动电路图元件库编辑程序;Text 标签可启动文本编辑程序;Spread 标签可启动计算表编辑程序;Wave 标签可启动时序仿真程序;如要启动其中任何一个 Server 程序,只要将鼠标箭头指向该标签,再单击鼠标左键即可。

(2) 菜单栏及快捷工具栏

在图 4.21 中只有三个菜单栏,这是因为还没有启动任何 Server 程序,如启动不同的 Server 程序会出现不同的菜单栏及快捷工具栏(大同小异)。图 4.22 中显示的是 PCB 98 的菜单栏及快捷工具栏,其中各个菜单选项的功能说明见附录。

(3) 放置工具栏(Placement Tools)

在 PCB9 98 中,除了菜单栏下面的快捷工具栏以外,还有一个放置工具栏,其中包括放置导线、放置焊点、放置文字、画圆弧等工具按钮(见图 4.23)。其缺省形式是一个可移动的小窗口。

(4) 工作区

工作区是设计电路图、印制版图和其他文件的地方(见图 4.22),可以根据需要进行缩小或放大。在工作区的下方为板层标签行,其功能除了可指示当前所编辑的板层外,也可以通过直接单击其中的某个标签,切换到该板层。

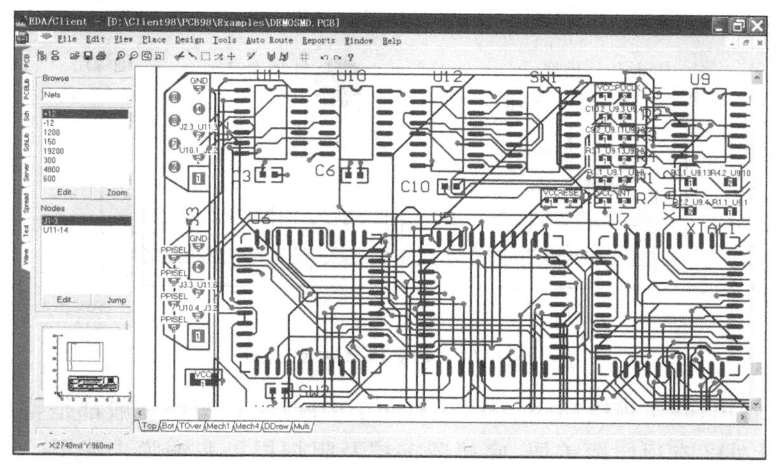

图 4.22 Advanced PCB 98 的界面

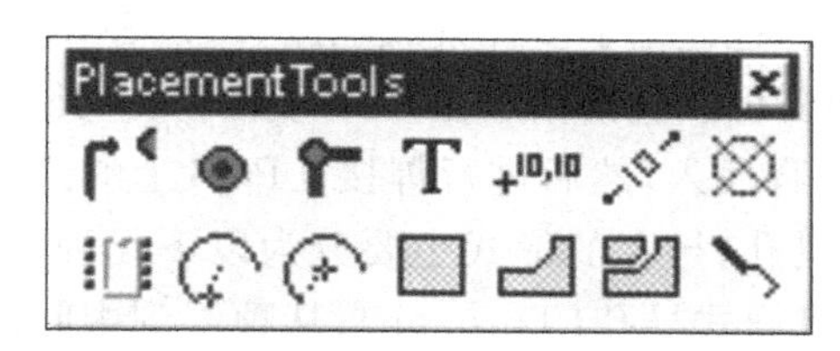

图 4.23 放置工具栏

(5) 编辑器窗口

在工作区的左边是 PCB 98 的编辑器窗口,其中包括工作区中的每一个元件、每一条支路以及所选支路的节点。在屏幕左下方有一个小窗口,它被称为“鹰眼”,其功能是快速捕捉整个工作区中所编辑印制版的全貌,也可直接移动鹰眼内的方框,以改变工作区显示的位置,更可进行局部放大。如果鹰眼下方显示的是坐标栏,而不是 Configure(配置)和 Magnifier(放大镜)按钮的话,则表示显示器的分辨率低于 1 024×768,这时将屏幕下方的状态栏关闭或移到别的地方后,即可显示。

(6) 坐标栏和状态栏

坐标栏位于屏幕的下方、状态栏的上面,用以指示工作区中鼠标所在位置的坐标,PCB 98 的坐标以左下角为绝对原点(0,0)。状态栏通常在屏幕的最下面,它的功能是显示目前程序的状态,例如在系统没有任何动作时,系统处于待命状态,此时状态栏里将显示“Idle State-Ready For Command.”。

4.3.2 印制电路板(PCB)布线的基础知识

1) PCB 的结构

PCB 是 Printed Circuit Board 的缩写,即印制电路板。在这里我们介绍的 PCB 的结构是对多层板而言的。Advanced PCB 98 最多能进行 16 层实际的布线,其中包括 4 个电源板层、4 个机构层等。实际上对于 PCB 的设计和制造而言,16 层一般只是理论上的数字,鉴于生产工艺及生产成本的考虑,PCB 的设计和制造主要为 2～6 层,若是采用手工制造,通常都是单面或双面板。关于 PCB 的结构(以 4 层板为例),如图 4.24 所示。

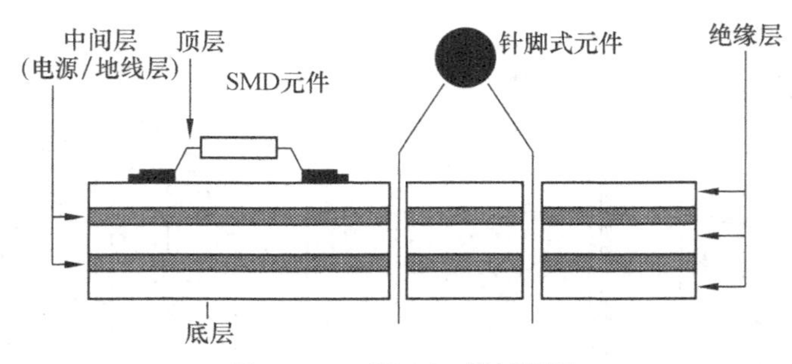

图 4.24　4 层 PCB 板剖面图

从图中可看出,除了顶层和底层外,还有两个中间层,这两层一般都是整片铜膜的电源层或接地层,此外还有顶层覆盖层、底层覆盖层及阻焊层等非铜膜走线层。图中示意了两类元件:一类是表面贴装元件(SMD),随着元件集成度的提高,器件日益小型化,而且 SMD 元件不仅仅局限于阻容元件,也包括了多种集成电路(IC),SMD 元件的特色是不需要另外钻孔,利用钢模和半熔状锡膏可以直接粘贴在 PCB 表面;另一类为针脚式元件,安装时要在 PCB 上先钻孔,再将元件引脚插入,然后进行焊接。PCB 上的连接孔(Via),也常被称作导孔或贯孔,导孔的形式主要分为以下几种类型:从顶层到底层的导孔称为贯通式导孔(Through);从顶层到中间层或从中间层到底层的导孔称为半隐藏式导孔(Blind);从中间层到中间层的导孔称为隐藏式导孔(Buried)。

2) PCB 设计流程

典型的 PCB 设计流程如图 4.25 所示。

开　始
↓
定义板框
↓
装入网表文件定义元件
↓
元件布置
↓
设置布线规则
↓
自动布线
↓
手工调整
↓
比较网表文件及电路图
↓
输出打印
↓
结　束

图 4.25　PCB 设计流程

3) Advanced PCB 98 中常用的快捷键

F1	启动帮助
PgUp	工作区放大
PgDn	工作区缩小
Shift+PgUp	工作区放大微调
Shift+PgDn	工作区缩小微调
Ctrl+PgUp	工作区放至最大
Ctrl+PgDn	工作区缩至最小
End	重画画面,让画面更清楚
Tab	切换至所选器件的属性对话框
*	切换走线板层
+	切换至下一个板层
—	切换至上一个板层

Space	改变器件的方向(逆时针旋转)
Shift+Space	改变导线放置的模式(共有六种)
Ctrl+Home	跳至绝对原点
Ctrl+End	跳至相对原点
Ctrl+Ins	复制
Ctrl+Del	清除
Shift+Ins	粘贴
Shift+Del	剪切
Alt+BackSpace	还原
Ctrl+BackSpace	取消还原
S+A	选定所有器件
X+A	取消所有已选定器件的选定状态
A	启动 Tools/Alignment 快捷菜单
B	启动 View/Toolbars 快捷菜单
D	启动 Design 快捷菜单
E	启动 Edit 快捷菜单
F	启动 File 快捷菜单
G	启动网格间距快捷菜单
H	启动 Help 快捷菜单
J	启动 Edit/Jump 快捷菜单
M	启动 Edit/Move 快捷菜单
O	启动 Option 快捷菜单
P	启动 Place 快捷菜单
Q	切换公制/英制
R	启动 Report 快捷菜单
S	启动 Edit/Select 快捷菜单
T	启动 Tools 快捷菜单
U	启动 Tools/Unroute 快捷菜单
V	启动 View 快捷菜单
W	启动 Windows 快捷菜单
X	启动 Edit/DeSelect 快捷菜单
Z	启动 Zoom 快捷菜单

4) 举例说明

在进行 PCB 设计之前,需先准备好电路图,并已将其转为网表(*.net)。现以第 5 章实验中的电路为例,说明 PCB 的一般设计方法,其步骤如下:

(1) 启动 PCB 98

在 Windows 95 的"开始"菜单上的"程序"项中,单击"Protel 98"上的"EDA Client 98",或直接双击桌面上的"Client 98"图标(如果已做成了快捷方式)。Client 98 启动后将出现如

图 4.24 所示的界面，再点击左边垂直标签列中的 PCB 即可运行 Advanced PCB 98，运行后的界面如图 4.25 所示。

(2) 定义板框

在 Client 98 的 File(文件)菜单上，点击 New(新文件)选项后，将出现如图 4.26 所示的窗口。

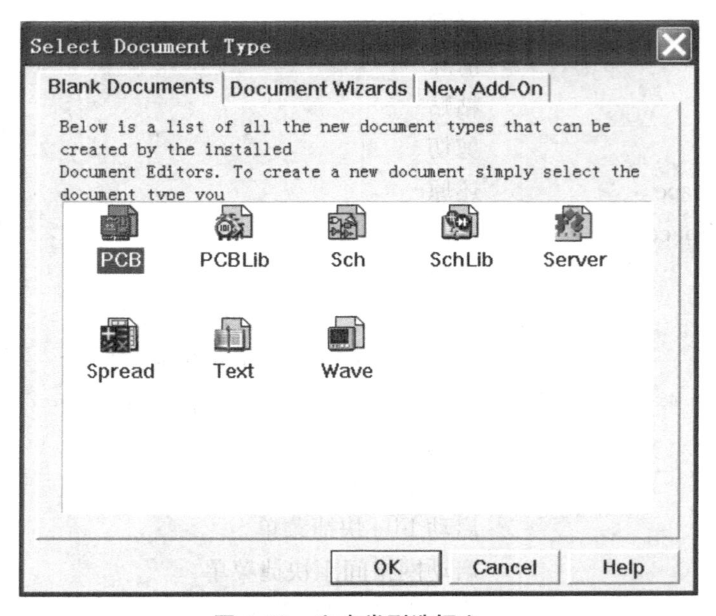

图 4.26 文本类型选择之一

用鼠标点击 Document Wizard(文本向导)标签，窗口将变为图 4.27 所示。

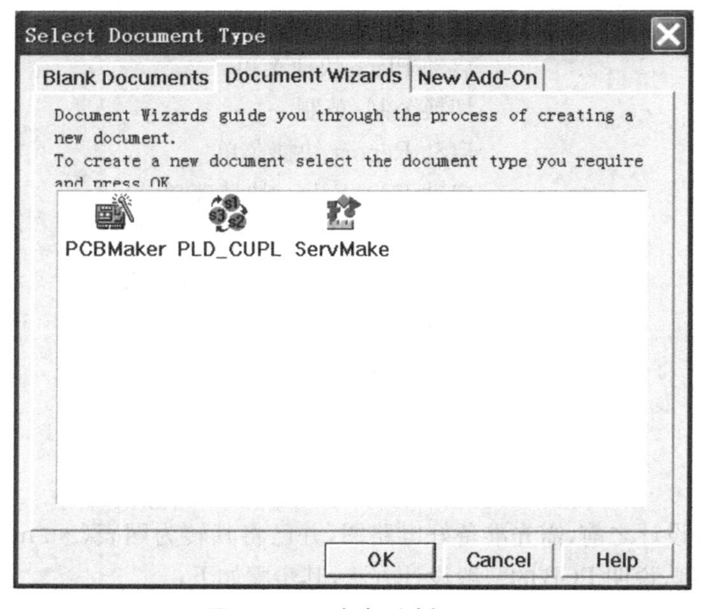

图 4.27 文本类型选择之二

在该窗口中双击“PCB Maker”图标，即可启动板框向导(Board Wizard)，如图 4.28 所示。

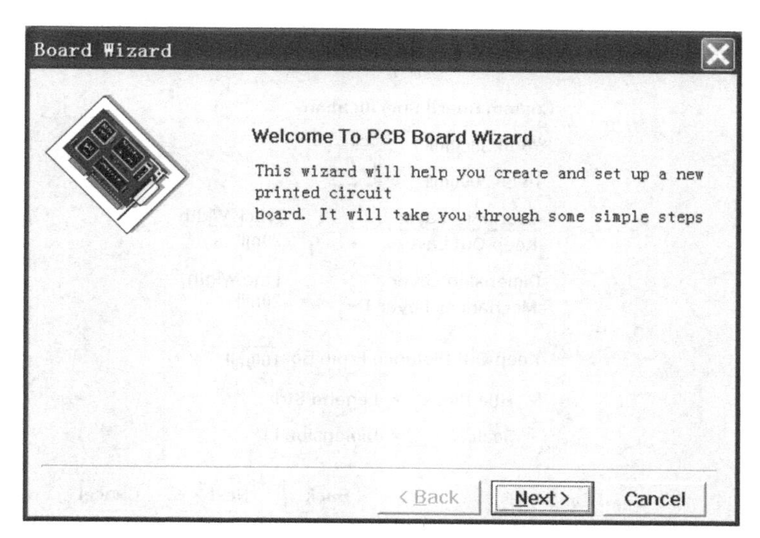

图 4.28 板框向导之一

按下“Next”按钮，界面将变为如图 4.29 所示。

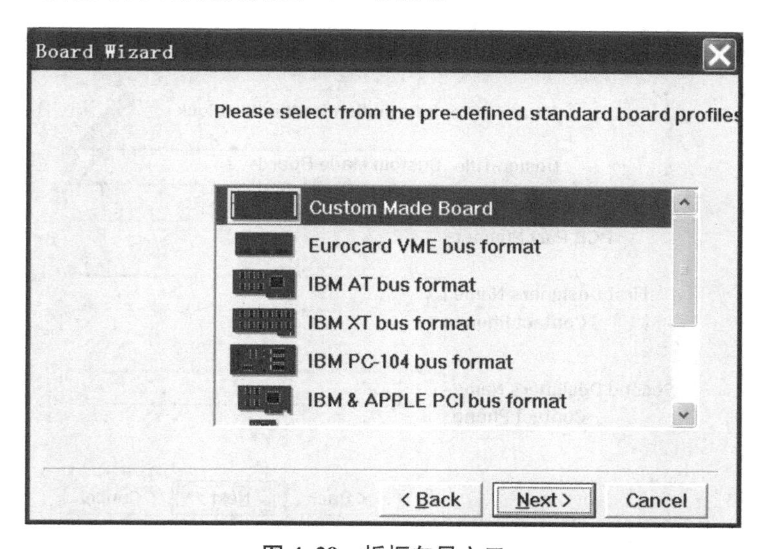

图 4.29 板框向导之二

在窗口中选择 Custom Made Board(自定义板框)项,按"Next"按钮进入下一步,如图 4.30 所示。

Board Wizard
Custom Board Specification
Width 3000mil
Height 2000mil
Boundary Layer
Keep Out Layer
Track Width
20mil
Dimension Layer
Mechanical Layer 1
Line Width
20mil
Keep Out Distance From Boa
100mil
Title Block
Legend Strir
Scale
Dimension Li
< Back
Next >
Cancel

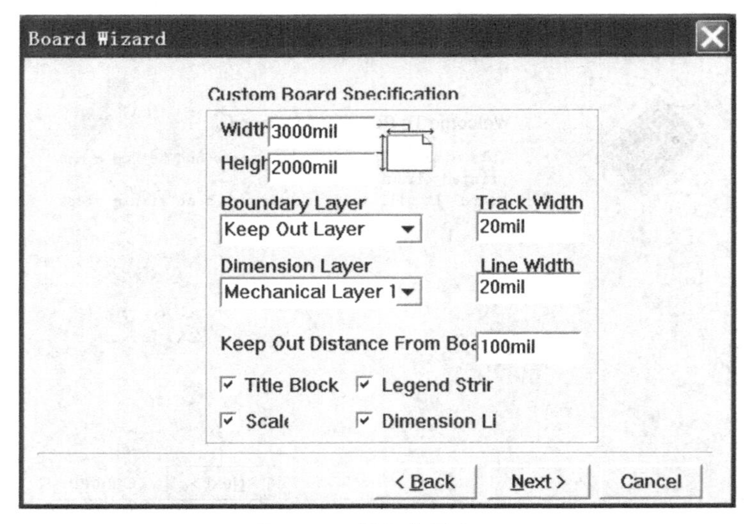

图 4.30　板框向导之三

将参数修改为所需数值后,按"Next"按钮进入下一步,如图 4.31 所示。

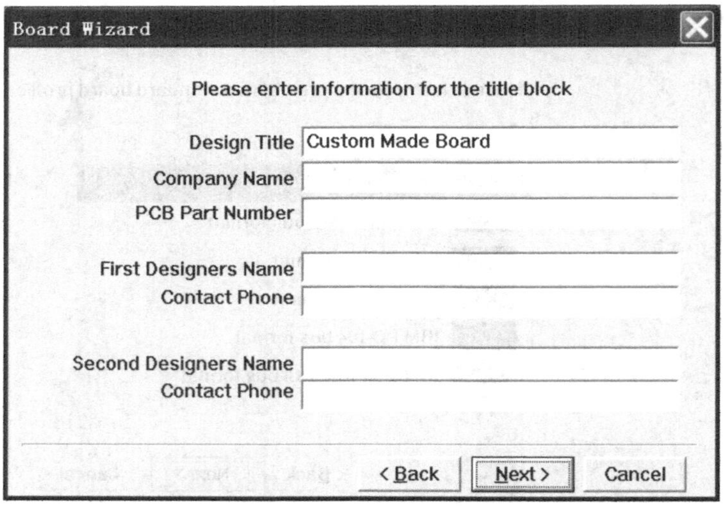

Board Wizard
Please enter information for the title block
Design Title
Custom Made Board
Company Name
PCB Part Number
First Designers Name
Contact Phone
Second Designers Name
Contact Phone
< Back
Next >
Cancel

图 4.31　板框向导之四

填写完毕后，按“Next”按钮进入下一步，如图 4.32 所示。

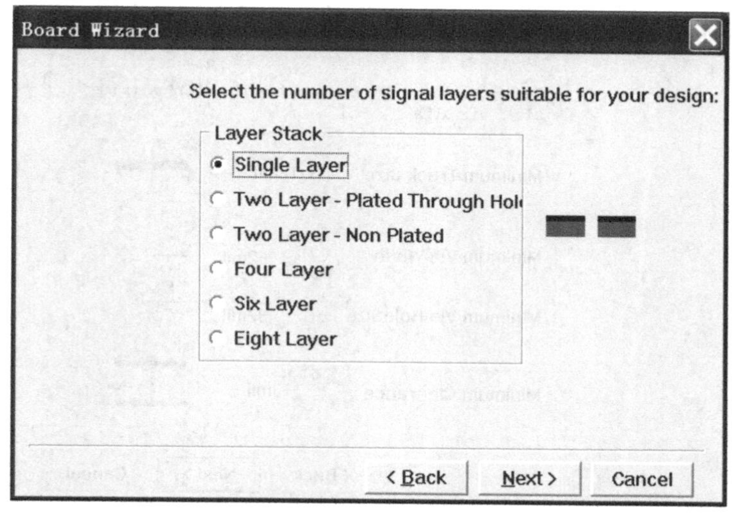

图 4.32 板框向导之五

选中 Sigle Layer(单面板)后，按“Next”按钮进入下一步，如图 4.33 所示。

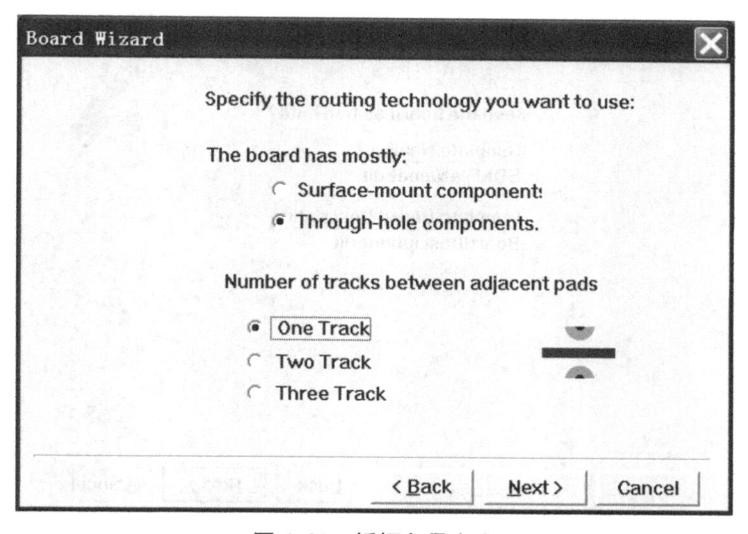

图 4.33 板框向导之六

按图中所示选择后，按“Next”按钮进入下一步，如图 4.34 所示。

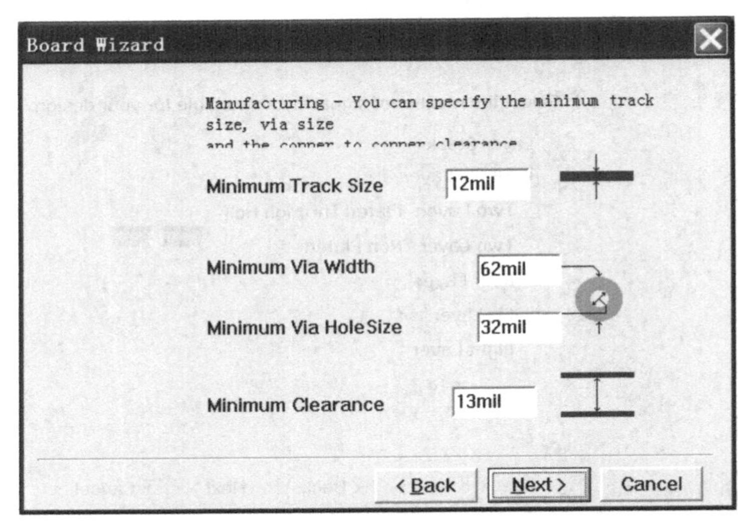

图 4.34　板框向导之七

按图中所示选择后，按“Next”按钮进入下一步，如图 4.35 所示。

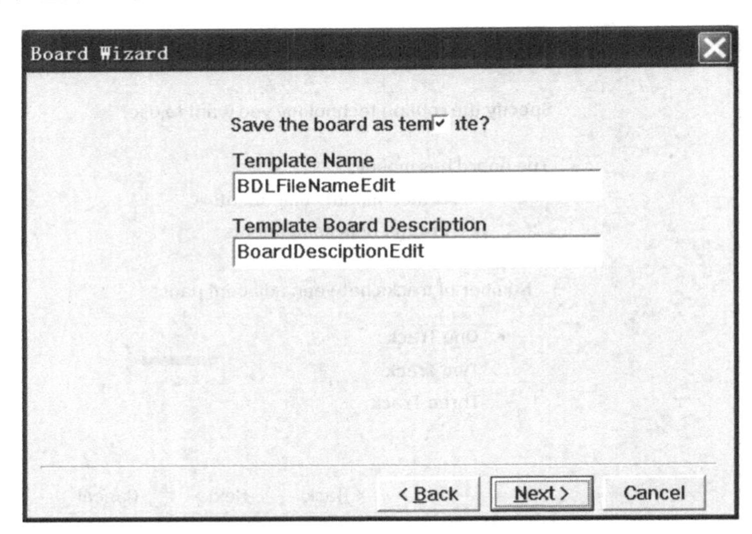

图 4.35　板框向导之八

如不需要做修改，则按“Next”按钮进入下一步，如图 4.36 所示。

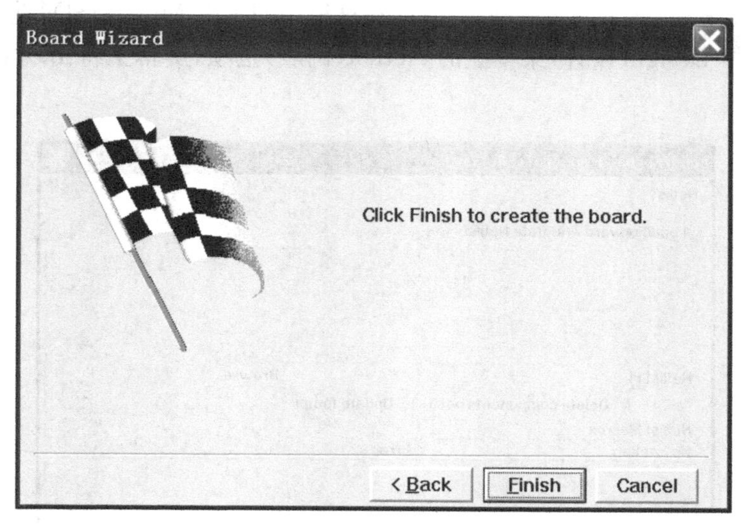

图 4.36　板框向导之九

按“Finish”按钮，在工作区中将出现一块电路板，如图 4.37 所示。

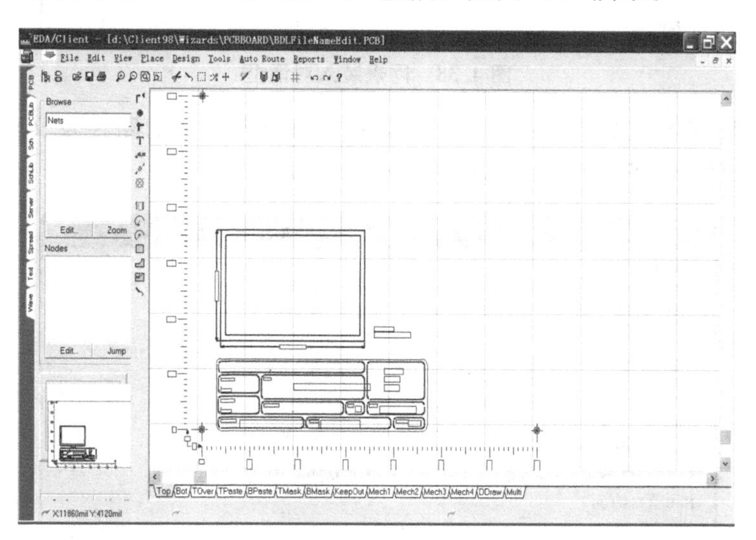

图 4.37　生成电路板

(3) 装入网表文件

板框定义完成后，就可以装入网表文件，在这里用的是由 MULTISIM 生成的网表文件 study. net。选择 Design(设计)菜单上的 Netlist(网表)选项，屏幕上将出现如图 4.38 所示的对话框。

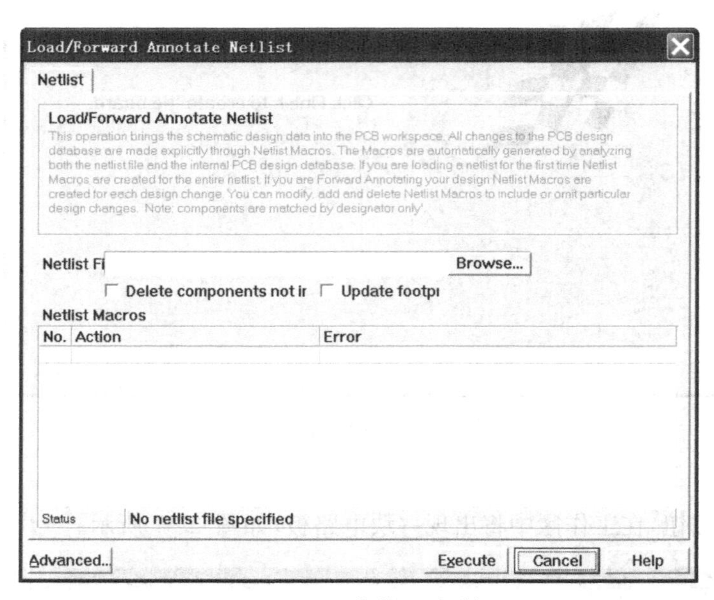

图 4.38　网表装入对话框

在 Netlist File(网表文件)栏中填入所需装入的网表文件的路径及文件名，如不能确定，可用 Browse(浏览)来查询。装入的网表如图 4.39 所示。

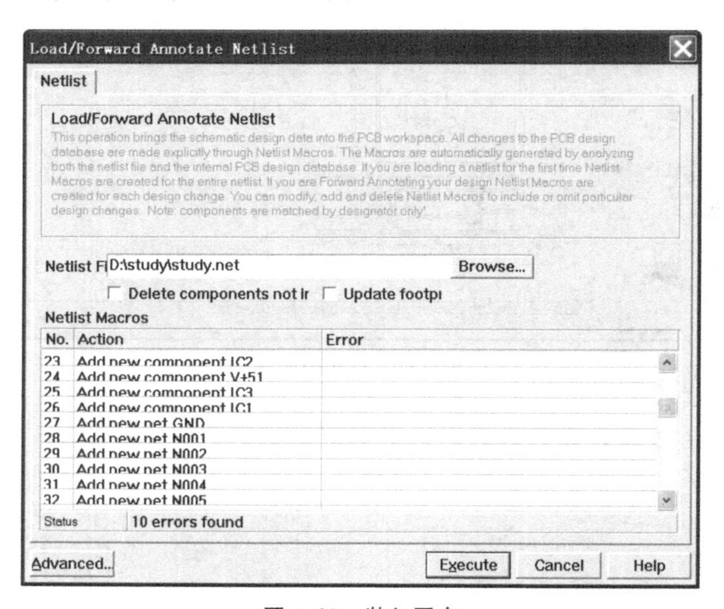

图 4.39　装入网表

按 Execute(执行)按钮后，屏幕将变为如图 4.40 所示。为了便于观察，可选择 View(视图)菜单上的 Fit Board 命令，使印制板的板面大小与工作区大小相同。

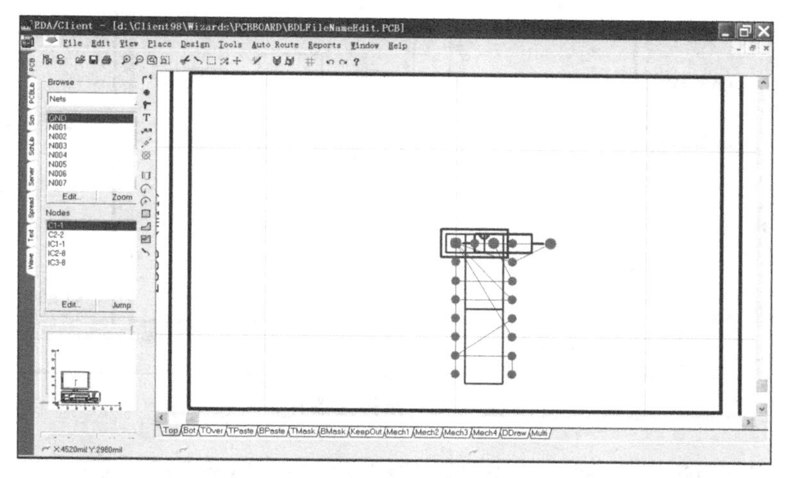

图 4.40　装入元器件

(4) 元件布置

此时看到的元器件都是重叠在一起的。利用 PCB 98 提供的 Shove(推挤)功能，可轻易快速地将重叠在一起的元器件展开。

首先，要设置元器件的推挤深度，即需要推挤的次数。单击 Tools 菜单上 Align Components 选项中的 Set Shove Depth 命令，屏幕上将出现如图 4.41 所示的对话框。

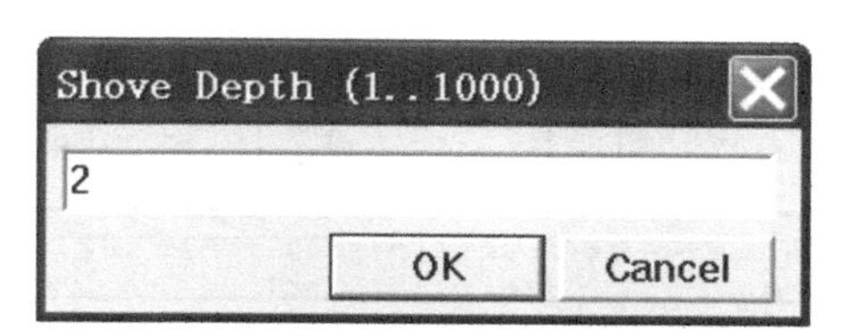

图 4.41　设置推挤深度

由于此例所用电路的元器件不多，所以将该值设置为 2 即可。接着在同一个菜单上选择 Shove 命令，这时屏幕上鼠标箭头将变为十字形，将其指向某一个元件，单击鼠标左键就可以将元器件推开了。

如图 4.22 中所示的一样，元器件虽然被推开了，但位置不太理想，这时就只能手工进行调整了。拖曳元器件十分简单，只需用鼠标箭头指向需要移动的元器件(一定要指向元器件的内部)，按住左键，将其拖到所需的位置即可。按 Space(空格)键可使元器件改变方向(逆时针旋转)。图 4.43 所示的为手工调整后的元器件布置图。

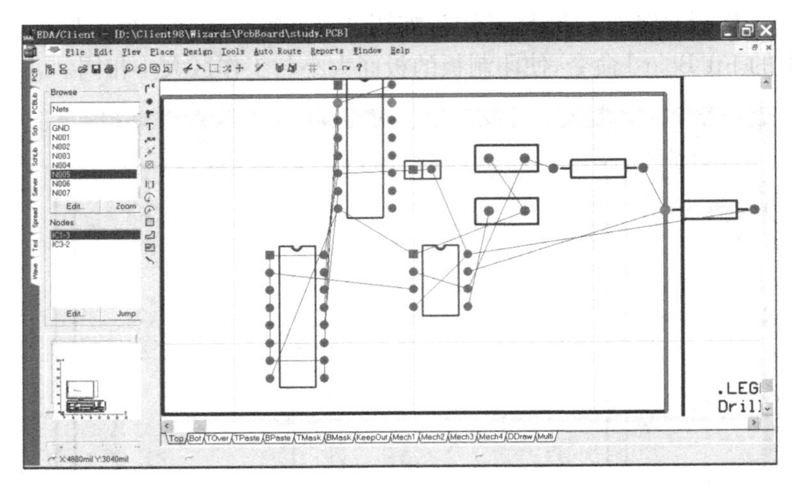

图 4.42　推开元器件

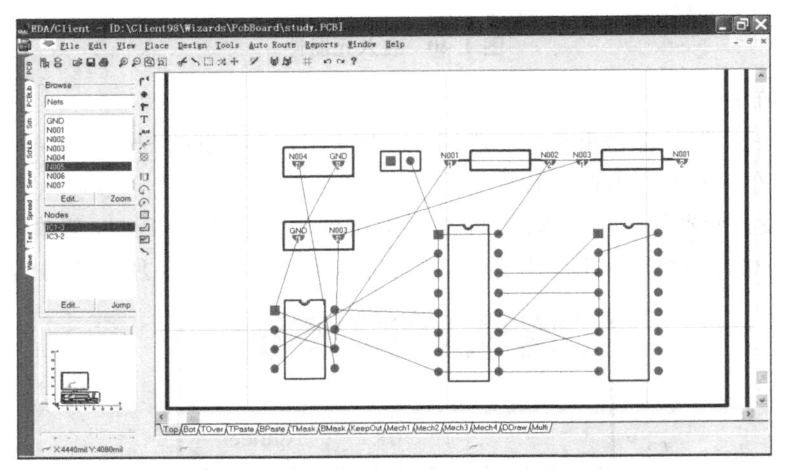

图 4.43　人工调整元器件位置

(5) 设置布线规则

选择 Auto Route(自动布线)菜单上的 Setup 命令,屏幕上将出现如图 4.44 所示的对话框。

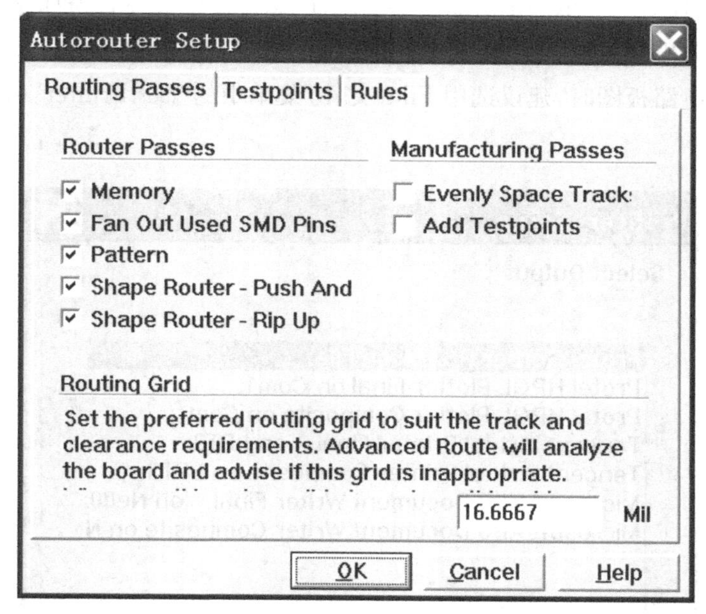

图 4.44 "设置布线规则"对话框

在该对话框中，有多种布线策略可供选择，还可以设置测试点(test point)。根据本课程的要求，在这里只需用其缺省设置。

(6) 自动布线

只需选择 Auto Route 菜单上的 All(全部)选项，即可进行自动布线。自动布线的结果如图 4.45 所示。

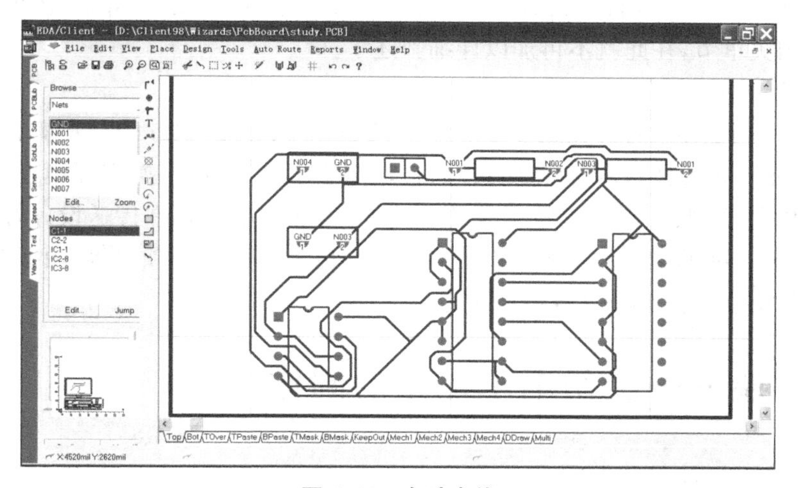

图 4.45 自动布线

(7) 手工调整

自动布线完成后，如果觉得不太满意，可以手工对其进行调整。有关这部分的内容，限于篇幅的原因，这里不再详细叙述了。

(8) 保存及输出打印

布线后要及时保存，如果没给电路板命名的话，系统给定的缺省文件名为 PCB-1. PCB、PCB-2. PCB 等等，若需另取文件名，则要使用 Save As(另存为)命令。

在输出打印电路板图时，建议选用 File(文件)菜单中的“Set Printer”(打印设置)选项，如图 4. 46 所示。

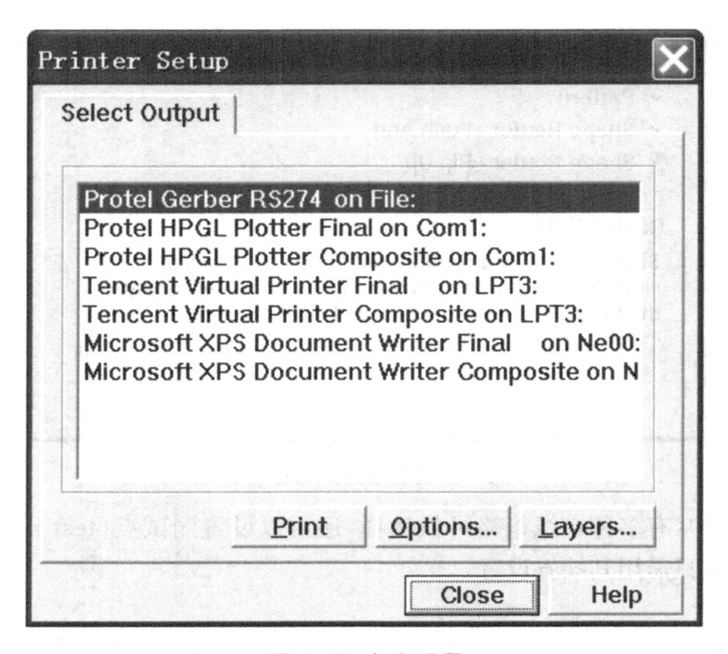

图 4. 46 打印设置

在该对话框中可选择打印机、输出格式以及所需打印的板层等等，具体内容请参看在线帮助里的相关章节，在此就不再加以详细叙述了。

(9) 结束

通过以上一个示例，简要介绍了 Protel PCB 98 的基本使用方法。其实它的功能远远不止于此，像元件布置技巧、零件编辑技巧、自动及手工布线技巧、操作环境设定等等，还有铺铜、包地、内层分割、补泪焊等特殊技巧。此外，可通过电子邮件传送设计好的印制电路板图，还可从 Protel 的网站上下载最新的相关资料以及各种服务项目等，由于篇幅所限，这部分内容就留待读者自己去摸索和开发了。

4. 4 实验——实用电子电路的制作

4. 4. 1 实验目的

(1) 学习焊接技术及手工制作印制电路板的方法。

(2) 学习电路的安装、检查、调试的方法。

(3) 掌握直流稳压电源技术特性的测试方法。

4.4.2　实验内容与步骤

1）制作 W317 组成的 1.5～10V 直流稳压电源

（1）电路

W317 组成的 1.5～10V 直流稳压电源电路图如图 4.47 所示。

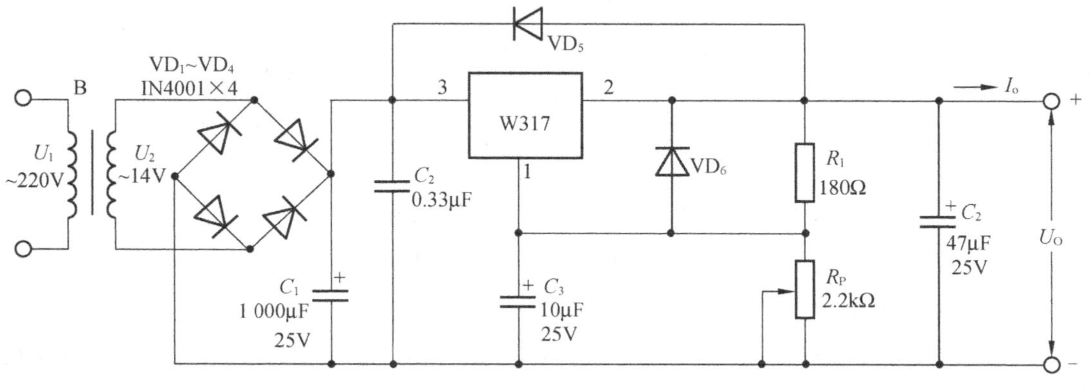

图 4.47　W317 组成的直流稳压电源

（2）工作原理

变压器 B 降压，其副方电压为 14V。二极管 VD_1～VD_4，电容 C_1 实现桥式整流，电容滤波。W317 为三端可调正电压输出集成稳压器，其输出端 2 与调整端 1 之间为固定不变的基准电压 1.25V（在 W317 内部），输出电压 U_0 由电阻 R_1 和电位器 R_P 的数值决定，$U_0=1.25(1+R_P/R_1)$，改变 R_P 的数值，可实现调节输出电压的大小。C_2 用来抑制高频干扰，C_3 的作用是提高稳压电源纹波抑制比，减小输出电压中的纹波电压，C_4 的作用是克服 W317 在深度负反馈工作下可能产生的自激振荡，且可进一步减小输出电压中的纹波分量。VD_5、VD_6 为保护二极管，VD_5 用以防止当整流滤波输出短路，电容 C_4 放电损坏集成稳压器。VD_6 为防止当稳压电源输出端短路，C_3 放电损坏集成稳压器。在正常工作时，VD_5、VD_6 处于截止状态。

（3）元器件选择

集成稳压器采用 W317M，其输出电压范围为 1.2～37V，最大输出电流为 0.5A，不加散热器时耗散功率为 1W 左右。

二极管 VD_1～VD_6 采用 1N4001 型硅整流二极管。电阻 R_1 采用 RTX-1/8W 型碳膜电阻。电位器 R_P 采用实心电位器。电容 C_1、C_3、C_4 采用 CD 型电解电容器，耐压为 25V，C_2 采用瓷介电容器。

电源变压器 B 应按电路的输出功率和输出电压的要求来选择。原则是变压器的次级电压 U_2 要根据稳压电源的输出电压来决定，应能保证集成稳压器的输入与输出电压差在 2～3V 以上。变压器的功率 P 要根据稳压电源的输出电压 U_0 和输出电流 I_0 决定，应满足 $P\geqslant1.4U_0I_0$。本实验电路输出电压 U_0 最大为 10V，输出电流 I_0 为 0.5A，可选择变压器的功率为 $P=1.4\times10\times0.5=7$W。可选择变压器副方电压 U_2 为 14V，这样，整流滤波输出电压约为 $1.2U_2=1.2\times14=16.8$V，考虑电网电压向下波动 10%，则为 $0.9\times16.8=15.1$V，集成稳压器的输入与输出电压差为 $15.1-10=5.1$V，满足要求。

(4) 印制电路板图

印制电路板图如图 4.48 所示。

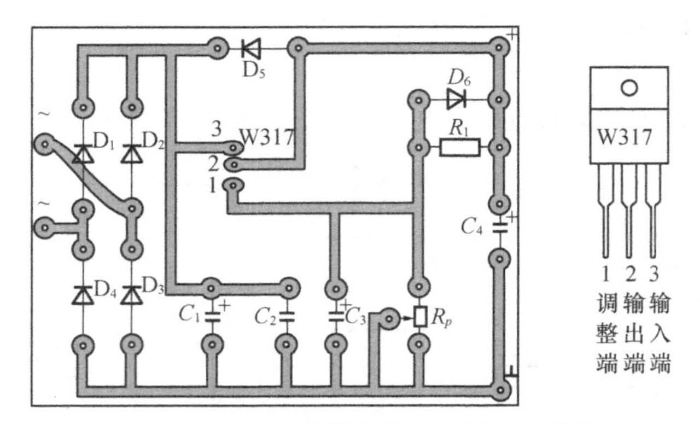

图 4.48　W317 组成的直流稳压电源印制板图

(5) 电路的安装、检查

为使元器件排列整齐、美观，提高焊接质量，在安装前应按元器件在印制板上的引线孔距，将元器件的引线弯曲成型，如图 4.49 所示。

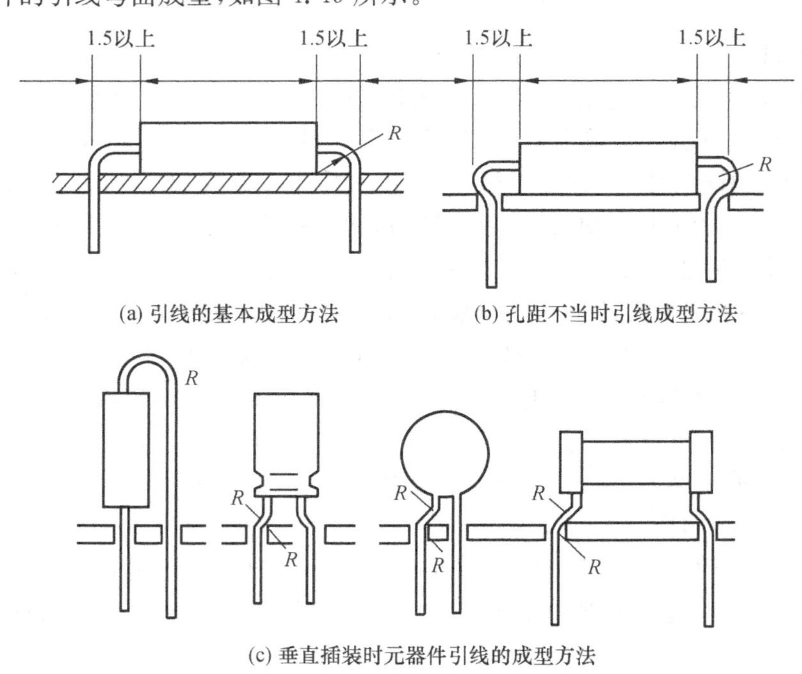

(a) 引线的基本成型方法　　(b) 孔距不当时引线成型方法

(c) 垂直插装时元器件引线的成型方法

图 4.49　元器件引线的成型

为避免损坏元器件，便于检查和维修，引线成型时必须注意：

①引线弯曲处距根部至少要有 1.5～2mm，绝对不可在根部弯曲。

②引线弯曲半径至少要大于引线直径的 2 倍，引线弯曲后应相互平行。

③应使元器件的标称值及文字标记放在最易查看的位置，朝向也应尽可能一致。

元器件安装到印制电路板上，不论是卧式安装还是立式安装，元器件的引线都应尽可能短，卧式安装的小功率元器件，可以平行地贴在板上，或是离开板面 1～2mm。立式安装的晶体管引线一般留有3～5mm，不能留的太短，以防止焊接过热而损坏晶体管。

电路焊装完后，必须检查各焊点是否牢固，二极管极性，电解电容的极性，W317的管脚位置是否正确，特别是W317的调整端不能浮空，否则很易损坏。

检查确认正确无误方可通电测试。

2）直流稳压电源技术指标的测试

测试电路如图4.50所示。

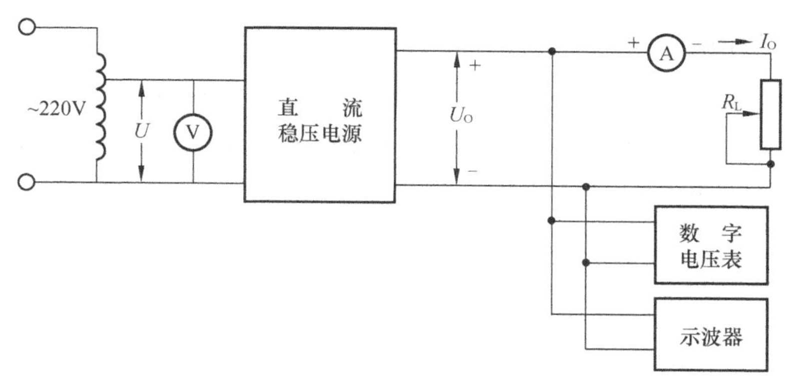

图4.50　测试电路

(1) 电压稳定度 K_U

调节自耦变压器使次级电压 U 为220V，调节直流稳压电源的 R_P 和负载电阻 R_L（滑线电阻器），使稳压电源输出电压 U_0 为10V，输出电流 I_0 为0.5A。再调节自耦变压器，使 U 分别为242V、198V，且调 R_L，维持 I_0 为0.5A，测出相应的输出电压 U_0，实验数据填入表4.6。

表4.6　实验数据(一)

U(V)	220	242	198
U_0(V)			

计算 $K_U=\left|\dfrac{\Delta U_0}{U_0}\right|\times 100\%$　　（ΔU_0 用两次测量结果较大的一个）

(2) 内阻 r_0

保持 U 为220V，在输出电流 I_0 分别为0.5A和0时，测出相应的输出电压 U_0，实验数据填入表4.7。

表4.7　实验数据(二)

I_0(A)	0.5	0
U_0(V)		

计算 $r_0=\left|\dfrac{\Delta U_0}{\Delta I_0}\right|$

(3) 输出纹波电压

在 $U=220$V，$U_0=10$V，$I_0=0.5$A的条件下，用示波器测量 U_0 中纹波电压的峰峰值 U_{pp}。

4.4.3　实验仪器仪表

(1) 自耦变压器　　1只
(2) 数字万用表　DT9101　1只
(3) 滑线电阻器　　1只
(4) 示波器　YB4324　1台

4.4.4　实验预习要求

(1) 了解图4.47所示W317组成的直流稳压电源的工作原理。

(2) 搞清变压器的原方、副方；二极管的正极、负极，电解电容的正极、负极，集成稳压器W317的输入端、输出端和调整端。

4.4.5　实验报告要求

(1) 画出直流稳压电源电路，简要说明电路的工作原理，画出印制电路板图。
(2) 记录实验结果，计算有关数据。
(3) 讨论本章复习思考题9。

4.5　要点及复习思考题

1) 要点
(1) 了解锡焊材料和锡焊机理。
(2) 掌握手工烙铁焊接技术。
(3) 了解电子工业中焊接的方法。
(4) 了解印制电路板的设计与制作方法。
(5) 学习电子电路的安装调试方法。
(6) 了解Protel 98的基本结构。
(7) 熟悉制作PCB的一般流程。
(8) 掌握PCB自动布线的操作步骤。
2) 复习思考题
(1) 一般电子电路的焊接，应选用多大功率的电烙铁？
(2) 常用烙铁头形状有哪几种，各适用于什么场合？
(3) 新烙铁头需经过怎样的处理才能使用？当烙铁头不吃锡应如何处理？
(4) 手工烙铁焊接应注意哪些要点？
(5) 手工烙铁焊接常见焊点缺陷有哪些？应如何防止？
(6) 印制电路板设计时，元器件的排列应注意哪些原则？布线应注意哪些原则？
(7) 工厂中印刷电路板的制作工艺过程如何？手工制作印制电路板的步骤如何？
(8) 在印制电路板上焊装元器件时，应注意哪些问题？
(9) 直流稳压电源的四只整流二极管中，如果有一只极性接反了，会产生什么后果？

5 MULTISIM 使用初步

5.1 简述

随着电子技术的发展,电子元器件的种类越来越多,集成度越来越高,所设计电路的复杂程度也相应提高,而电子产品的更新周期却越来越短,再依靠传统的设计方法完成电路的功能设计、逻辑设计、性能分析、时序测试直至印制电路板的设计与调试,除了设计周期过长以外也不太经济。现在,电子产品已经和计算机系统紧密相连,借助 EDA(Electronic Design Automation 电子设计自动化)软件除了可以完成传统的设计外,还可以进行多种测试,如元器件的老化实验、印制版的温度分布和电磁兼容性测试等等。现代电子技术的发展已进入了片上系统(System-on-Chip)时代,大学里传统的电子技术实验方法的改进已刻不容缓。为此,我们在实验内容中引入了虚拟电子技术,试图给学生建立一种全新的实验观念,以便学生毕业后可以更快地与实际接轨。

虚拟电子技术是 80 年代末出现的新事物。由于计算机性价比的不断提高,使得这一技术得以走进大学的实验室。随着人们对这一技术的了解与接受,它在大学电工电子实验中的地位与作用将会越来越重要。

5.1.1 简述

虚拟电子实验台是一种利用在计算机上运行电路仿真软件来进行硬件实验的平台。由于仿真软件可以逼真地模拟各种电子元器件以及仪器仪表,从而不需要任何真实的元器件与仪器,就可以进行电路、数字电路和模拟电路课程中的各种实验。它具有功能全、成本低、效率高、易学易用以及便于自学及开展综合性或设计性实验等优点。它不仅可作为现行的各种实验的一种补充与替代手段,而且可作为复杂的电子系统的设计、仿真与验证的实用手段,可实现电子电路与系统的 EDA。这是当今电子技术的必然发展方向。加拿大 Interactive Image Technologies 公司出品的 Multisim 是一种典型的虚拟电子实验台。下面我们就以 Multisim 的常见版本(以下简称 MULTISIM)为例介绍它的基本功能和用法。由于 MULTISIM 的功能很强,限于篇幅的原因,许多操作上的细节不可能面面俱到,这些细节只有靠大家去钻研、摸索和总结了。

5.1.2 MULTISIM 的组成及特点

1) 组成

MULTISIM 以著名的 SPICE 为基础,由三部分集成起来,即电路图编辑器(Schematic Editor)、SPICE3F5 仿真器(Simulator)和波形产生与分析器(Wave Generator & Analyzer)。三者之间的关系如图 5.1 所示。仿真器为其核心部分，采用了最新版本的电路仿真软件 SPICE3F5，这是一种 32 位的交互式增强型仿真器。所谓交互式，即在仿真过程中可接受用户的修改操作，从而使得在虚拟实验台上实验操作的感受十分逼近真实的实验环境。该仿真器还具有下列优点：支持 Native 模式的数字以及模拟与数字混合的仿真；能自动插入信号变换接口；支持层次化电路模块的多次重用；采用 GMIN 步进算法改进了收敛；对仿真的电路规模与复杂性均无预定的限制。

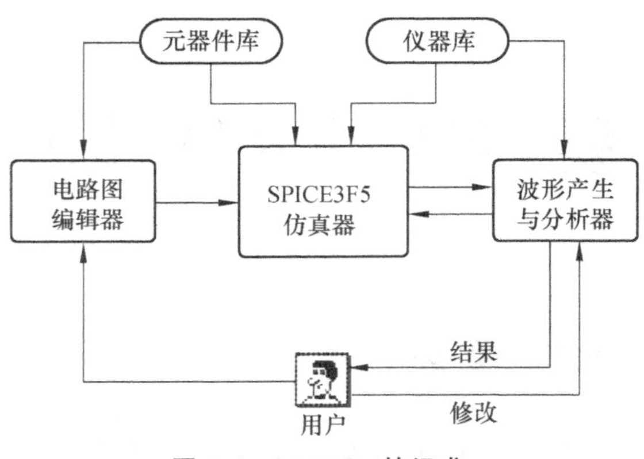

图 5.1　Multisim 的组成

2）特点

(1) MULTISIM 提供了良好的操作界面，绝大部分的操作通过鼠标的拖放即可完成，十分方便、直观。

(2) MULTISIM 提供了一个非常大的元件数据库，数量众多，共计数千种。大多数元件均提供虚拟和实际封装两种形式，这就给电路原理的验证带来了便利。另外，根据需要可方便地新建或扩建元件库，也可通过 Internet 更新。

(3) MULTISIM 所提供的测量仪器精度很高，其外观、面板布置以及操作方法与实际仪器均十分接近，便于掌握。

(4) MULTISIM 提供了强大的分析功能，包括交流分析、瞬态分析、温度扫描分析、噪声分析、蒙特卡洛分析及用户自定义分析等共十九种。此外，还可在电路中设置人为故障，如开路、短路及不同程度的漏电等，观察电路的不同状态，以加深对基本概念的理解。

(5) MULTISIM 还提供原理图输入接口、全部的数模 Spice 仿真功能、VHDL/Verilog 设计接口与仿真功能、FPGA/CPLD 综合、RF 设计能力和后处理功能，还可以进行从原理图到 PCB 布线工具包(如：Multisim 的 Ultiboard)的无缝隙数据传输。

5.2　MULTISIM 的基本操作方法

5.2.1　MULTISIM 的操作界面

启动 MULTISIM 以后，可以看到一个如图 5.2 所示的操作窗口。

MULTISIM 的操作界面可分为以下几个部分：

(1) 电路窗口

如图 5.2 所示，该区域为 MULTISIM 的主要工作区域，所有电路的输入、连接、测试及仿真均在该区域内完成。

(2) 菜单栏

菜单栏位于电路窗口的上方，为下拉式菜单共分为以下几类：File(文件)，Edit(编辑)，

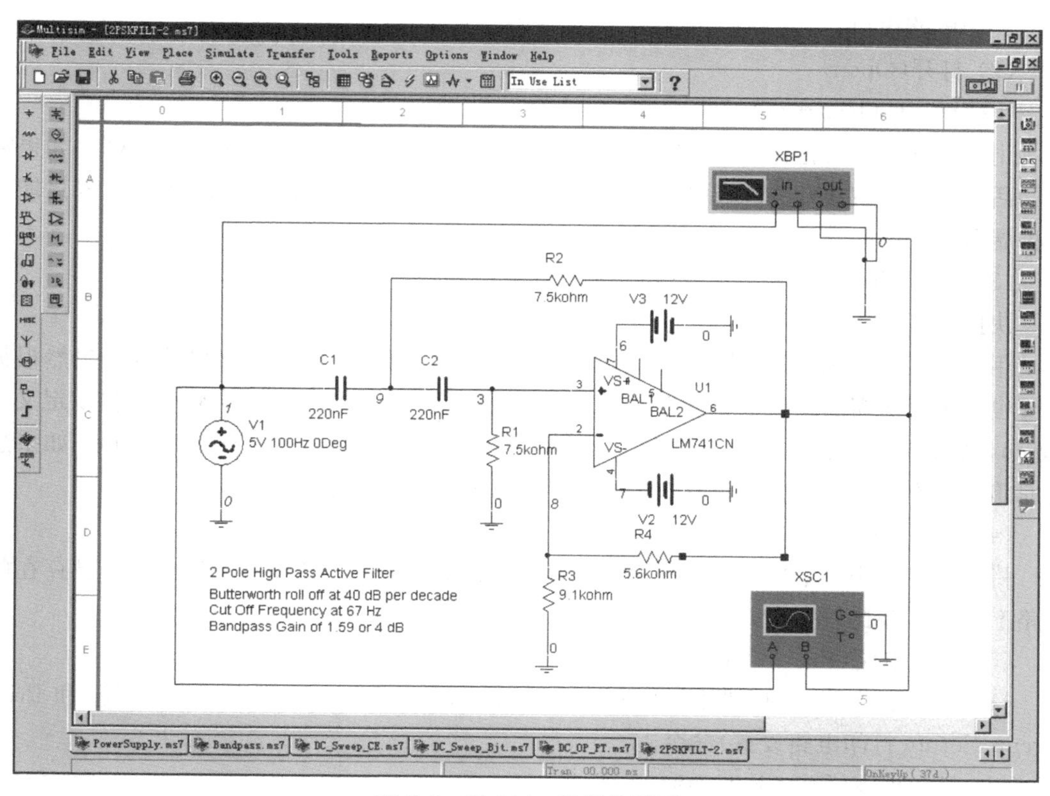

图 5.2 Multisim 的操作界面

View(视图),Place(放置),Simulate(仿真),Transfer(转换),Tools(工具),Options(选项),Window(窗口),Help(帮助)。关于各个菜单的内容在后面还有详细叙述。

(3) 工具栏

像大多数 Windows 应用程序一样,MULTISIM 把一些常用的功能以图标的形式排列成一条工具栏,以便于用户使用。各个图标的具体功能请参阅相应菜单中的说明。

(4) 元件及仪器库栏

在电路窗口的左边和右边以图标的形式给出了 MULTISIM 中可用的元件库和测量仪表库。关于每个元件库和仪表库中各个图标所表示的含义在后面有详细介绍。

5.2.2 MULTISIM 的菜单

1) 文件菜单(File Menu)

(1) 新文件(New)

快捷键:〈CTRL〉+〈N〉

打开一个无标题的电路窗口,可用于建一个新电路。如果对当前电路做了改动,则在退出该窗口时将会出现命名提示且保存当前电路。当启动 MULTISIM 时,总是自动打开一个新的无标题

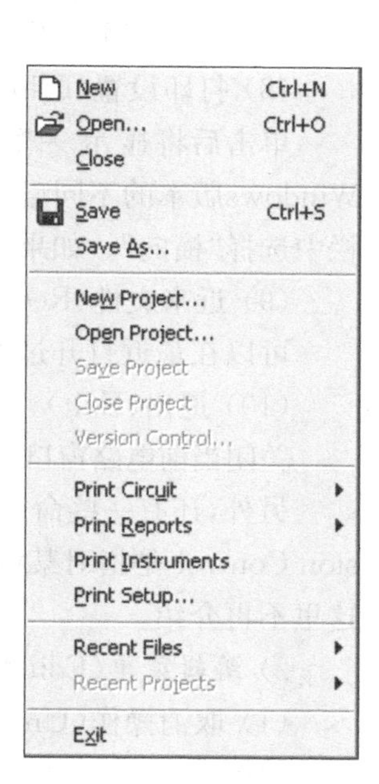

图 5.3 文件菜单

(Untitle)电路窗口。

(2) 打开(Open)

快捷键:〈CTRL〉+〈O〉。

用于打开一个已存在的电路文件,单击后将显示一个标准的打开文件对话框。如果需要的话,可通过改变路径或驱动器找到所需的文件。注意,对于 Windows 用户而言只能打开扩展名为.msm、.ca * 、.cir、.utsch 或.ewb 的文件。

(3) 保存(Save)

快捷键:〈CTRL〉+〈S〉。

用于保存当前编辑的电路文件,单击后将显示一个标准的保存文件对话框。当然根据需要也可选择所需的路径或驱动器。对于 Windows 用户,文件的扩展名将会被自动定义为.msm,例如,若已打开的电路文件名为 Circuit1,则它将会被保存为 circuit1.msm。如果想使原始电路不被改变,则可选择同一菜单中的 Save As(另存为)命令。

(4) 另存为(Save As)

将当前电路用一个新文件名保存,原始电路并未被改变。用这个命令在一个已存在的电路上进行实验比较安全。

(5) 打印电路(Print Circuit)

打印当前工作区内的电路图,其中包括 Print(打印)、Print Preview(打印预览)和 Print Circuit Setup(打印电路设置)命令。

(6) 打印报表(Print Reports)

列表打印当前工作区内所编辑的电路图中的材料清单(Bill of Materials)、指定元器件库中元器件清单(Database Family List)和元器件的详细资料(Component Detail Report)。

(7) 打印仪表结果(Print Instruments)

选择打印当前工作区内仪表显示数据或波形图。

(8) 打印设置(Print Setup)

单击后将显示一个标准的打印设置对话框,该对话框为 Windows 自带的,根据 Windows版本的不同略有差异。因为电路图一般都是宽度要大于高度,所以建议在"方向"栏中选择"横向"。如果一个电路太大,超过一张纸,它将自动延伸直至全部打印完毕。

(9) 近来文件(Recent Files)

可以在最近打开过的文件中选择一个打开。

(10) 退出(Exit)

关闭当前电路窗口并退出 MULTISIM。如果电路已被修改,将会提示是否保存该电路。

另外,还有一些命令,如 New Project、Open Project、Save Project、Close Project 和 Version Control 是指对某些专题文件进行的处理,仅在专业版中出现,教育版中无此功能,故这里不再介绍。

2) 编辑菜单(Edit Menu)(见图 5.4)

(1) 取消操作(Undo))

快捷键:〈CTRL〉+〈Z〉。

(2) 剪切 (Cut)

快捷键:〈CTRL〉+〈X〉。

用于除去所选择的元件、电路或文本。被除去的内容将存放在剪贴板上,根据需要可以将其粘贴在别的地方。注意,所剪切的内容中不能含有仪器图标。

(3) 复制(Copy)

快捷键:〈CTRL〉+〈C〉。

用于复制所选择的元件、电路或文本。复制的内容被存放在剪贴板上,根据需要用"粘贴"命令可以将其复制到别的地方。同样,复制的内容里也不能含有仪器图标。另外,如果有新的内容被剪切或复制到剪贴板上,那么剪贴板上原来的内容将被覆盖,所以,假如想永久地删除一些内容而又不想使剪贴板上的内容丢失,那么就应该使用 Delete(删除)。

(4) 粘贴(Paste)

快捷键:〈CTRL〉+〈V〉。

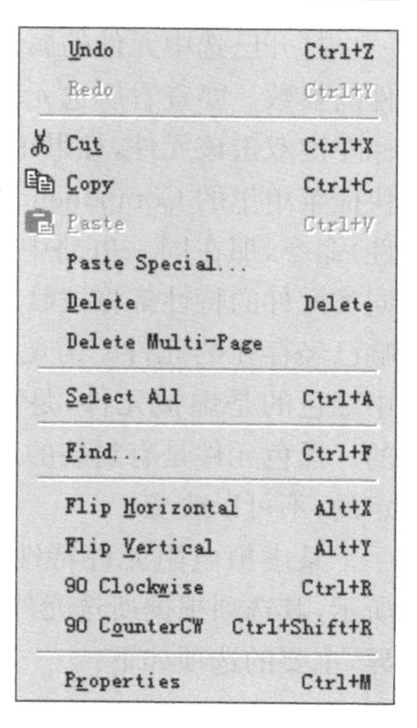

图 5.4 编辑菜单

将剪贴板上的内容粘贴在被激活的窗口中(粘贴板上的内容仍然存在)。剪贴板上的内容可以是元件或文本,其类型只能粘贴到具有相似类型的地方。例如,不能将元件粘贴到电路描述窗口。注意,如果剪贴板上的内容是以位图形式复制(Copy As Bitmap)的,将不能粘贴在 MULTISIM 中。

(5) 特殊粘贴(Paste Special)

粘贴的内容可以选择。可以选择只粘贴元件;粘贴元件和连线;也可以包含元件参考名和结点名。由于元件的参考名和结点名是由系统按顺序自动给定的,所以在粘贴过程中会被重新命名。

(6) 删除(Delete)

快捷键:〈Del〉。

永久性地除去所选定的元件或文本。这些内容并不放在剪贴板上,也不影响当前剪贴板上的内容。要小心使用 Delete(删除)命令,被删除的信息将不可能恢复。注意,删除一个元件或仪器是将它们从当前电路窗口上除去,而并不是从元器件库或仪器库中删除。

(7) 多页中的删除(Delete Multi-Page)

当设计的电路图的页数多时,可以有选择的删除其中某页或某几页。

(8) 全部选定(Select All)(见图 5.5)

选定激活窗口中的全部项目(电路窗口,子电路窗口或电路描述窗口)。如果选定的项目中含有仪器,将不能使用 Copy(复制)和 Cut(剪切)命令。若要选择绝大多数项目,则可以先全部选定,然后按住 CTRL 键,再用鼠标左键单击不想选定的目标即可。

(9) 改变元件方向的一组工具

将元件水平翻转 180°(Flip Horizontal);将元件垂直翻转 180°(Flip Vertical);将元件顺时针旋转 90°(90 Clockwise);将元件逆时针旋转 90°(90 CounterCW)。

(10) 元件属性(Component Properties)

快捷键:〈CTRL〉+〈M〉。

打开已选中元件的属性对话框，可更改元件的参数。要查看所选元件的特性，也可用鼠标左键双击该元件，如果用单击标右键得到的快捷菜单里的 Component Properties（元件属性）命令，那在同一电路中以后所用到的所有同类元件的特性都将被赋以缺省值，但并不影响已经存在的元件。需要注意的是元件库栏中绿色的是虚拟元件，是可以随意改变参数的。黑色元件是有封装的真实元件，参数是确定的，不可以改变。

某虚拟电阻元件特性对话框中如图 5.5 所示，其选项根据所选元件的不同可能略有差异，主要的选项如下：

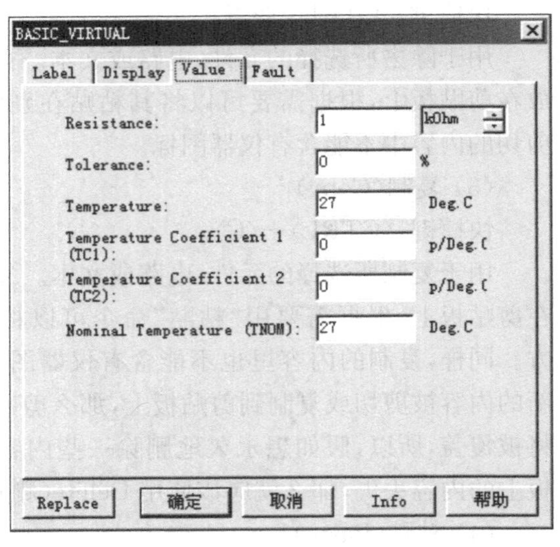

图 5.5　元件属性

(1) 标号(Label)

该选项用于设置或改变元件的标识(Label)和参考编号(Reference ID)，有些元件导线和接地则没有编号。在电路窗口中，要选择电路图上是否出现元件标识和参考编号，可使用电路图选项(Schematic Options)对话框里的显示/隐藏(Show/Hide)选项。当旋转或翻转一个元件时，它的标识位置可能会发生变化，如果此时有一根导线叠加在标识上，那么可以通过在标识输入区域中标识的前面加若干个空格的方法解决。除了标识外，若还要给电路加上一些文字说明，则可以通过窗口(Window)菜单选择进入电路描述区域。注意，参考编号是由系统自动分配给每个元件的，且具有唯一性，必要时可以进行修改，但必须保证不能有重复，参考编号不能被删除。

(2) 数值(Value)

该选项用于设置元件的数值。根据元件种类的不同，设置的数值数也会不同。例如，对于电阻(Resistor)，除了需设置阻值(R)外，还需设置其一阶温度系数(TC_1)和二阶温度系数(TC_2)。关于选择电路图上是否出现元件数值的方法与(1)相同。

(3) 故障(Fault)

快捷键：〈CTRL〉+〈F〉。

使用该功能可以在一个元件的引脚上设置故障。故障类型有以下几种：

①漏电流(Leakage)：在所选元件的两端并联一个一定数值的电阻，从而使通过该元件的电流数值减小。

②短路(Short)：在所选元件的两端并联一个数值很小的电阻，从而使该元件失效。

③开始(Open)：在所选元件的某一端串联一个数值很大的电阻，就像连接到该端的接地线断开一样。

(4) 显示(Display)

用于显示元件的标识(Label)、数值(Value)和参考编号(Reference ID)。

3）视图菜单（View Menu）（见图 5.6）

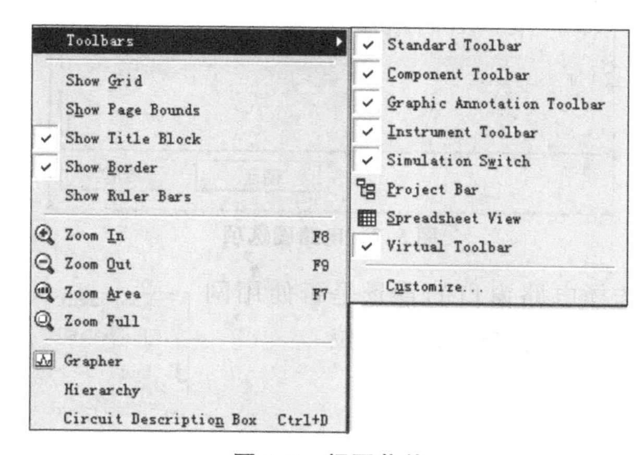

图 5.6 视图菜单

（1）工具条（Toolbars）

用于选择需要显示或隐藏的工具条，类型有：标准工具条；元件工具条；图形注释工具条；仪表工具条；仿真开关；项目栏；电路元件属性视窗；虚拟工具条；用户自定义栏等工具栏。

（2）显示栅格（Show Grid）。

（3）显示页面范围（Show Page Bounds）。

（4）显示标题栏和边界（Show Title Block and Border）。

（5）显示边框（Show Border）。

（6）显示标尺栏（Show Ruler Bars）。

（7）图像放大（Zoom In）。

快捷键：〈F8〉。

可将电路窗口中的图形放大。

（8）图像缩小（Zoom Out）。

快捷键：〈F9〉。

可将电路窗口中的图形缩小。

（9）区域放大（Zoom Area）

快捷键：〈F7〉。

可将电路窗口中指定的图形区域放大。

（10）全图显示电路窗口（Zoom Full）。

（11）是否显示仿真结果的图表（Grapher）。

（12）是否层次显示（Hierarchy）。

（13）是否显示电路元件视窗（Circuit Description Box）

快捷键：〈Ctrl+D〉。

（14）电路图选项（Schematic Options）（见图 5.7）

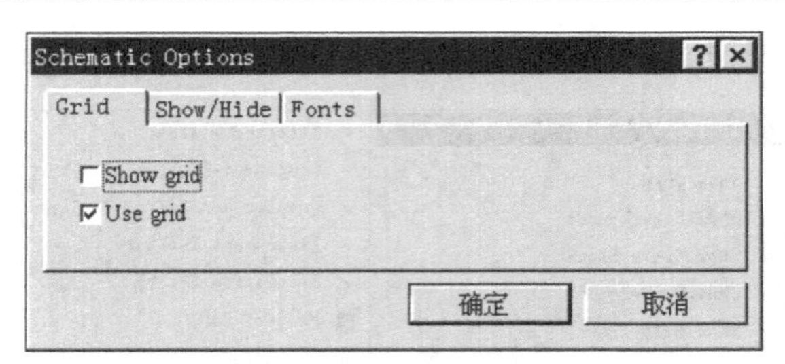

图 5.7　电路图选项

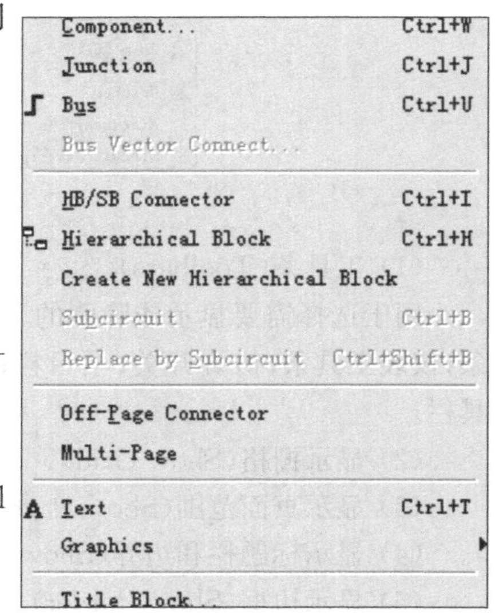

图 5.8　放置菜单

网格(Grid)：可选择电路窗口的背景是否使用网格，使用网格的优点是便于器件的排列和定位。

4) 放置菜单(Place Menu)(见图 5.8)

①放置一个元件(Component…)；

②放置一个节点(Junction)；

③放置一根总线(Bus)；

④总线矢量连接(Bus Vector Connect)；

⑤放置一个层次块/子电路连接节点(Hb/Sb Connector)；

⑥放置一个层次块(Hierarchical Block)；

⑦创建新的层次块(Creat New Hierarchical Block)；

⑧放置一个子电路(Subcircuit)；

⑨用子电路替换(Replace by Subcircuit)；

⑩放置文字(Text)；

⑪放置一个标题栏(Title Block)。

5) 仿真菜单(Simulate Menu)(见图 5.9)

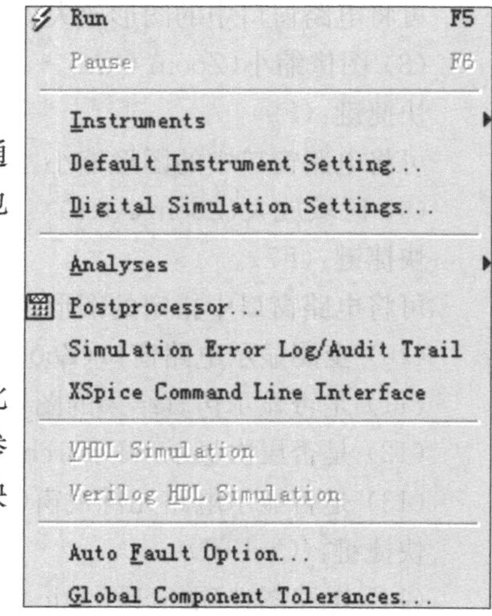

图 5.9　仿真菜单

(1) 运行(Run)

快捷键：〈F5〉。

选择此命令可使仿真程序运行(相当于给电路接通了电源)，同时将对电路中测试点的数值进行计算。也可激活来自字发生器的数字电路。

(2) 暂停(Pause)

快捷键：〈F6〉。

作用是暂时中断或恢复电路的仿真过程。利用此命令可根据仿真或显示波形随时方便地调整电路的参数和仪器设置。对于一些简单的电路，仿真过程将很快被暂停。

(3) 仪器(Instrument)

可以在此选择各种仿真仪器，仪器与右侧工具条里的相同。

(4) 缺省仪器设定(Default Instrument Settings...)(见图 5.10、图 5.11)

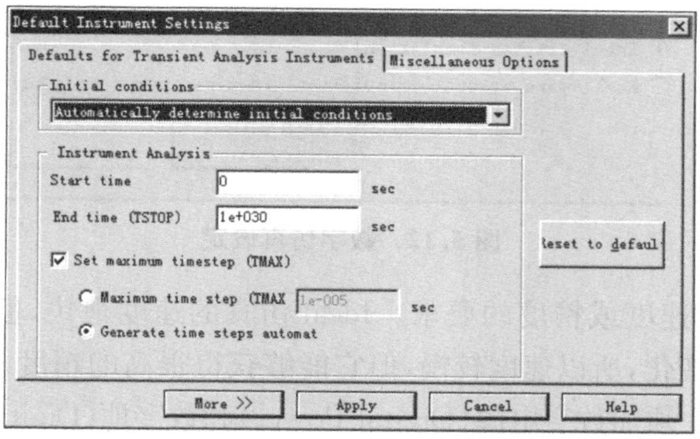

图 5.10　缺省设定仪器(一)

主要是瞬态(Transient)分析所用仪器的缺省设定。

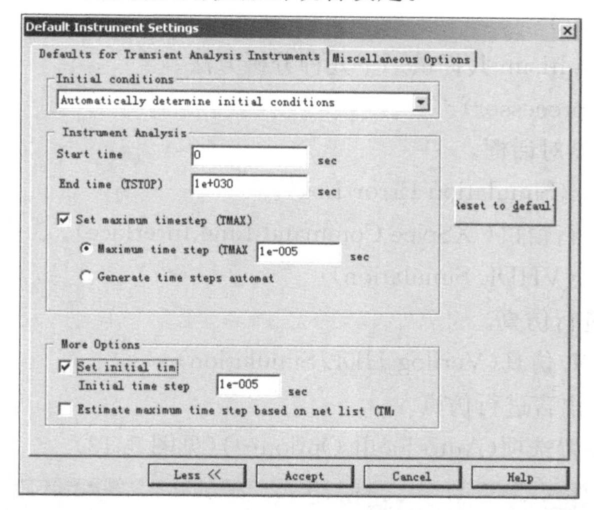

图 5.11　缺省设定仪器(二)

①初始条件(Initial conditions)

- 置零(Set to Zero)
- 用户自定义(User-defined)
- 计算直流工作点(Calculate DC operating point):此为缺省选项。
- 自动确定初始条件

②仪器(Instruments)分析

- 开始时间,缺省值为 0。
- 结束时间,缺省值为 1e+030s。
- 设置最大时间步长,缺省值为 1e-005,设置范围为 。增大该值可加快仿真速度,但会使精度降低。
- 自动产生时间步长。

(4) 数字仿真设定(Digital Simulation Settings)(见图 5.12)

当需仿真的电路中有数字元件时,数字仿真有理想的(Ideal)和真实的(Real)两种方式

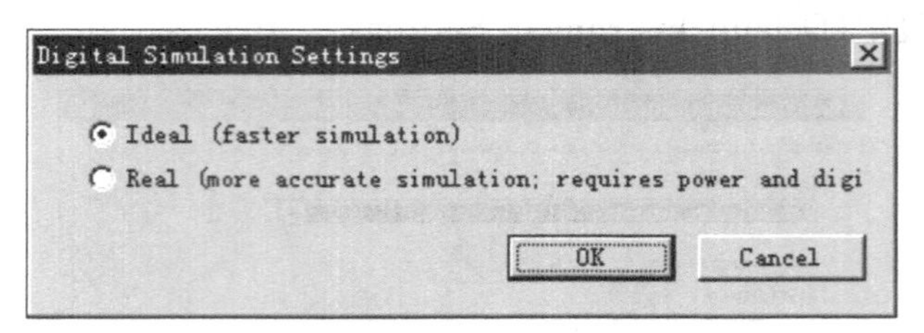

图 5.12 数字仿真设定

可以选择，取决于你对速度或精度的要求。Ideal 仿真的速度很快，但牺牲了精度；Real 仿真由于要计算全部的变化，所以速度较慢，但它能够获得很高的精度。需要注意的是，当使用 Real 仿真时，电路中须加数字电源(Digital Power)和数字地(Digital Ground)。

(6) 仪器(Instruments)

有十一种仪器可供选择仿真仪器。

(7) 分析(Analyses)

选择分析方法，Multisim 共提供了十九种分析方法。

(8) 后处理(Postprocessor)

用于打开后处理器对话框。

(9) 仿真错误日志(Simulation Error Log)。

(10) Xspice 命令行窗口(XSpice Command Line Interface)。

(11) VHDL 仿真(VHDL Simulation)

用 VHDL 语言进行仿真。

(12) Verilog HDL 仿真(Verilog HDL Simulation)

用 Verilog HDL 语言进行仿真。

(13) 自动故障设置选项(Auto Fault Option…)(见图 5.13)

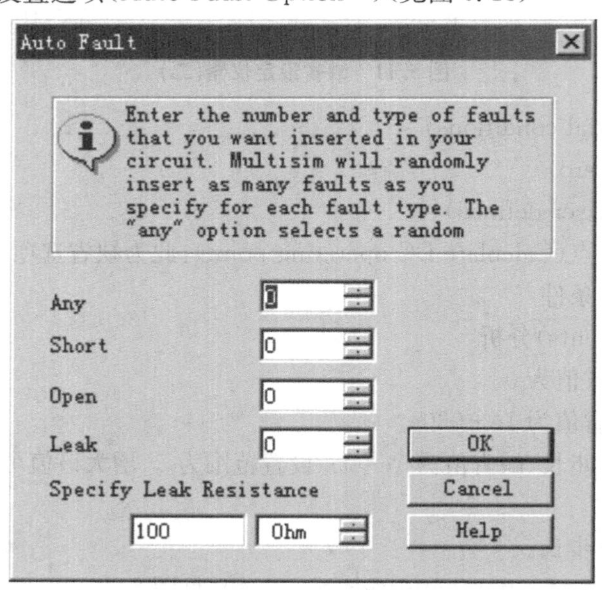

图 5.13 自动故障设置选项

使用该功能可以在电路中设置故障。输入你希望在电路中出现的故障的类型和数量，Multisim 会随机地将它们插入到电路中。故障类型有以下几种：

①漏电流(Leak)：在所选元件的两端并联一个一定数值电阻，从而使通过该元件的电流数值减小。

②短路(Short)：在所选元件的两端并联一个数值很小的电阻，从而使该元件失效。

③开路(Open)：在所选元件的某一端串联一个数值很大的电阻，就像连接到该端的接地线断开一样。

另外还需给出漏电阻大小，缺省值为 100Ω。

(14) 全局元件容差(Global Component Tolerances...)(见图 5.14)

由图 5.14 可以看出，虚拟电阻、电容、电感以及一些电压/电流源的容差一般都是 10%。

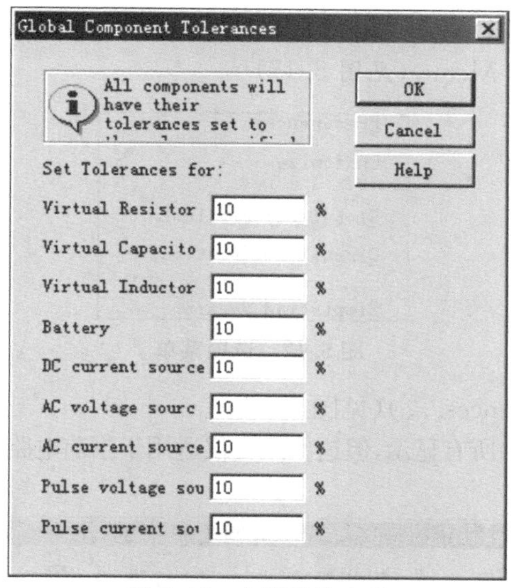

图 5.14 全局元件容差

6) 传送输出菜单(Transfer Menu)(见图 5.15)

①传送给 Ultiboard V7(Transfer to Ultiboard V7)。

②传送给 Ultiboard 2001(Transfer to Ultiboard 2001)。

③传送给其他 PCB 制版软件(Transfer to other PCB Layout)。

④发送注释给 Ultiboard Ultiboard V7 (Forward to Ultiboard V7)。

⑤从 Ultiboard 返回的注释(Backannotate from Ultiboard V7)。

⑥输出仿真结果到 MathCAD (Export Simulation Results to MathCAD)。

Transfer to Ultiboard V7
Transfer to Ultiboard 2001
Transfer to other PCB Layout
Forward Annotate to Ultiboard V7
Backannotate from Ultiboard V7
Highlight selection in Ultiboard V7
Export Simulation Results to MathCAD
Export Simulation Results to Excel
Export Netlist

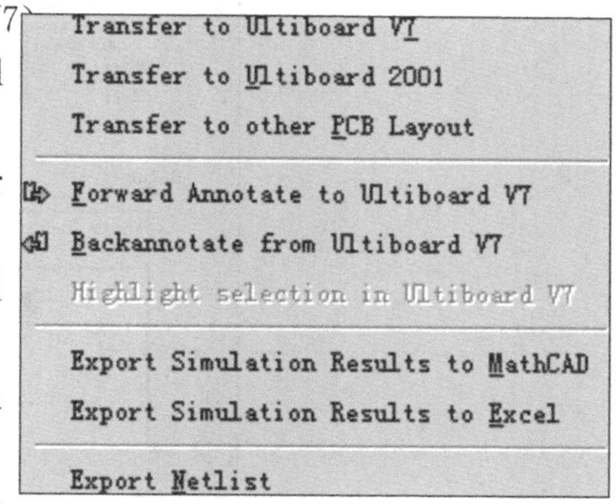

图 5.15 传送输出菜单

⑦输出仿真结果到 Excel (Export Simulation Results to Excel)。

⑧输出网表(Export Netlist)。

7) 工具菜单(Tools Menu)(见图 5.16)

(1) 元器件库管理(Database Management…)。

(2) 符号编辑器(Symbol Editor…)。

(3) 元器件创建向导(Component Wizard)。

(4) 555 定时器向导(555 Timer Wizard)

可提供用 555 构成的两个子电路：多谐振荡器和单稳态触发器。

(5) 滤波器向导(Filter Wizard)

可提供四中常用的滤波器：低通、高通、带通和带阻，且滤波器的类型、拓扑、截止频率、带外衰减速率可由用户定义。

(6) 电气规则检查(Electrical Rules Check)。

(7) 互联网设计共享(Internet Design Sharing)。

(8) EDAParts 网站(EDAParts. com)。

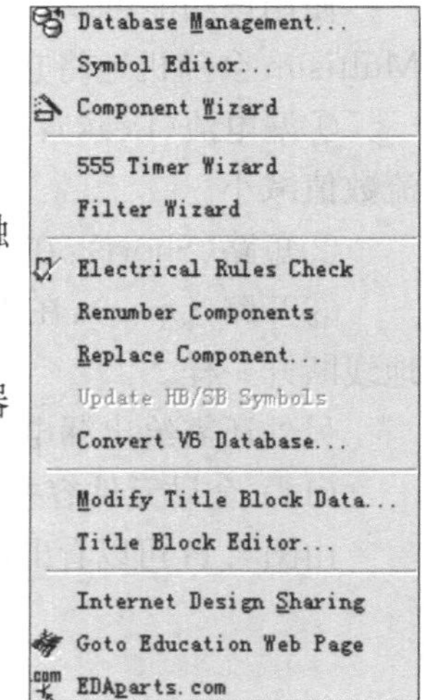

图 5.16 工具菜单

8) 选项菜单(Options Menu)(见图 5.17)

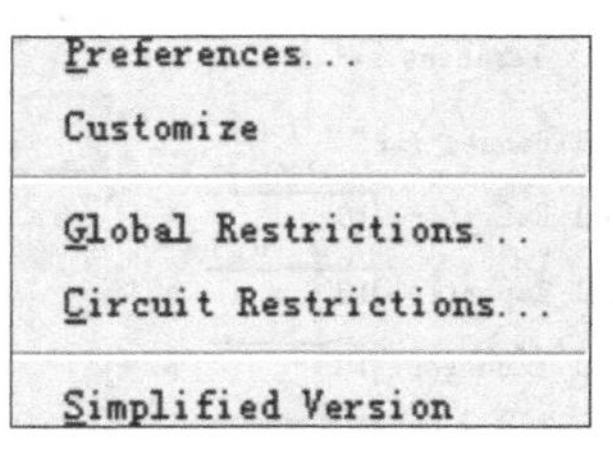

图 5.17 选项菜单

(1) 参数设定(Preferences. . .)(见图 5.18)

该选项可以改变电路的所有显示，但这些改变仅适用于当前电路。具体的选项有以下几个：

①电路

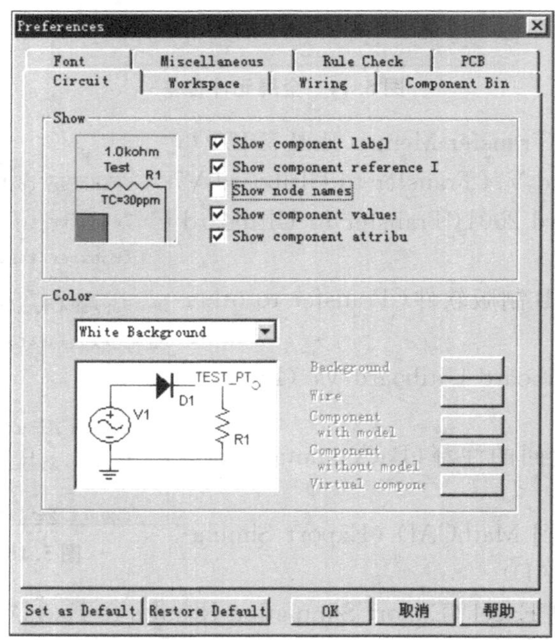

图 5.18 参数设定(一)

显示/隐藏(Show/Hide):可以选择显示或隐藏电路中元件的标号、参考编号、节点名、元件数值和元件属性等。

②元器件(见图 5.19)

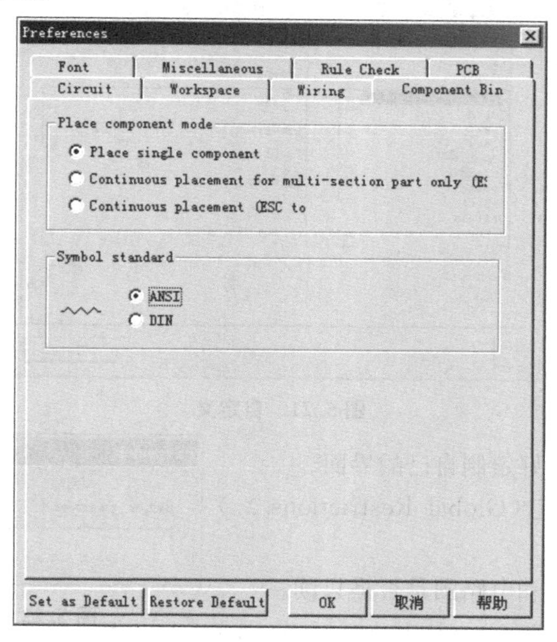

图 5.19　参数设定(二)

选择元件放置模式:单个或连续;选择符号标准:美国标准(ANSI)或欧洲标准(DIN),我国的电气符号标准与欧洲标准相近。

③工作区(见图 5.20)

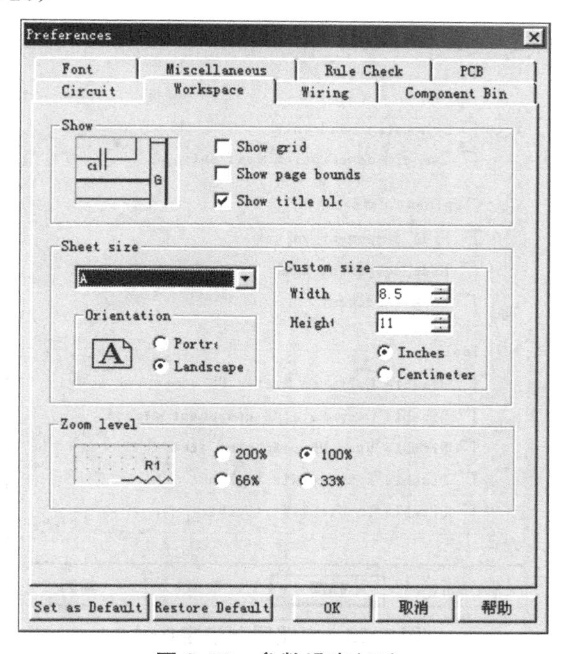

图 5.20　参数设定(三)

在该表中可以选择是否显示网格、页面边界和标题栏；选择图纸的尺寸；选择放大的倍率等。

(2) 自定义(Customize)(见图 5.21)

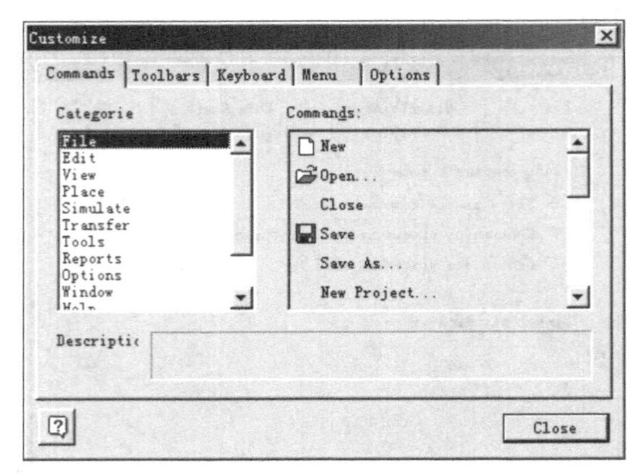

图 5.21　自定义

用户可根据个人喜好定制自己的界面。

(3) 全局限制设定(Global Restrictions...)(见图 5.22)

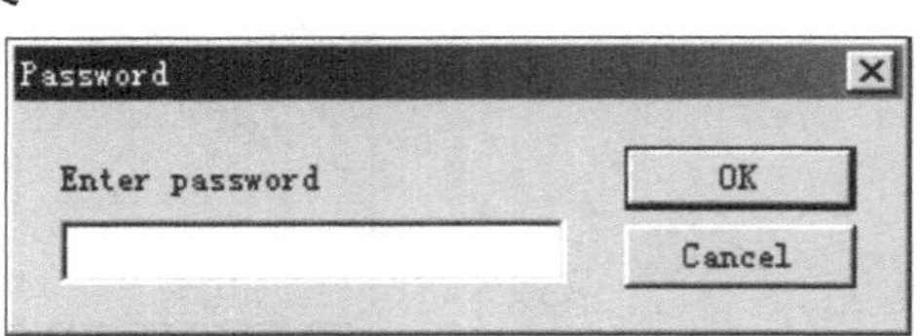

图 5.22　全局限制设定

用于设置电路口令和电路图是否是只读。

(4) 电路限制设定(Circuit Restrictions...)(见图 5.23)

可选择是否隐藏故障，是否给子电路加锁，是否隐藏元件数值，是否隐藏部件库。

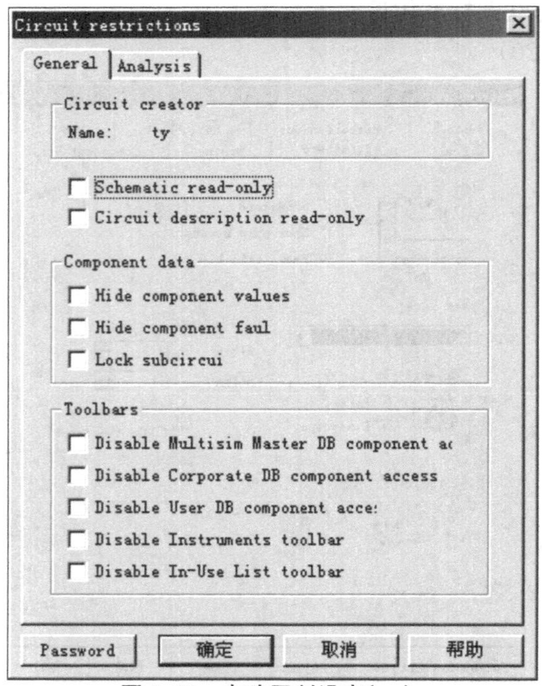

图 5.23　电路限制设定(一)

分析(Analysis):用来选择哪些分析功能可用(见图 5.24)。

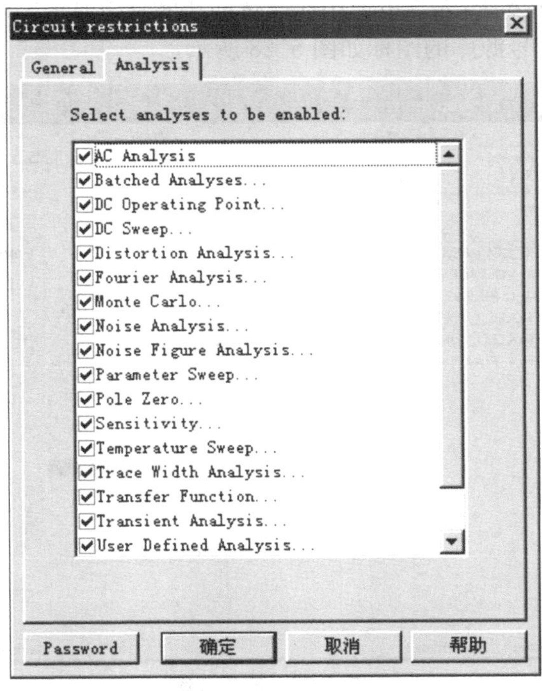

图 5.24　电路限制设定(二)

9) 窗口菜单(Windows Menu)(见图 5.25)

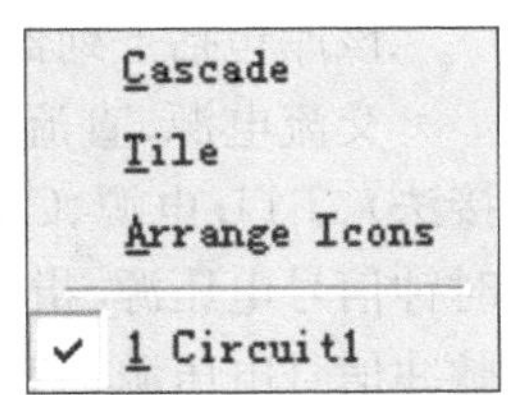

图 5.25　窗口菜单

(1) 层叠(Cascade)。

(2) 平铺(Tile)。

(3) 排列图标(Arrange Icon)。

10) 帮助菜单(Help Menu)(见图 5.26)

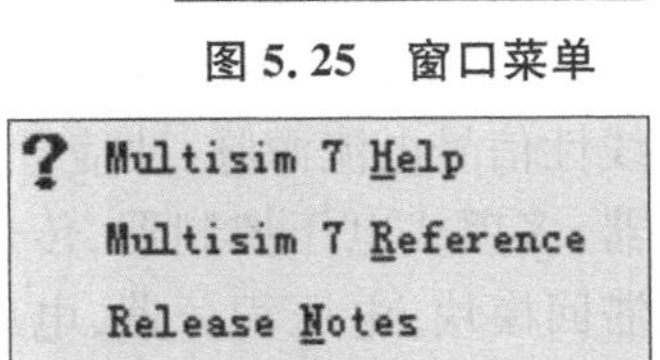

图 5.26　帮助菜单

(1) 帮助主题(Multisim Help)。

(2) 帮助索引(Multisim Reference)。

(3) 版本注释(Release Notes)。

(4) 关于 Multisim(About Multisim...)。

5.2.3　元件库(Part Bin)

MULTISIM 提供了非常丰富的元件库及各种常用测试仪器,给电路仿真实验带来了极大的方便。图 5.27 对元件库栏给出了标注。

图 5.27　元件库

单击元件库栏的某一个图标即可打开该元件库。下面给出每一个元件库的图标以及该库所包含的元件和含义。需要注意的是 family 中绿色的是虚拟元件,是可以随意改变参数的。而元件库栏中其他的元件是有封装的真实元件，参数是确定的，不可以改变。关于这些元件的功能和使用方法，大家可使用在线帮助功能查阅有关的内容。

(1) 信号源库。信号源库的图标如图 5.28 所示。

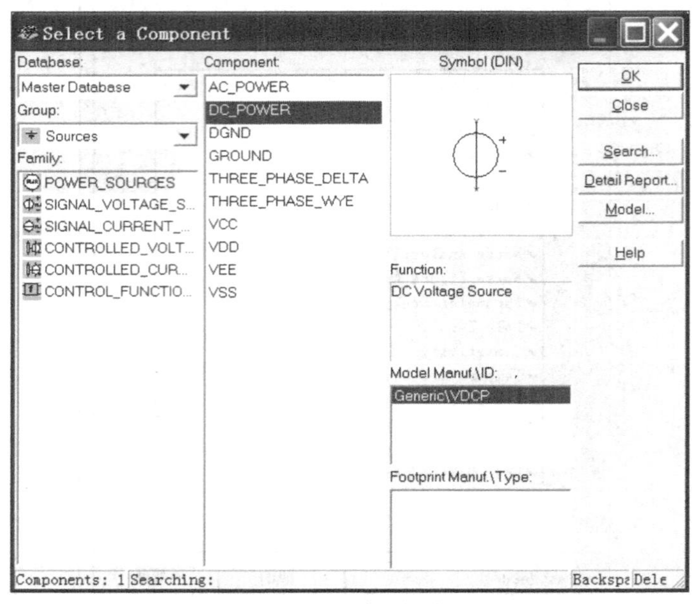

图 5.28　信号源库

该库包括下列器件：

交流电源、直流电源、数字地、接地、三相交流电源(三角型接法)、三相交流电源(星型接法)、TTL 电源、CMOS 电源、TTL 地端、CMOS 地端；交流信号电压源、调幅信号电压源、时钟信号电压源、指数信号电压源、调频信号电压源、LVM 电压源、分段线性信号电压源、脉冲信号电压源、TDM 电压源、热噪声源；交流信号电流源、时钟信号电流源、直流信号电流源、指数信号电流源、调频信号电流源、磁通量信号源、磁通量类型信号源、LVM 电流源、线性信号电流源脉、冲信号电流源、TDM 电流源；限流器、除法器、乘法器、非线性函数控制器、多项式电压控制器、传递函数模块、限幅电压控制器、电压微分器、电压增益模块、电压滞回模块、电压积分器、电压限幅器、电压响应速率模块、电压加法器；单脉冲控制器、电流控制电压源、聘移键控电压源、电压控制分段线性源、电压控制正弦波、电压控制方波、电压控制三角波、电压控制电压源；电流控制电流源、电压控制电流源。

(2) 基本元件库。基本元件库的图标如图 5.29 所示。

该库中所含元件如下：

电阻器、贴片电阻器、排电阻器、电位器；电容器、贴片电容器、电解电容器、贴片电解电容器、电感器、贴片电感、可变电感器、开关、变压器、非线性变压器、Z-负载、继电器、连接器、插座或管座等。

(3) 二极管库。二极管库的图标如图 5.30 所示。

在虚拟元件库中只有二极管、稳压二极管两种元件。

在非虚拟元件库中所含元件如下：

二极管、稳压二极管、发光二极管、全波桥式整流器、肖特基二极管、单向晶体闸流管、双向开

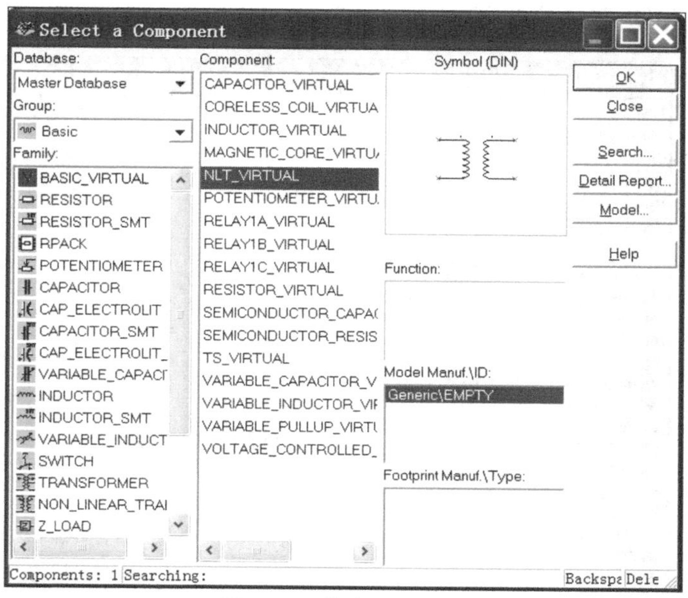

图 5.29　基本元件库

关二极管、三端双向晶体闸流管、变容二极管、PIN(Positive-Intrinsic-Negetive)结二极管等。

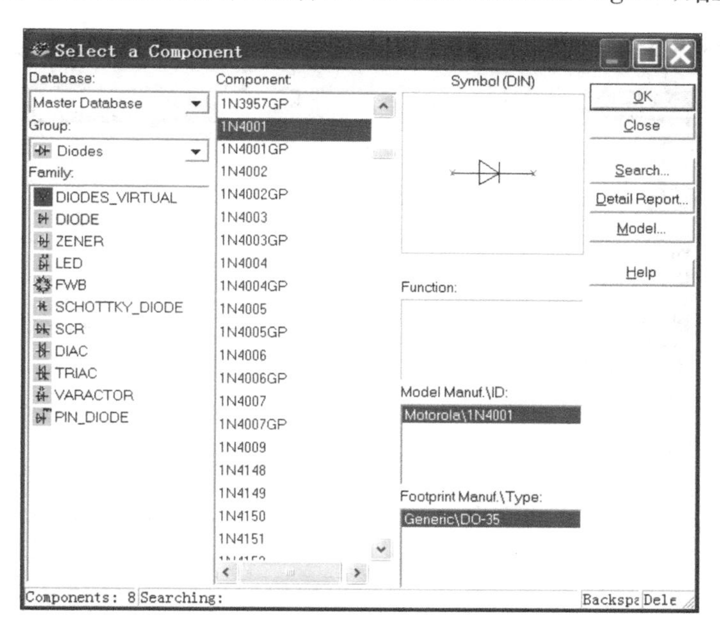

图 5.30　二极管库

(4) 晶体管库。晶体管库的图标如图 5.31 所示。

虚拟元件库中所含元件如下：

NPN 三极管、PNP 三极管、N 沟道结型场效应管、P 沟道结型场效应管、三端耗尽型 NMOS 场效应管、三端耗尽型 PMOS 场效应管、四端耗尽型 NMOS 场效应管、四端耗尽型 PMOS 场效应管、三端增强型 NMOS 场效应管、N 沟道砷化钾场效应管、P 沟道砷化钾场效应管等。

非虚拟元件库中还有一些特殊的三极管：功率管、达林顿三极管、三极管阵列、UJT 管、带有热模型的 NMOS 场效应管等。

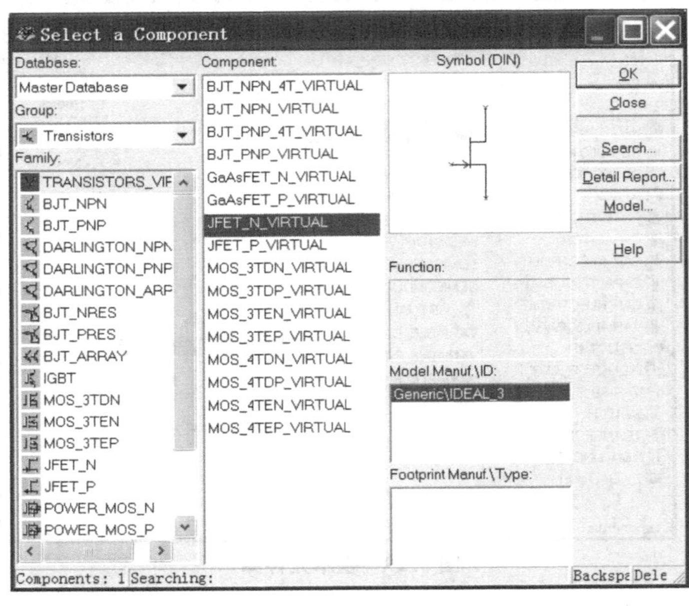

图 5.31 晶体管库

(5) 模拟集成电路库。模拟集成电路库的图标如图 5.32 所示。

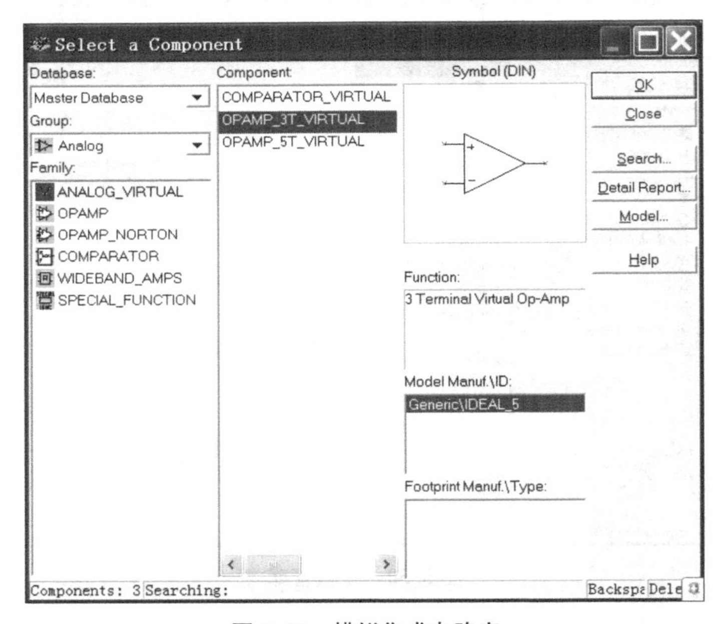

图 5.32 模拟集成电路库

该库中所含元件如下：

虚拟比较器、虚拟三端运算放大器、虚拟五端运算放大器、运算放大器、诺顿运算放大器、比较器、宽带放大器、特殊功能的放大器等。

(6) TTL 数字集成电路库。数字集成电路库的图标如图 5.33 所示。

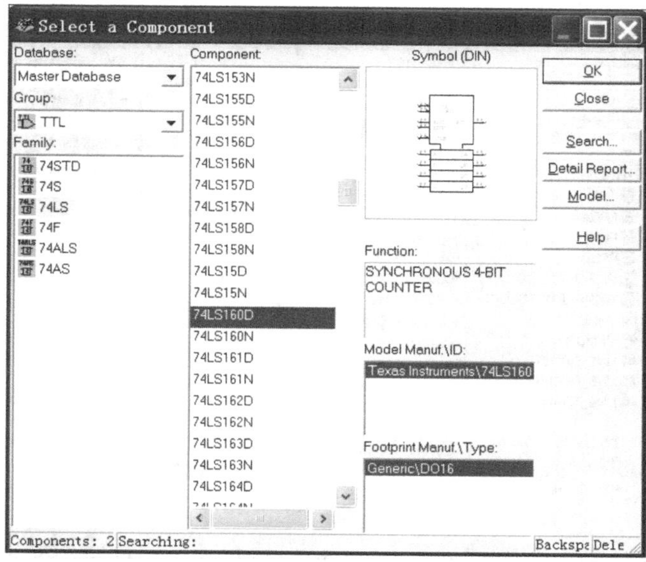

图 5.33 TTL 数字集成电路库

该库中所含 IC 芯片如下：

74STD 系列、74S 系列、74LS 系列等。

(7) CMOS 数字集成电路库。数字集成电路库的图标如图 5.34 所示。

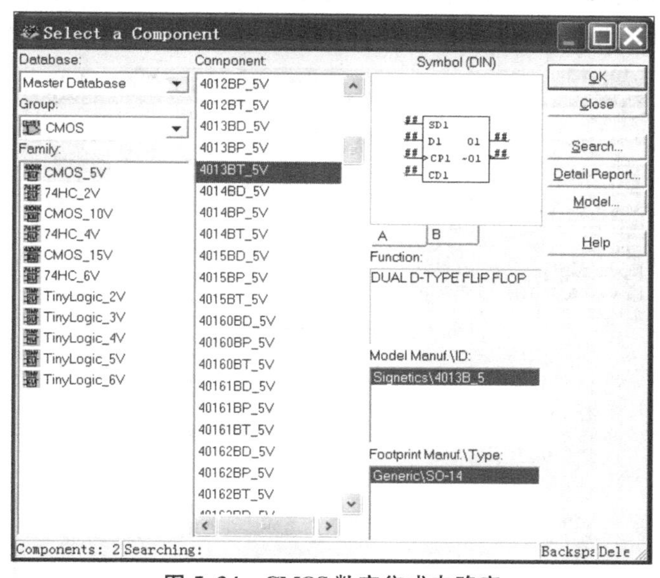

图 5.34 CMOS 数字集成电路库

该库中所含元件如下：

4XXX/5V 系列 CMOS 逻辑器件、74XXHC/2V 系列 TTL 逻辑器件、4XXX/10V 系列 CMOS 逻辑器件、74XXHC/4V 系列 TTL 逻辑器件、4XXX/15V 系列 CMOS 逻辑器件、74XXHC/6V 系列 TTL 逻辑器件、低 ICCT 逻辑门 TinyLogic 系列/2～6V 逻辑器件。

(8) 其他数字器件库。数字器件库的图标如图 5.35 所示。

该库中所含元件如下：

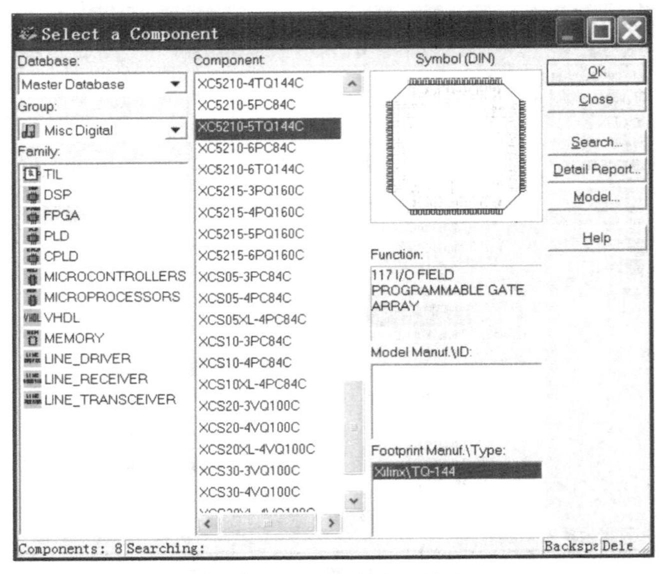

图 5.35　其他数字器件库

TIL 系列器件、数字信号处理器件(DSP)、现场可编程门阵列(FPGA)、可编程逻辑器件(PLD)、复杂可编程逻辑器件(CPLD)、微控制器、微处理器、用硬件描述语言 VHDL 编程的器件、存储器、线驱动器、线接收器、线收发器等。

(9) 混合器件库。混合器件库的图标如图 5.36 所示。

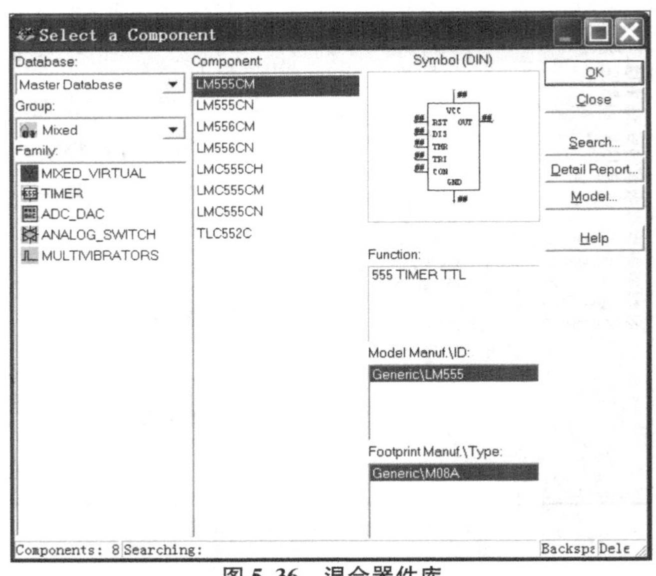

图 5.36　混合器件库

该库中所含元件如下：

虚拟 555 定时器、虚拟模拟开关、虚拟分频器、虚拟单稳态触发器、虚拟锁相环、555 定时器、A/D 转换器、D/A 转换器、模拟开关、多谐振荡器等。

(10) 显示器件库。显示器件库的图标如图 5.37 所示。

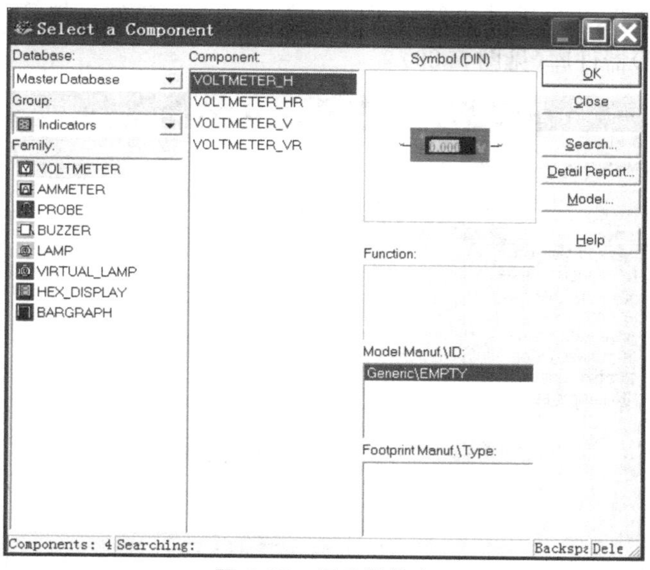

图 5.37　显示器件库

该库中所含器件如下：

电压表、电流表、探针、蜂鸣器、灯泡、虚拟灯泡、十六进制显示器、条形光柱等。Multisim 把此类元件称为交互式元件(Interactive Component)，即不允许用户对其模型进行修改，只能设置其属性对话框中的某些参数。

(11) 其他器件库。其他器件库的图标如图 5.38 所示。

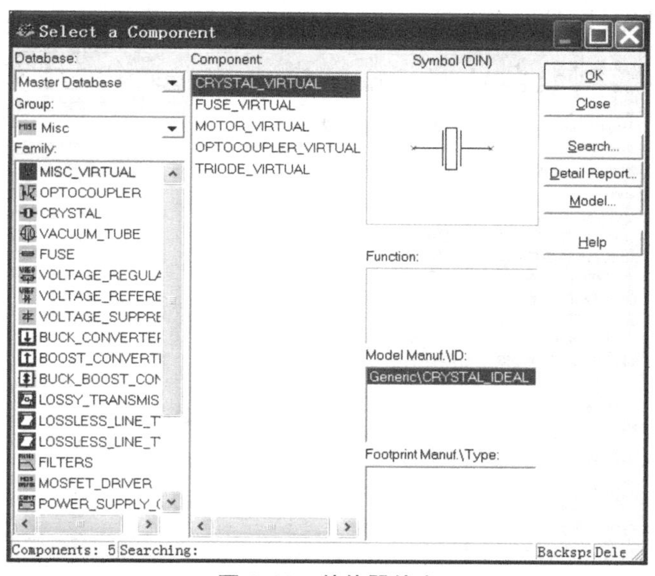

图 5.38　其他器件库

该元件库中所含元件如下：

虚拟晶体振荡器、虚拟熔丝、虚拟电机、虚拟光耦合器、虚拟电子真空管、光耦合器、晶体振荡器、真空管、熔丝、三端稳压器、基准电压器件、电压干扰抑制器，降压变换器、升压变换器、降升压变换器、有耗传输线、无耗传输线、滤波器、场效应管驱动器、混合电源功率控制器、脉宽调制控制器、SPICE 子电路(元件网表)、其他一些特殊元件等。

(12) RF(射频)器件库(见图 5.39)

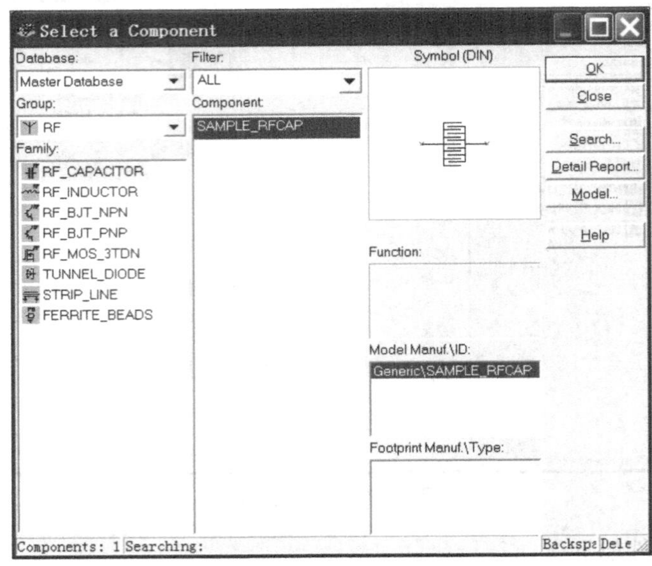

图 5.39 RF 器件库

该库中所含元件如下:

射频电容器、射频电感器、射频双极结型 NPN 管、射频双极结型 PNP 管、射频 N 沟道耗尽型 MOS 管、射频隧道二极管、射频传输线等。

(13) 机电元件库(见图 5.40)

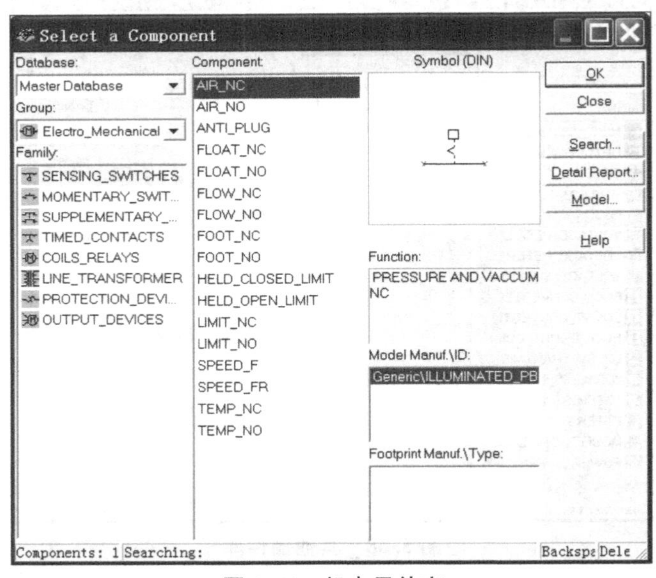

图 5.40 机电元件库

该库中所含元件如下:

传感开关、瞬时开关、接触器、定时接触器、线圈继电器、线性变压器、保护装置(熔断器)、输出装置(三相电机)等。

(14) 仪器库。仪器库的图标如图 5.41 所示。

图 5.41　仪器库

该库包括下列仪器：

数字多用表、函数发生器、瓦特表、示波器、四通道示波器、波特图仪、频率计、字发生器、逻辑分析仪、逻辑转换仪、IV 分析仪、失真分析仪、频谱分析仪、网络分析仪、安捷伦函数发生器、安捷伦数字多用表、安捷伦示波器、泰克示波器、动态测量探头。

5.3　MULTISIM 的常用操作

5.3.1　元件的选用

(1) 选用元件

用鼠标左键单击所需元件库图标，打开该元件库，然后从库中将所需元件拖到电路窗口中。对同一元件可重复拖曳。

(2) 选中元件

对于某一个元件，只需用鼠标左键单击它即可。对于多个元件，可用“〈CTRL〉＋鼠标左键单击”依次选中。如果要同时选中一组相邻的元件，可用鼠标在电路窗口中的适当位置拖曳，画出一个矩形框，则该矩形框中的所有元件同时被选中。被选中的元件四角将会出现小方形标记，以便识别。要取消某一个元件的选中状态，可在空白处单击一次，或用“〈Shift〉＋单击”(用于取消被选中的一组元件中的某几个)，若在电路窗口的空白处单击，则取消所有元件的选中状态。

(3) 元件方位的调整

若移动一个元件，只需用鼠标拖曳该元件即可。若移动一组，须用前述方法先选中这些元件，然后用鼠标左键拖曳其中的一个，则所有被选中的元件将一起移动。元件被移动后，与其相连接的导线会自动重新排列。另外，还可使用键盘上的箭头键使被选中的元件做微小的位移。关于元件的旋转(Rotate)和翻转(Flip)，请参阅第 5.2.2 节中编辑(Edit)菜单上的相关命令。

(4) 元件的复制与删除

可使用编辑(Edit)菜单或快捷菜单中的相关命令实现元件的复制(Copy)与删除(Detete)操作。用鼠标右键单击所选元件可打开快捷菜单。

(5) 设置元件特性

关于元件特性(Component Properties)的设置，请参阅第 5.2.2 节中电路(Circuit)菜单上的相关命令。

5.3.2　元件之间及与仪器的连接

(1) 元件互连

在屏幕上使鼠标箭头指向某元件的引脚，在出现一个小黑点时，即可由该引脚上拖曳出一根导线，将此线拖曳到另一元件的引脚，在出现小黑点时，松开鼠标左键，即可使两个元件引脚之间互连，导线的走向及排列方式由系统完成。注意，每个小黑点(连接点)有四个方向可以引出线，导线选择的方向不同会引起导线的走向及排列方式的差异。对于二端子元件，还可直接拖放到某根导线上实现插入连接。

(2) 元件与仪器的连接

元件引脚与仪器面板上端子的互连方法与上述相同，需要注意的是每种仪器端子的功能与接法。具体情况可参阅仪器的使用说明。

(3) 导线的拆除

在屏幕上将鼠标指向要拆除的导线某一端的小圆点处，当该原点活动时将该导线拖离相连的节点，再松开鼠标左键，该导线即消失。另外，也可在该导线上单击鼠标右键，在弹出的菜单上选择删除(Edlete)命令来完成。

(4) 导线颜色的设置

鼠标左键双击某根导线后可弹出一个导线属性(Wire Properties)菜单，在电路图选项(Schematic Options)中单击设置导线颜色(Set Wire Color)按钮，在六种给定颜色中选择一种并单击之，然后按下"确定"按钮即可。连到示波器与逻辑分析仪的输入线的颜色，即为显示波形颜色，从而提高了显示结果的可读性(即可分辨性)。

(5) 节点(Node)的设置

在复杂的电路中，可以给每个节点设置标识、参考编号以及颜色等，这样有助于对电路图的识别。方法是在需要进行设置的节点上用鼠左键双击，在弹出的连接点属性(Counector Properties)菜单上的节点选项中进行设置。

5.3.3　电路的仿真

在 MULTISIM 上进行的电路的仿真，实质上是用 SPICE 程序对所设计的电路进行模拟的过程。因此，为了进行仿真必须先启动 SPICE 程序(该程序已嵌入 MULTISIM)。用鼠标左键单击操作界面右上角上的 SPICE 仿真程序运行启动开关(O 为关，1 为开)，或者按〈CTRL〉+〈G〉，然后双击实验电路中所用仪器，将其面板放大，再按需要调整仪器的设置，边调整边注意观察实验结果。在运行过程若再次单击启动开关，则可使仿真程序停止运行，也可通过按〈CTRL〉+〈T〉实现。如果在仿真过程中想暂停，可用鼠标左键单击启动开关下方的暂停(Pause)框，再单击一次可恢复(Resume)仿真，按通过按〈F1〉功能键也可以达到同样效果。

5.4 MULTISIM 的分析功能

5.4.1 六种基本分析功能

(1) DC(直流)工作点分析(DC Operating Point Analysis)

直流工作点的分析即静态工作点的分析,Multisim 在进行静态工作点的分析时,将计算 DC 工作点并报告每个节点的电压。在进行 DC 工作点分析时,电路中的数字器件对地将呈高阻态,且自动将电路的条件设置为交流电源置零,电感短路,电容开路。

(2) AC(交流)频率分析(AC Frequency Analysis)

在给定的频率范围内,计算电路中任意节点的小信号增益及相位随频率的变化关系。可用线性或对数(十倍频或二倍频)坐标,并以一定的分辨力完成上述频率扫描分析。在对模拟电路中的小信号电路进行 AC 频率分析时,数字器件对地将呈高阻态。

(3) 瞬态分析(Transient Analysis)

在给定的起始与终止时间内,计算电路中任意节点上电压随时间的变化关系。

(4) 傅里叶分析(Fourier Analysis)

在给定的频率范围内,对电路的瞬态响应进行傅里叶分析,计算出该瞬态响应的 DC 分量、基波分量以及各次谐波分量的幅值及相位。

(5) 噪声分析(Noise Analysis)

对指定的电路输出节点、输入噪声源以及扫描频率范围,计算所有电阻与半导体器件所贡献的噪声的均方根值。

(6) 失真分析(Distortion Analysis)

对给定的任意节点以及扫频范围、扫频类型(线性或对数)与分辨力,计算总的小信号稳态谐波失真以及互调失真。

5.4.2 几种高级分析功能

(1) 直流扫描分析(DC Sweep Analysis)

计算不同 DC 电源(一组或两组)下的直流工作点。

(2) 灵敏度分析(Sensitivity Analysis)

包括 DC(直流)和 AC(交流)两种灵敏度分析。用于对指定元件的某个感兴趣的参数,计算由于该参数的变化而引起的 DC 或 AC 电压与电流的变化灵敏度。

(3) 参数扫描分析(Parameter Sweep Analysis)

对给定的元件及其要变化(扫描)的参数和扫描范围、类型(线性或对数)与分辨力,计算电路的 DC、AC 或瞬态响应,从而可以看出各个参数对这些性能的影响程度。

(4) 温度扫描分析(Temperature Sweep Analysis)

对给定的温度变化(扫描)范围、扫描类型(线性或对数)与分辨力,计算电路的 DC、AC 或瞬态响应,从而可以看出温度对这些性能的影响程度。

(5) 零极点分析(Pole-Zero Analysis)

对给定的输入与输出节点以及分析类型(增益或阻抗的传递函数,输入或输出阻抗),计算交流小信号传递函数的零、极点。从而可以获得有关电路稳定性的信息。

(6) 传递函数(Transfer Function Analysis)

对给定的输入源与输出节点,计算电路的 DC 小信号传递函数以及输入、输出阻抗和 DC 增益。

(7) 最坏情况分析(Worst Case Analysis)

当电路中所有元件的参数在其容差范围内改变时,计算所引起的 DC、AC 或瞬态响应变化的最大方差。所谓"最坏情况"是指元件参数的容差设置为最大值、最小值或者最大上升或下降值。

(8) 蒙特卡罗分析(Monte Carlo Analysis)

在给定的容差范围内,计算当元件参数随机地变化时,对电路的 DC、AC 与瞬态响应的影响。可以对元件参数容差的随机分布函数进行选择,使分析结果更符合实际情况。通过该分析可以预计由于制造过程中元件的误差,而导致所设计的电路不合格的概率。

(9) 用户自定义分析(User Defined Analysis)

用户自定义分析允许用户通过下载或键入 SPICE 命令来定义或调整某些仿真分析。它给用户提供一个更加灵活自由的空间。当然,要使用这种分析必须要掌握 SPICE 语言。

5.5 MULTISIM 与印刷电路板(PCB)绘制软件 Protel 98 PCB 的连用

5.5.1 简述

利用虚拟电子实验台可以进行板级系统的设计。在设计过程中,不需要用实际的元器件搭试了。采用虚拟元器件对所设计的电路进行"搭试"验证,非常方便、快捷。完成后可将所设计的电路转换为设计印刷底板(PCB)所需要的网表文件。将网表文件输入到 PCB 绘制软件(Protel 等)去就可设计出 PCB 板图来,实现了从原始技术指标→PCB 板图一条龙的 EDA 设计。

5.5.2 操作步骤

(1) 将在 MULTISIM 上测试的电路中的仪器拆掉,用 File 菜单中的 Save as 命令将该电路另取名存盘文件后缀为. ms *(* 号和软件的版本号对应)。然后用 Open 命令将该文件打开。

(2) 选择 Transfer 菜单中的 Transfer to other PCB Layout 后即弹出一个"另存为"窗口,在"保存类型"中选择 Protel PCB (* . NET),这样就将上述文件转换成了符合 Protel 要求的的网表文件。

(3) 退出 MULTISIM,运行 Protel。在 Protel 的 File 菜单中选 New,这时会弹出一个选择文本类型(Select Document Type)对话框,在其中双击 PCB 图标后,会在工作区中出现一张空白的 PCB 图。

(4) 将 PCB 板框定义好后，在设计(Design)菜单中选择网表(Netlist)命令，执行后又弹出一个窗口，按其中提示，将步骤 2 中生成的. net 文件输进去(带路径)。使用元件放置(Place)与自动布线(Auto Route)命令，按 Protel 的操作步骤就可完成 PCB 版图的绘制。

5.6　实验——MULTISIM 的应用

5.6.1　实验目的

(1) 熟悉 MULTISIM 的操作环境。
(2) 学会用 MULTISIM 画电路图以及对电路进行分析和仿真。
(3) 了解 MULTISIM 和 Protel 的连用方法。

5.6.2　实验内容与步骤

1) 实验内容

设计一个小型数字显示系统(BCD 码)，其框图如图 5.42 所示，电路图如图 5.43 所示。

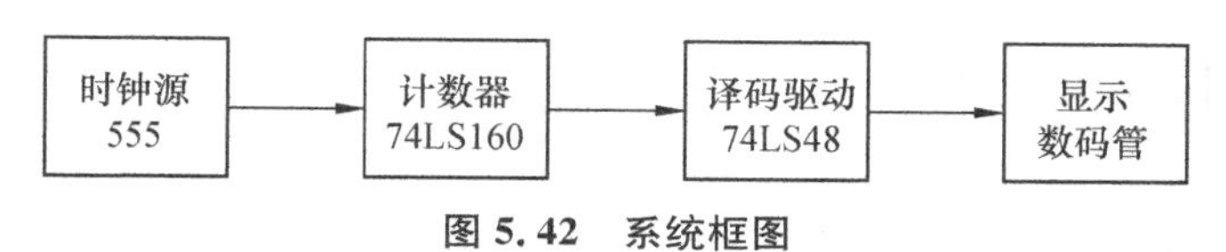

图 5.42　系统框图

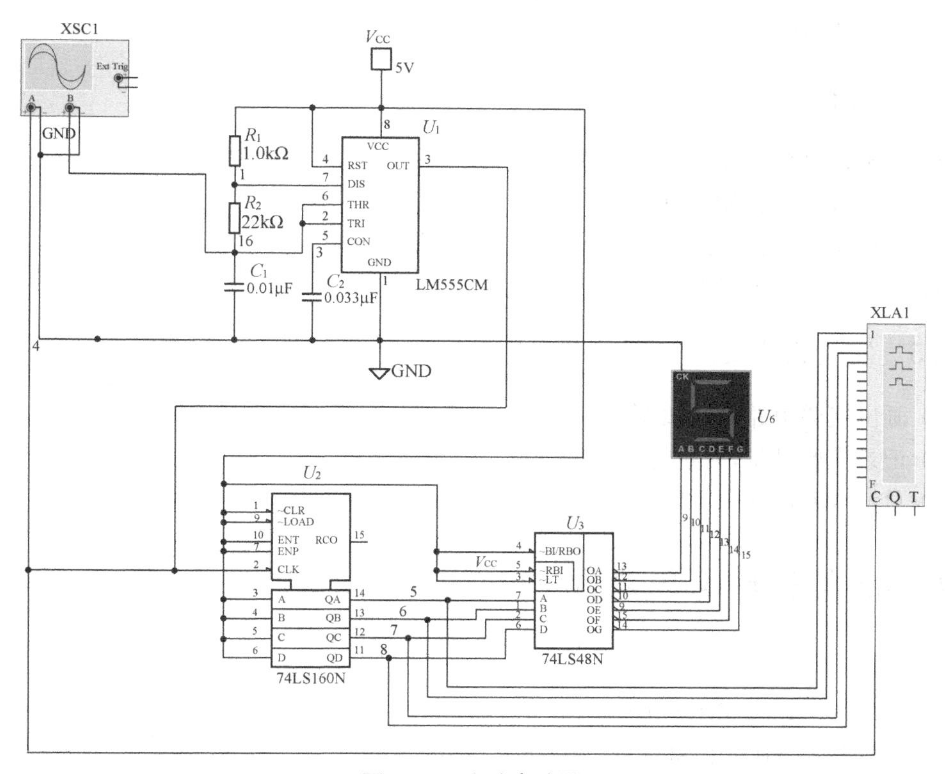

图 5.43　实验电路图

2）实验步骤

（1）启动 MULTISIM，进入主操作界面。

（2）分别打开相应的元件库，将所需的元件用鼠标拖曳至操作界面。

（3）先用 555 定时器和阻容元件构成一个多谐振荡器，电路连好后分别用鼠标双击所用的阻容元件，在 Component Properties（元件属性）对话框中将它们改为所需的数值。该多谐振荡器输出信号的周期 $T=0.7(R_1+2R_2)C$。

（4）用 74LS160、74LS48 及共阴极七段数码管构成计数、译码、显示部分，同时接入所需的测量和分析仪器、示波器和逻辑分析仪。

（5）对电路进行仿真，观察数码管的显示结果，用示波器观察并记录 555 定时器的 2 号引脚和 3 号引脚的波形和它们的周期，用逻辑分析仪观察并记录 74LS48 的 $Q_A \sim Q_D$ 的输出波形。

（6）将画好的电路图以 study. ms *（* 号与软件的版本对应）存盘，同时生成 Protel 的网表文件，文件名为 study . net。生成网表文件的方法是：单击 Transfer 菜单中的 Transfer to other PCB Layout，保存文件的类型选择 Protel PCB（*. NET）。注意，在生成网表文件前一定要将电路图中的测量仪器全部拆掉。

5.6.3　实验仪器及设备

（1）PC 机一台。

（2）Windows XP 及以上版本的操作系统和 MULTISIM 软件。

（3）多媒体教学软件（建议）。

5.6.4　实验预习要求

（1）熟悉计算机及 Windos XP 的基本操作。

（2）预习教材中的相关章节。

（3）画出实验电路中计数器的时序图。

（4）预习教材中关于 Protel 98 PCB 的相关章节。

5.6.5　实验报告要求

（1）画出实验电路的逻辑图。

（2）记录实验结果，并进行相应的分析。

（3）总结 MULTISIM 和 Protel 98 PCB 的使用心得。

5.7　要点及复习思考题

1）要点

（1）了解 MULTISIM 菜单中各项功能的含义。

（2）熟练掌握 MULTISIM 的基本操作方法。

（3）熟练掌握 MULTISIM 中虚拟仪器的使用方法。

(4) 了解电路仿真的流程及实现方法。

(5) 掌握与 Protel 98 PCB 的连接方法(能生成网表文件)。

2) *复习思考题*

(1) MULTISIM 是由哪几部分组成?

(2) MULTISIM 的主要特点是什么?

(3) 如何制作自己的子电路?

(4) MULTISIM 在与 Protel 98 PCB 连用时应注意哪些问题?

附　录

附录1　几个实用电子电路

1）光控延时小灯

这里介绍的光控延时小灯，将它放置在台灯边，白天或夜晚灯亮时它不会点亮。当关灯离屋时，小灯就会立即自动点亮并持续发光30s左右才熄灭，这就避免在黑暗中向屋门摸索撞倒家具和碰壁了。

(1) 电路及工作原理

图附1.1为光控延时小灯电路图。图中，VD_1 为光电二极管，白天的阳光和晚上光照射到 VD_1 的光敏面上时，光电二极管的电阻很小，电容器 C_1 经 VD_1 和二极管 VD_2 放电，使 C_1 两端电压趋近零伏。这时三极管 VT_1 基极电流很小，VT_1 与 VT_2 均截止，小灯H不亮。夜晚，当关闭台灯停止光照后，光电二极管的电阻变得很大，近似开路，使得电池G经 R_1 向 C_1 充电。充电电流经 R_2 通过 VT_1、VT_2 发射结，使 VT_1、VT_2 导通将小灯H点亮。点亮时间取决于 C_1 和 R_1、R_2 的容值和阻值，数值愈大，时间愈长，反之就短。当 C_1 两端电压上升到一定高度时，充电电流减小直至约等于零，使得H熄灭。当再次受到光照时，电容器 C_1 再次放电，约经数秒钟后放电完毕，为下次小灯延时作好准备。

(2) 元器件选择

三极管 VT_1 可用9011、3DG201等NPN硅管，其 $\beta \geqslant 100$；VT_2 选用9013或3DG12等NPN硅管，取 $\beta \geqslant 100$。VD_1 可选用2CU型光电二极管，由于电路工作电压仅3V，所以采用2CU1A型就行了。VD_2 用1N4148型硅开关二极管。

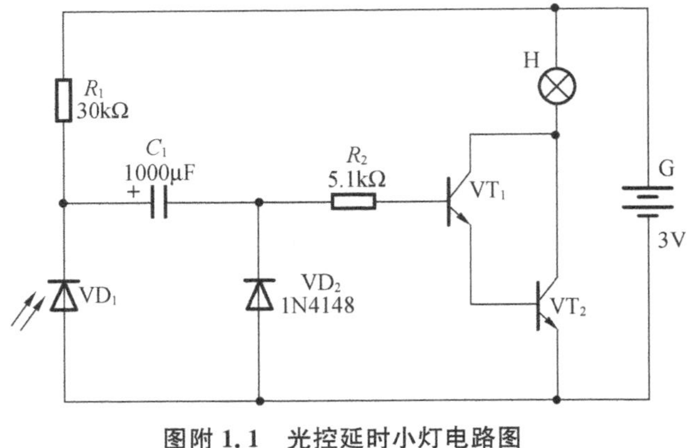

图附1.1　光控延时小灯电路图

R_1、R_2 采用RTX-1/8W型碳膜电阻器；C_1 可选用CD11-16V型电解电容器。H取2.5V、0.25A普通手电筒里的小电珠。电源G用2节1号电池。

(3) 制作与使用

图附1.2为光控延时小灯的印制电路板图，其右侧为2CU1A的外形图。2CU1A的入射光窗口实质上是用有机玻璃制作的透镜，其作用是将外界的光线聚焦加到光敏面上，用以提高灵敏度。

制作时，可自制一只小木盒，顶部安装电珠，光电二极管安装在木盒的某一个侧面，并设法不使小灯灯光照到光电二极管的入射光窗口上。全部元件焊妥装入木盒中后可进行调试。

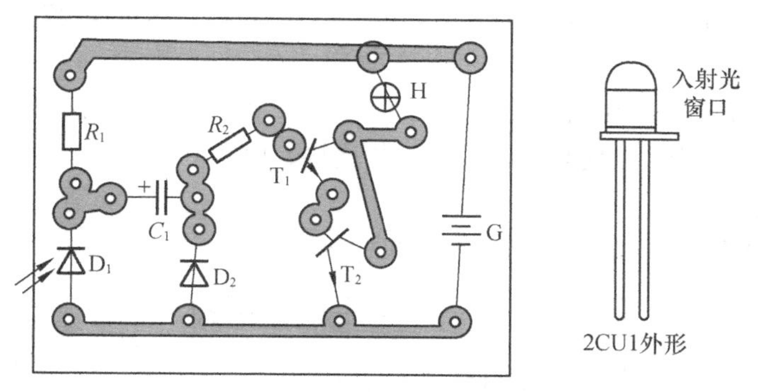

图附 1.2　光控延时小灯印制电路板图

调试较为简单：在白天，或在灯光下，小灯 H 是不会亮的。用黑纸数张遮严光电二极管 VD_1，H 应立即发光。如不发光，有可能是 VD_1 接反了，拆下调换引脚后重焊即可。倘若 H 亮度太弱，VT_1、VT_2 可选用 β 值更大的管子，或取用阻值小的电阻取代 R_2。若是延迟时间小于 30s，则将 C_1 换用更大容量值的电解电容器试调，直到亮度和延迟时间达到要求为止。

2）声光电子警卫

盛夏的夜晚常敞开门窗睡觉，仓库的门也需要常打开通风，饲养动物的圈栏要防外侵，这些地方最好有个报警装置，我们来做一个声光电子警卫就能尽职地为你“站岗放哨”。

(1) 电路及工作原理

声光电子警卫电路见图附 1.3 所示。

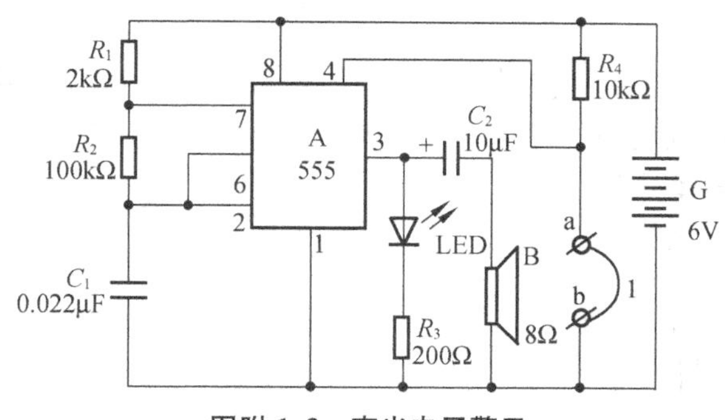

图附 1.3　声光电子警卫

这个电路是将 555 集成电路的强制复位端 4 脚通过外接细铜丝 1 连接到电池的负极，由于复位端呈低电位(小于 0.4V)，时基电路强制复位，3 脚始终处于低电平，故振荡停振。一旦细铜丝 1 被扯断，555 集成块的 4 脚通过 R_4 接电源的正极而呈高电平(对于一般时基电路，只要该脚电位大于 0.4V，少数大于 1V，强制复位即被解除)，555 集成块组成的多谐振荡电路立即起振，扬声器 B 就发出 300 多赫的音频响声报警。同时发光二极管 LED 也被点亮发光，告知主人(LED 实际上是发出 300 多赫的闪光，由于频率太高，人眼的视觉暂留效应，故看上去长亮不闪)。

(2) 元器件选择

A 用 555 时基集成电路。

$R_1 \sim R_4$ 均采用 RTX-1/8W 型碳膜电阻器。C_1 用 CT1 型瓷介电容器，C_2 用 CD11-10V 型电解电容器。

LED 可用 ϕ5mm 圆形红色二极管。B 用 YD57-2 型、8Ω 电动扬声器。1 可用 ϕ0.1mm 漆包线，两端应除去漆膜，以便与接线柱 a、b 相连接。电源 G 用 4 节 5 号电池。

(3) 制作与使用

图附 1.4 是本机印制电路板图，印制板尺寸为 500mm×36mm。

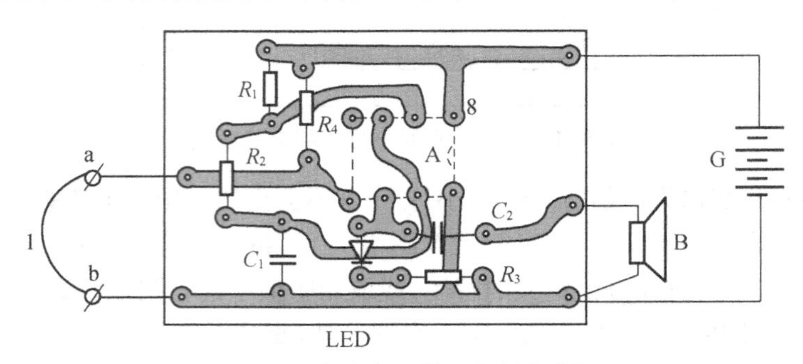

图附 1.4　声光电子警卫印制电路板图

本电子警卫电路简单，只要按图装配，不用调试，一次就能组装成功。将做好的电路机芯装入大小合适的机盒内，盒面适当部位固定两个小接线柱 a 和 b。使用时可将漆包线布置在门窗或需要保护的物品上，漆包线两端头接到 a、b 接线柱上，装上电池，一旦漆包线被拉断，声光电子警卫就立即会发声亮灯，向主人报警。

3）温升报警器

这里介绍的温升报警器利用热敏电阻作为传感器，用 555 时基电路作电压比较器，电路重复性好，报警准确，灵敏度高。可用于水沸等不同场合下温升报警用。

(1) 电路及工作原理

温升报警器电路见图附 1.5 所示。

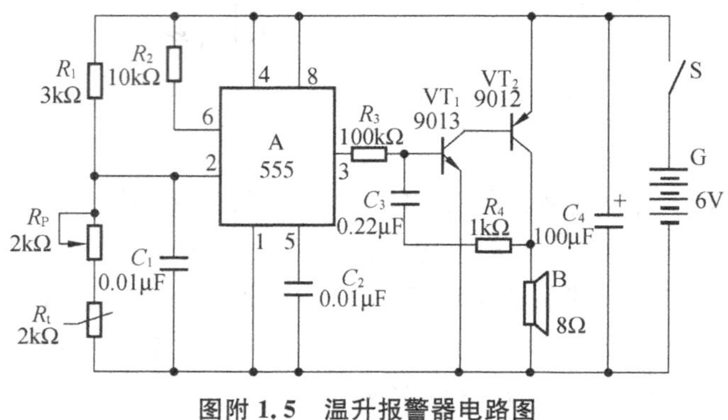

图附 1.5　温升报警器电路图

555 集成电路组成电压比较器，其 6 脚通过电阻 R_2 接电源正端，故 6 脚始终保持高电平。其输出端 3 脚电平高低就完全取决于 2 脚电位，当 2 脚电位大于 1/3 电源电压时，555 集成电路 A 复位，3 脚输出低电平；当 2 脚电位小于 1/3 电源电压时，555 集成电路 A 置位，

3 脚输出高电平。

R_t 为测温用的热敏电阻器，它与电位器 R_p 串联后与 R_1 组成分压器。当温度较低时，R_t 阻值大，2 脚电位高于 1/3 电源电压，A 复位，此时 T_1、T_2 组成的互补型振荡器不工作，B 无声。温度升高，R_t 阻值随之下降，当温度升到报警设定的值时，可调节电位器 R_p 阻值，使 2 脚电位降至 1/3 电源电压，A 即置位，3 脚输出高电平，VT_1、VT_2 起振，B 就发出响亮的报警声。由于电路报警阈值仅取决于集成块 A 第 2 脚的电压比较电平，与电源电压数值绝对值无关，所以电路有较高的报警精度，电池的新旧程度不会影响报警温度的准确性。

(2) 元器件选择

A 用 555 时基集成电路。

VT_1 选用 9013 型硅 NPN 三极管，$\beta \geqslant 100$；VT_2 选用 9012 型硅 PNP 或 3AX31B 型锗 PNP 三极管，$\beta \geqslant 50$。

R_t 用负温度系数热敏电阻器。R_p 可用 WH7 型微调电阻器。$R_1 \sim R_4$ 均可使用 RTX-1/8W 型碳膜电阻器。$C_1 \sim C_3$ 用 CT1 型瓷介电容器，C_4 可用 CD11-10V 型电解电容器。B 用 YD57-2 型、8Ω 小型电动扬声器。S 为普通小型电源开关。电源 G 用 4 节 5 号电池。

(3) 制作与使用

图附 1.6 是温升报警器的印制电路板图，印制板尺寸为 60mm×40mm。

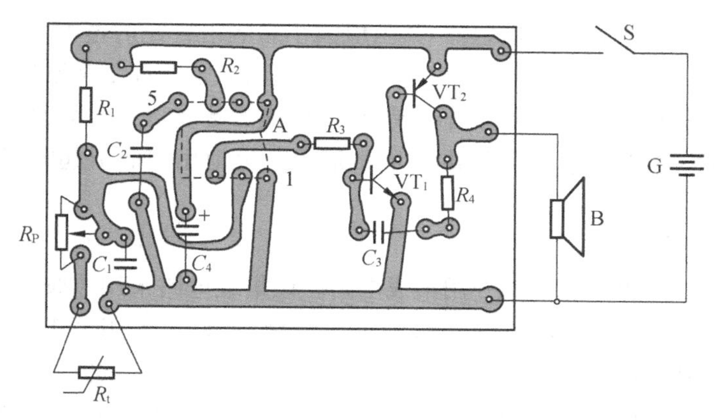

图附 1.6　温升报警器印制电路板图

热敏电阻 R_t 用软塑导线引出，接线处用环氧树脂封闭，有条件的话可将它封装在一小截紫铜管内，制成一个能适合各种使用环境的测温头。

使用：以水沸报警器为例，首先将电位器 R_p 调到阻值最大位置，合上电源开关 S，这时扬声器 B 应不发声。将测温头 R_t 放入水壶嘴里，把壶水烧开，然后用小起子缓慢调小电位器 R_p 到某位置时，扬声器 B 就会发响亮的"嘟—"报警声，此时即可固定 R_p 不动，最好用火漆封固 R_p。以后烧开水时，只要将测温头放在壶嘴里即可，一旦报警器发声，表示水已烧开。

4) 声光语言门铃

(1) 电路及工作原理

图附 1.7 是声光语言门铃的电路图。集成电路 A 和 R、VT_1、B 等组成了语言声产生电路。集成电路 A 的内部已在厂家生产时固化了所要求的语言信息。当按下按钮 S 时，A 的触发端 TG 就会从电源正极获得正脉冲触发信号，触发 A 从输出端 OUT 输出一遍内存语言电信号，经 VT_1 功率放大后，推动 B 发出“叮咚，您好！请开门”的声音。每按一次 S，门铃总会发出长约 4s 的相同的模拟语言声来。

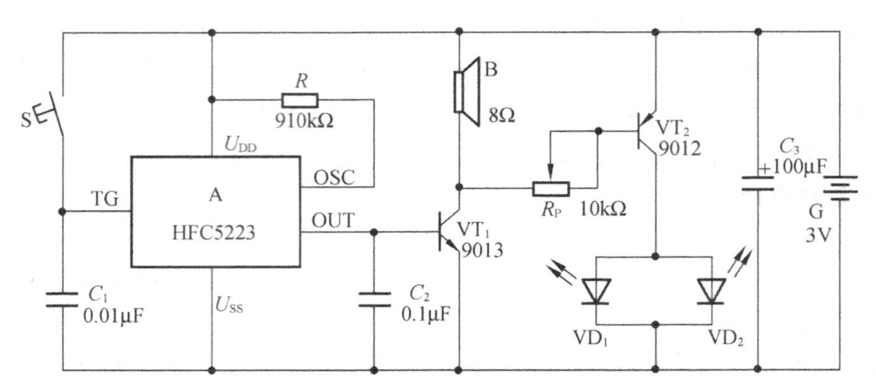

图附 1.7　声光语言门铃电路图

VT_2、R_p 和 VD_1、VD_2 组成同步闪光电路。门铃发声时，B 两端的部分音频电信号经限流电位器 R_p 加至 VT_2 的基极与发射极之间，VT_2 导通。随着语言声强弱的变化，作为 VT_2 负载的 VD_1 和 VD_2 就会闪烁发光。

电路中，R 是 A 的外接振荡电阻器，其阻值大小影响语言声的速度和音调。R_p 是发光二极管亮度调节电位器。C_1 是交流旁路电容器，它能有效消除周围杂波信号对门铃的误触发。C_2 主要用于滤去一些不悦耳的谐波成分，使语言声音质得到很大改善，而且声音更加响亮。C_3 用来减小电源 G 的交流内阻，可有效避免因电池用旧而引起的门铃语言畸变，相对延长电池使用寿命。

(2) 元器件选择

A 选用 HFC5223 型语言门铃专用集成电路。该集成电路采用黑胶封装形式制做在一块 20mm×14mm 的小印制板上，使用很方便。晶体管 VT_1 可用 9013、3DG12、3KD4 或 3DX201 型等硅 NPN 中功率三极管，要求 $\beta>100$；VT_2 可用 9012 或 3CG23 型等硅 PNP 中功率三极管，要求 $\beta>50$。VD_1、VD_2 选用直径 5mm 的普通圆型发光二极管，颜色根据各人爱好自选；要求两管正向工作压降尽量保持一致，否则会出现发光亮度不一样的现象。

R_p 最好选用 WH7-A 型立式安装微调电位器。R 用 RTX-1/8W 型小型碳膜电阻器。C_1、C_2 均用 CT1 型瓷介电容器，C_3 用 CD11-10V 型电解电容器。B 用 8Ω、0.25W 动圈式小口径扬声器。G 用 2 节 5 号电池串联组成。S 用市售普通门铃按钮开关。

(3) 制作与使用

图附 1.8 是声光语言门铃的印制电路板图。晶体管 VT_1 和 R、C_2 直接插焊在 A 的芯片上，其余元器件焊接在用刀刻法制作的 20mm×25mm 的小自制印制电路板上。B、G 和 VD_1、VD_2 通过适当长度的导线焊在有关位置处，最后用 4 根硬导线将 A 的芯片和自制印制板连接起来。

电路调试简单：先将 R_p 置于阻值最大位置，再按下 S 使扬声器反复发出语言声，用小起子由大到小缓慢调节 R_p 阻值，使发光二极管能随语言声闪光，并有一定亮度。注意亮度不能调得太大，一般调到 VT_2 集电极电流最大值在 30mA 左右比较合适。最后，听门铃语言声的速度和音调是否适中，如不满意可变更 R 阻值加以调节。当 R 阻值增大时，语言声速度放慢、音调变得低沉；当 R 阻值减小时，语言声速度加快、音调变得高尖。R 阻值可在 620kΩ 至 1MΩ 范围内选择。一般情况下，按图选用 R 阻值，声音适中，可不必再调整。

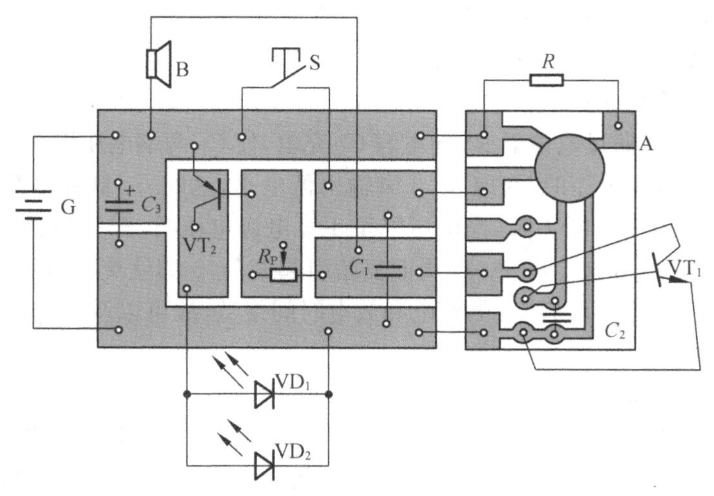

图附 1.8　声光语言门铃印制板图

5）自动闪烁告警灯

这里介绍一种自动闪烁告警灯，不需要专人管理，白天灯灭，夜间自动点燃，且能发出闪烁光线，十分醒目。

(1) 电路及工作原理

自动闪烁告警灯电路见图附 1.9 所示。

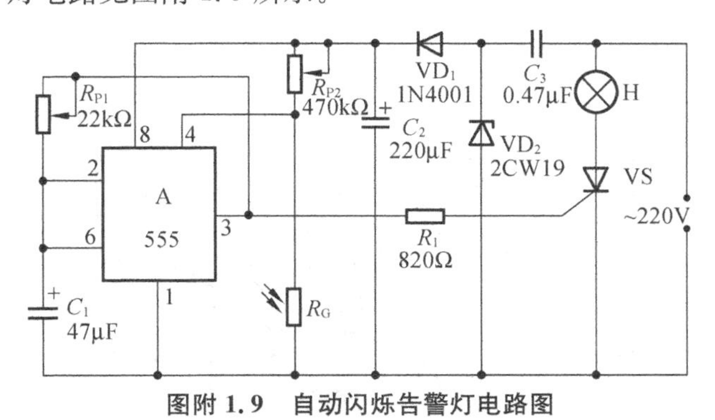

图附 1.9　自动闪烁告警灯电路图

图中，VD_1、VD_2、C_2 和 C_3 组成简单的电容降压半波整流稳压电路，接通电源后，C_2 两端即输出 12V 左右稳定直流电，供 555 集成电路用。

集成电路 A 与电位器 R_{p1} 电容 C_1 组成接法新颖的多谐振荡器，它又与 R_{p2}、R_G 组成光控式自动开关。白天，光线较强，光敏电阻器 R_G 呈现低电阻，4 脚为低电平，集成电路 A 被强制复位，3 脚输出低电平，电路不起振，可控硅 VS 因无触发电压而关断，告警灯 H 不亮。夜间，光敏电阻器 R_G 无光照射，呈高电阻，集成块 4 脚为高电平，多谐振荡电路起振，3 脚就间隙输出高电平和低电平，当 3 脚输出高电平时，VS 通过 R_1 获得正向触发电压导通，灯 H

点亮发光;3 脚输出低电平时,VS 失去触发电压,当交流电过零时即关断,灯 H 熄灭。所以灯 H 能随集成块 3 脚电平高低变化而闪烁发光。闪烁光比常亮光更能引起人们注意,所以用它作为告警灯十分适宜。由于灯泡间隙通电和断电,会影响电灯的使用寿命,所以本电路 VS 采用单向可控硅而不用双向可控硅,这样灯通电时是处于欠压工作状态,减少了灯泡热阻和冷阻的相差倍数,有利于提高灯泡使用寿命。

555 集成电路组成的多谐振荡电路的工作原理是:设 2 脚为低电平,此时 A 置位,3 脚输出高电平,因此 3 脚通过电位器 R_{p1} 向电容 C_1 充电,使 C_1 两端电压即 6 脚电位不断上升,当电位上升到 2/3 电源电压时,A 复位,3 脚输出低电平,这时 C_1 储存电荷就通过 R_{p1} 向 3 脚放电,使 C_1 两端电压不断下降,当电压降至 1/3 电源电压时,A 又被置位,3 脚又突变为高电平,3 脚又通过 R_{p1} 向 C_1 充电……周而复始引起振荡,3 脚就交替出现高电平、低电平。调节电位器 R_{p1},因改变了电容 C_1 的充电和放电时间常数,故可以调节电路的振荡频率。

(2) 元器件选择

A 采用 555 集成电路。

VS 采用 0.8～1A/400～600V 小型塑封单向可控硅,如 2N6565、MCR100-8 型等,这种可控硅,体积小巧,外形如同 9013 型塑封三极管,使用时不需要加装散热片。VD_1 用 1N4001 型硅整流二极管,VD_2 用 12V、1/2W 稳压二极管,如 2CW19 型等。

R_{p1}、R_{p2} 可用 WH7 型微调电位器,R_G 用 MG45 非密封型光敏电阻器,R_1 用 RTX-1/8 型碳膜电阻器,C_1、C_2 用 CD11-16V 型电解电容器,C_3 要用 CBB-400V 型聚苯电容器。

告警灯 H 宜用 100W 以下的 220V 红色白炽灯泡。

(3) 制作与使用

图附 1.10 是自动闪烁告警灯的印制电路板图,印制板尺寸为 60mm×40mm,除灯泡外所有元器件均可装在这块印制板上。

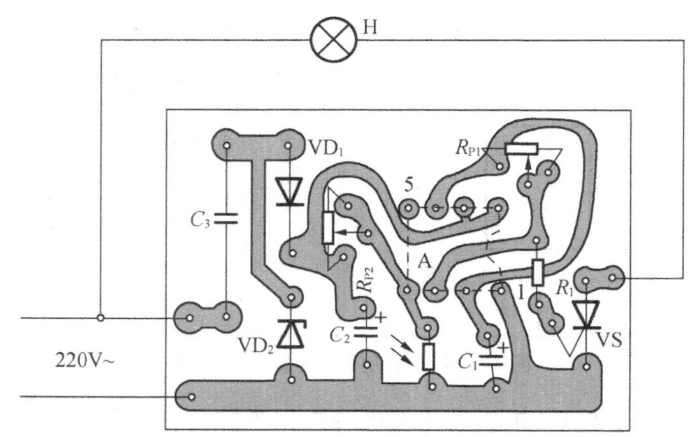

图附 1.10 自动闪烁告警灯印制电路板图

调试:首先 R_{p1} 置阻值中间位置,R_{p2} 置阻值最大位置。将 R_G 置于需要开灯的弱光环境,仔细调整 R_{p2} 的阻值使告警灯恰好能闪烁发光,然后再调节 R_{p1} 使闪烁频率适宜即可,调整后的 P_{p1} 和 R_{p2} 最好用火漆封固防止其阻值变化。最后将电路机芯装入事先准备好的塑料盒内,注意盒面应留有透光小孔,以便让外界自然光线进入照在光敏电阻器 R_G 上。

6）双向水位报信器

这里介绍的水位报信器可以进行上下限水位控制，当水位高于某一水位或低于某一水位，它都会发出音乐报信声。

(1) 电路及工作原理

水位报信器电路如图附1.11所示。它由水位探头、上限电子开关、下限电子开关、或门电路和音乐集成电路等几部分组成。

水位探头比较简单，可用三根单股硬心塑料电线制作（铜芯直径应大于 ϕ1mm）。在端头剥去长约1cm的塑料皮露出铜芯即可，然后将这三根导线按要求分别插入水槽或水缸适当部位，形成a、b、c三个电极。VT_1 组成上限电子开关，VT_2、VT_3 组成下限电子开关。VD_1 和 VD_2 构成或门电路。b、c间为正常水位，此时报信器不工作；当水位处于b以下的低水位和c处以上的高水位，报信器都会发声报信。

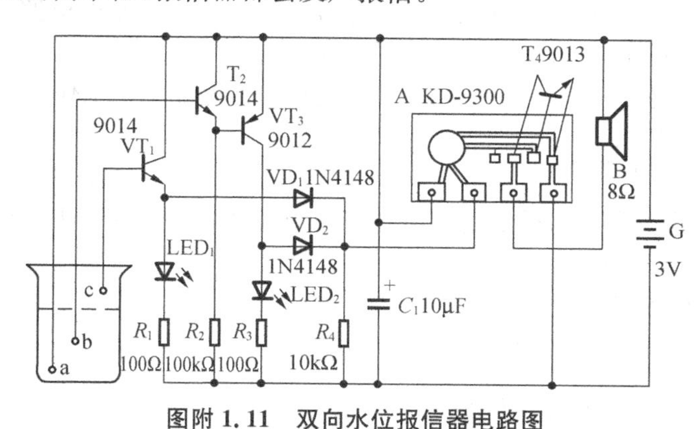

图附1.11　双向水位报信器电路图

当水位在b、c之间，此时 VT_1 基极悬空，VT_1 处于截止态，发射极无输出，发光二极管 LED_1 不亮，VD_1 也截止。这时 VT_2 基极可通过水电阻 R_{ab} 获得基流导通，VT_3 发射结被 VT_2 的c-e极短路，它处于截止状态，集电极无输出，LED_2 不亮，VD_2 也截止，所以门电路 VD_1、VD_2 无输出，音乐集成电路A不工作，电路处于静止状态。当水位上升碰到电极c，VT_1 通过水电阻 R_{ac} 获得基极电流而导通，发射极输出高电平，水满指示灯 LED_1 点亮发光，同时 VD_1 导通，音乐集成电路A获得触发电压而工作，即输出音乐信号，音乐信号经 VT_4 放大后推动扬声器B发出音乐报信声响。当水位下降至b点以下时，VT_2 因基极悬空而截止，PNP型管 VT_3 因 R_2 获得基流而导通，集电极输出高电平，水缺指示灯 LED_2 点亮发光，同时 VD_2 导通，音乐集成块A也被触发工作，B就发声报信。

(2) 元器件选择

A可用KD-9300系列音乐集成电路。VT_1、VT_2 用硅NPN三极管，要求 $\beta \geqslant 200$；VT_3 用硅PNP三极管，$\beta \geqslant 100$；T_4 用9013型硅NPN三极管，$\beta \geqslant 100$。LED_1 可用 ϕ5mm红色发光二极管，LED_2 用 ϕ5mm绿色发光二极管。VD_1、VD_2 可用1N4148型硅开关二极管。

电阻全部采用RTX-1/8W型碳膜电阻器。C_1 用CD11-10V型电解电容器。B用YD57-2型、8Ω电动扬声器。电源用2节5号电池。

(3) 制作与使用

图附1.12是双向水位报信器的印制电路板图，自制印制板尺寸为50mm×24mm。

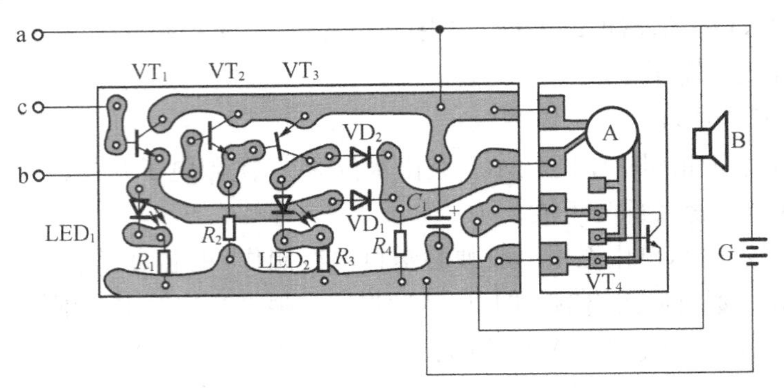

图附1.12 双向水位报信器印制电路板图

VT_4焊在集成块A的相应焊孔里，其余元器件则装焊在自制的电路板上，然后用4根短裸铜线将集成块A与自制的印制板连接在一起。

此电路只要元器件良好，接线无误，不需要任何调试就能正常工作。

7）无源型停电报警器

这里介绍的停电报警器不需要备用电池，当220V交流电网停电时，它就会发出长约5分钟急促的"嘟—嘟—"报警声。

(1) 电路及工作原理

无源型停电报警器的电路如图附1.13所示。

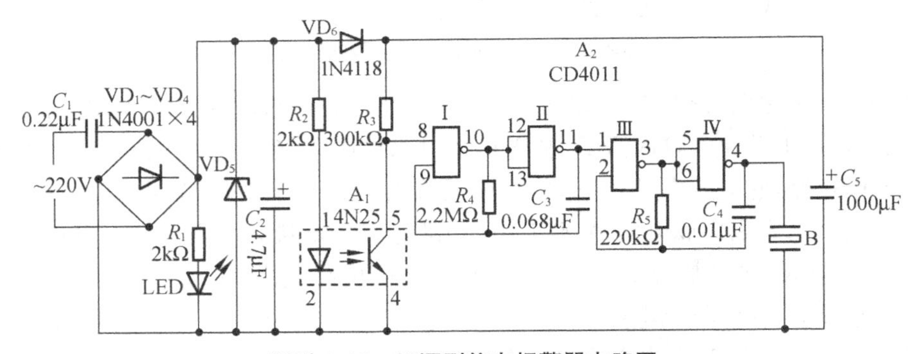

图附1.13 无源型停电报警器电路图

图中A_2即与非门Ⅰ～Ⅳ组成两个频率不等的振荡器，电路如起振时，压电陶瓷片B就会发出"嘟-嘟-"报警声响。VD_1～VD_5、C_1和C_2组成电容降压桥式整流稳压电路，当220V电网正常供电时，C_2两端输出15V左右直流电。直流电一路经R_1使发光二极管LED发光，表示电网供电正常；另一路经R_2注入光电耦合器A_1的1脚，使光电耦合器内藏发光管通电发光，因而光电耦合内藏光敏三极管导通。A_1的5脚低电平，使与非门Ⅰ的输入端8脚也为低电平，振荡器停振，压电陶瓷片B无声，直流电的第三条支路是经D_6向C_5充电，使C_5充上约15V直流电。

一旦220V交流电网停电，C_2储存电荷通过R_1和LED泄放，很快降到0V。这时有电指示灯LED熄灭。同时，A_1的内藏发光管也随之熄灭，光敏三极管截止，5脚输出高电平，

所以 A_2 的两个振荡器起振，B 就发出"嘟-嘟-"报警声；A_2 报警所需电源来自电容 C_5 储存的电荷，这时二极管 VD_6 截止，C_5 储存电荷不会送到 VD_6 左边电路去。C_5 储存电荷只供 A_2 使用，由于 C_5 容量很大，且 A_2 是 CMOS 电路，耗电极省，C_5 储存电荷足可供压电陶瓷片 B 发声 5min 之久，已满足使用要求。当电网恢复供电时，LED 又点亮，A_1 的 5 脚输出低电平，振荡器停振，C_5 又充满电荷可作为下次停电报警用。

(2) 元器件选择

A_1 采用 4N25 型光电耦合器，它采用双列直插式 6 脚塑封包装，其中 3、6 为空脚，只用其 1、2 和 4、5 四脚。A_2 用 2 输入端四与非门 CD4011 集成电路。

VD_1～VD_4 用 1N4001 型硅整流二极管；VD_5 用 15V、1/2W 稳压二极管，如 2CW20 等；VD6 用 1N4148 等硅开关二极管。

电阻全部采用 RTX-1/8W 型碳膜电阻器。C_1 要用 CBB-400V 型聚苯电容器，C_2、C_5 用 CD11-16V 型电解电容器，C_3、C_4 用 CT1 型瓷介电容器。B 采用 FT-27、HT27A-1 型等压电陶瓷片。

(3) 制作与使用

图附 1.14 是本机印制电路板图，印制板尺寸 60mm×35mm。除压电陶瓷片 B 外，其余电子元器件都装焊在此印制板上。压电陶瓷片 B 可用环氧树胶粘贴在塑料机盒的内壁上，使机盒兼起共鸣腔作用。

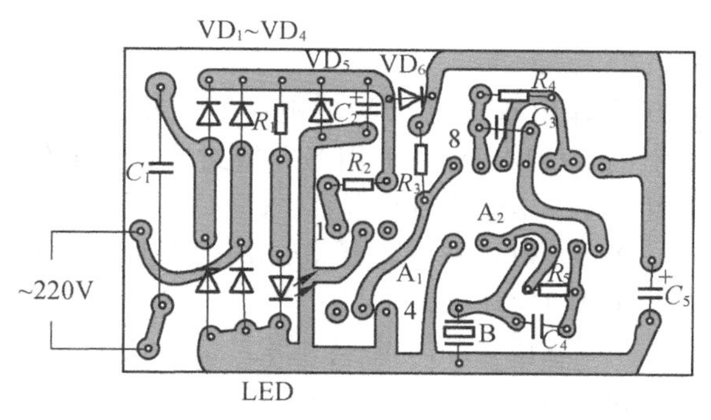

图附 1.14　无源型停电报警器印制电路板图

本电路一般情况下不用调试，通电即能正常工作。如想改变"嘟—嘟—"声的断续频率，可调整电阻 R_4 或电容 C_3 的数值。若要改变"嘟—嘟—"声的音调高低，可以增减电阻 R_5 或电容 C_4 的数值。增减电容 C_5 的容量，可以改变停电后报警声的持续时间，C_5 容量大，报警声持续时间长，反之就短。

8) ±12V 输出的直流稳压电源

(1) 电路及工作原理

图附 1.15 所示电路是用三端集成稳压器 7812 和 7912 构成的具有±12V 输出的直流稳压电源。

变压器 B 降压，原方接交流 220V，副方绕组中间有抽头，为双 15V 输出，二极管 VD_1～VD_4 和电容 C_1、C_2 组成桥式整流，电容滤波电路。在 C_1、C_2 两端有 18V 左右不稳定的直流电压，经三端集成稳压器稳压，在 7812 集成稳压器输出端有＋12V 的稳定直流电压，在 7912 集成稳压器的输出端有－12V 的稳定直流电压。该电路可用作为集成运算放大器电路、OCL 功率放大电路的电源。

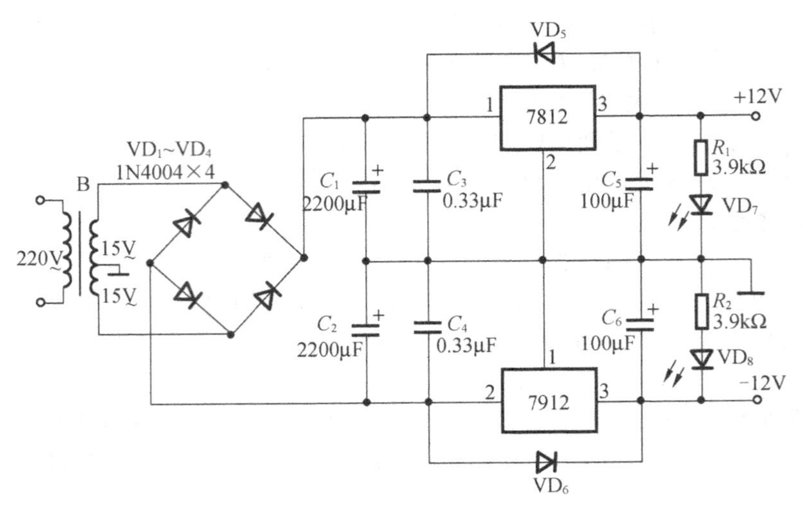

图附 1.15　±12V 输出的直流稳压电源

C_3、C_4 用来防止电路自激振荡。C_5、C_6 用来改善负载瞬态响应，防止负载变化时，输出电压产生较大的变动。VD_7、VD_8 是发光二极管，用作电源指示灯。R_1、R_2 是发光二极管的限流电阻。VD_5、VD_6 为保护二极管，用以防止当集成稳压器输入端短路时，电容 C_5、C_6 放电损坏集成稳压器。

（2）元器件选择

B 选用额定功率为 20W、输出双交流 15V 的电源变压器。VD_1～VD_4 采用 1N4004 型整流二极管。三端集成稳压器 7812、7912 采用 S-7 型封装，外加散热器。C_1、C_2 为电解电容 2 200μF25V。C_3、C_4 可选用 0.33μF 独石电容。C_5、C_6 采用电解电容 100μF15V。VD_5、VD_6 采用二极管 1N4001。VD_7、VD_8 采用直径 5mm 普通圆形发光二极管，可分别选用红色，绿色。R_1、R_2 选用碳膜电阻 1kΩ1/8W。

（3）制作与使用

图附 1.16 是本电源印制电路板图。电路只要元器件性能良好，接线无误，不需要作任何调试就能正常工作。

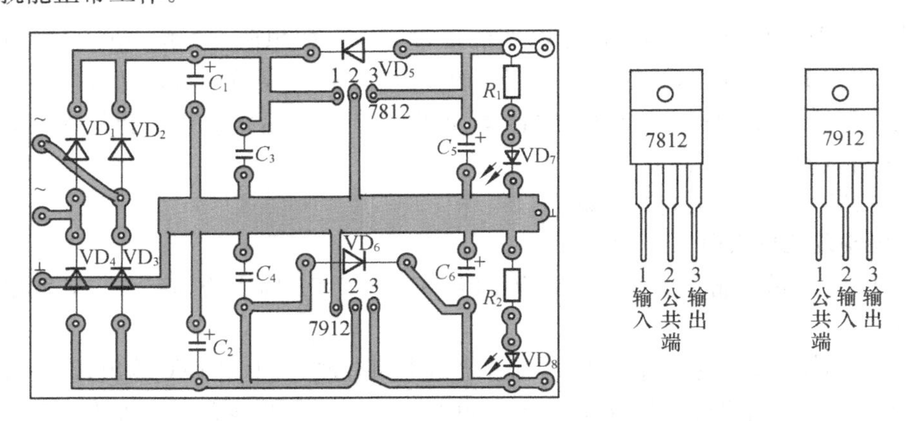

图附 1.16　±12V 输出直流稳压电源的印制板图

9）前置放大器

(1) 电路及工作原理

本电路为音响系统中的前置放大器，它的任务是把各种信号源送来的声音信号进行足够的放大，以供给功率放大器。

本前置放大电路如图附 1.17 所示，适用于话筒输入和线路输入两种信号源。

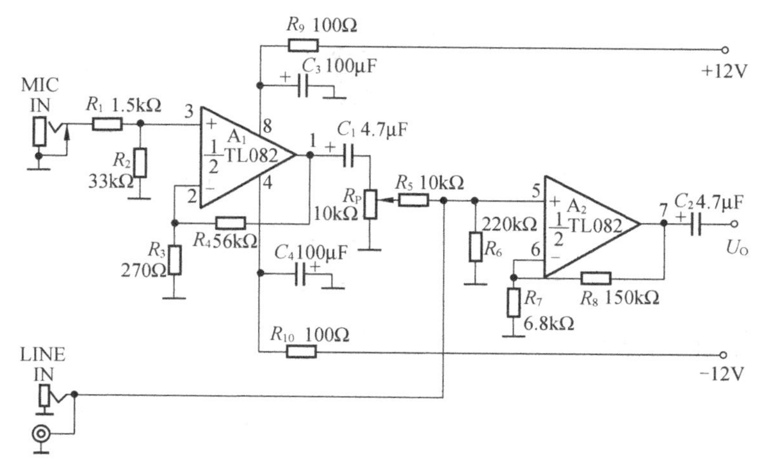

图附 1.17　前置放大器

图中放筒输入插口(MIC IN)接动圈式话筒，一般动圈式话筒的输出电压仅有几毫伏。线路输入插口(LINE IN)信号是由录音机或收音机来的高电平音频信号，这些信号约为 150～500mV。由于话筒来的信号电压太小，因此必须先经放大后，才能与线路输入来的信号进行混合放大。A_1 是由集成运算放大器组成的同相输入比例放大器，放大倍数约为$(R_3+R_4)/R_3=210$ 倍，如话筒输出电压是 1mv，那么经 A_1 放大可得到 210mv 的输出电压。

A_2 是集成运放组成的混合放大电路，它也是一个同相输入放大器，放大倍数为$(R_7+R_8)/R_7=20$ 倍，其输出信号电压可达到 3V 左右，足以推动功率放大器。

电位器 R_p 可用来调节话筒来的信号的大小、R_5 是隔离电阻，可避免当 R_p 动端移至接地端时，线路来的信号被短路到地。

R_9、C_3、R_{10}、C_4 是电源去耦电路，以防止电源交流声和汽船声。C_1、C_2 为耦合电容。

(2) 元器件选择

集成运算放大器采用 TL082，它是 JFET(结型场效应管)输入，高输入阻抗运算放大器，为双运放。

C_1、C_2、C_3、C_4 采用电解电容，耐压为 16V。

R_p 选用碳膜电位器，所有电阻都采用碳膜电阻，额定功率为 1/8W。

(3) 电路制作

图附 1.18 为本电路印制电路板图。

10）音调控制电路

音调控制电路的作用是人为地改变音频信号里高，低频成分的比例，以满足听者的不同爱好，或渲染某种气氛以达到某种效果，或补偿扬声器系统及放音场所的某些声学缺陷。

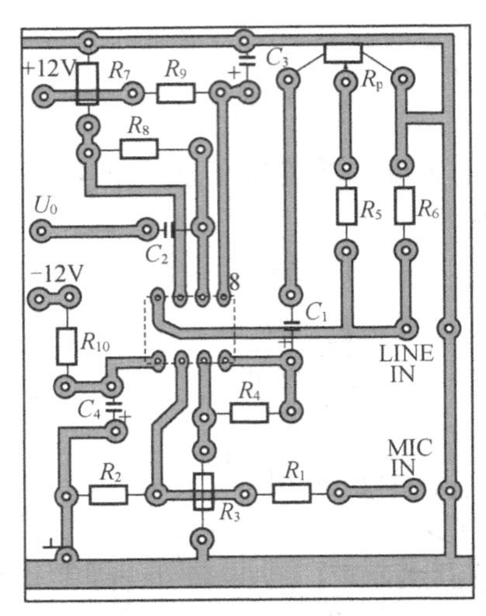

图附 1.18　前置放大器的印制板图

音调控制是对音色进行美化处理的一个重要手段。

(1) 电路及工作原理

图附 1.19 示电路是负反馈式音调控制电路。本电路实际上是由集成运放组成的负反馈放大器。

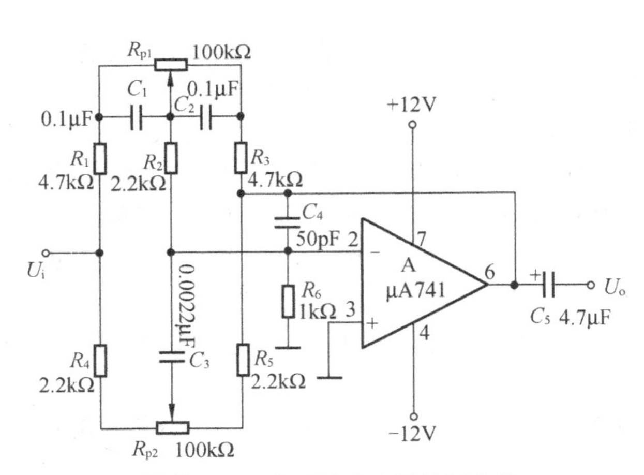

图附 1.19　负反馈式音调控制电路

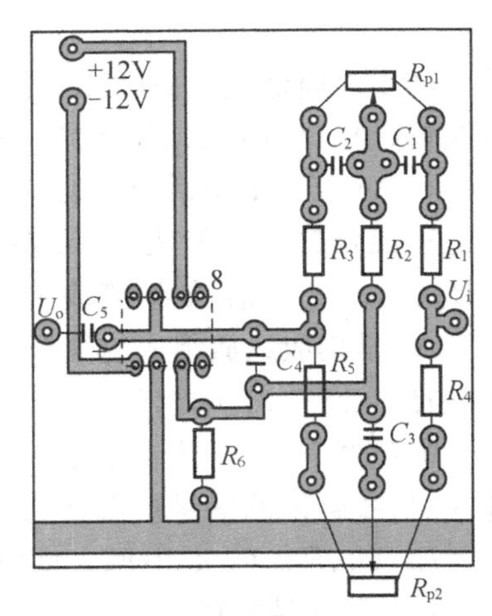

图附 1.20　音调控制电路印制板图

由于 C_1、$C_2 \gg C_3$，所以本电路上半部分(R_{p1}、C_1、C_2、R_1、R_3)主要对频率较低的低音起控制作用，而下半部分(R_{p2}、C_3、R_4、R_5)主要对频率较高的高音起控制作用。

当 R_{p1} 活动头右移，C_2 逐渐被短路，负反馈增强，放大器对低音的增益减小，即低音衰减。反之，若活动头左移，则使低音提升。

当 R_{p2} 的活动头右移，则负反馈增强，放大器对高音的增益减小，即高音衰减。反之，若活动头左移，则使高音提升。

(2) 元器件选择

集成运放 A 选用通用型集成运算放大器 μA741。

C_1、C_2、C_3、C_4 选用瓷介电容，C_5 选择电解电容耐压 16V。

电位器 R_{p1}、R_{p2} 选用碳膜电位器。所有电阻选用碳膜电阻，功率为 1/8W。

(3) 电路制作

图附 1.20 为本音调控制电路印制板图。

11）集成功率放大器

(1) 电路及工作原理

图附 1.21 所示电路为采用集成功放 TDA2030 所组成的音频功率放大器。

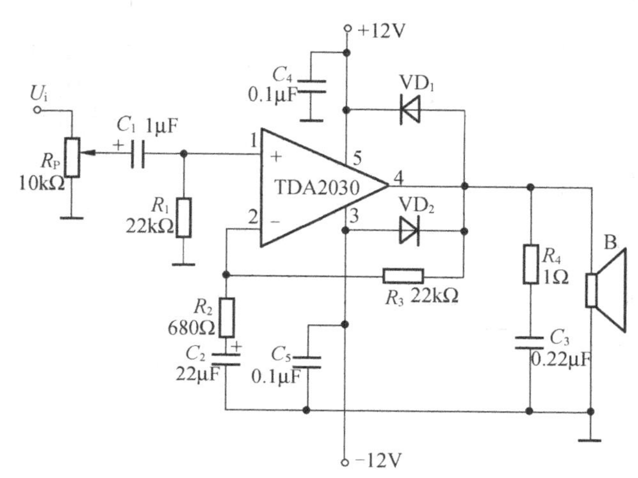

图附 1.21 音频功率放大器

TDA2030 是高保真集成功率放大器，输出功率大于 10W，频率响应为 10～1 400Hz，输出电流峰值最大可达 3.5A。其内部电路包含输入级、中间级和输出级，且有短路保护和过热保护，可确保电路工作安全可靠。TDA2030 的使用很方便，只需在其外部接有少量元器件。

R_p 是音量调节电位器，C_1 是输入耦合电容，R_1 是 TDA2030 同相输入端偏置电阻。

R_2、R_3 决定了该电路交流负反馈的强弱及闭环增益。该电路闭环增益为 $(R_2+R_3)/R_2=(0.68+22)/0.68=33.3$ 倍，C_2 起隔直流作用，以使电路直流为 100%负反馈。静态工作点稳定性好。

C_4、C_5 为电源高频旁路电容，防止电路产生自激振荡。R_4、C_3 称作为佐贝尔网格，用以在电路接有感性负载扬声器时，保证高频稳定性。VD_1、VD_2 是保护二极管，防止输出电压峰值损坏集成块 TDA2030。

(2) 元器件选择

集成功率放大器为 TDA2030。

R_p 为碳膜电位器。

C_1、C_2 为电解电容器，耐电为 16V，C_3、C_4、C_5 为瓷介电容。

R_1、R_2、R_3 为碳膜电阻，额定功率为 1/8W。R_4 为碳膜电阻，额定功率为 1/4W。

VD_1、VD_2 为 1N4001 小功率整流二极管。

B 为 4Ω 或 8Ω、15W 全频扬声器。

(3) 电路制作

图附 1.22 为本电路印制电路板图。

由于 TDA2030 输出功率较大，因此需加散热器。而 TDA2030 的负电源引脚(3 脚)与散热器相连，所以在装散热器时，要注意散热器不能与其他元器件相接触。

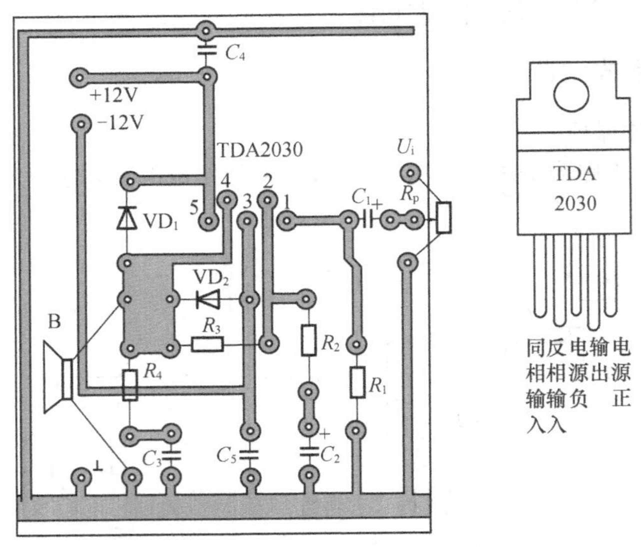

图附 1.22　音频功率放大器印制板图

附录 2　Protel Advanced PCB 98 菜单中文英文对照表

File(文件)菜单

New	新建文件
Open...	打开文件
Close	关闭文件
Close Project	关闭项目
Import...	输入源文件
Export...	输出目标文件
Save	保存文件
Save As...	另存为
Save All	保存全部文件
Save Project	保存项目
Setup Printer...	打印机设置
Printer	打印
Send...	发送
Send All...	全部发送
Exit	退出 PCB 98

Edit(编辑)菜单

Undo	Alt+BkSp	撤消前一个操作
Redo	Ctrl+BkSp	重做被撤消的操作
Cut	Shift+Del	剪切
Paste	Ctrl+Ins	粘贴
Paste Special...	Shift+Ins	特殊粘贴
Clear	Ctrl+Del	清除
Select		选取
Inside Area		选取指定区域内的元器件
Outside Area		选取指定区域外的元器件
All		选取所有元器件
Net		选取指定网络
Connect Copper		铜连线
Physical Connection		选取导线
All on Layer		选取工作板层上的所有元器件
Free Objects		选取文件以外的对象
All Locked		选取所有被锁定的元器件
Off Grid Pads		选取不在格点上的焊点

Hole Size　选取导孔的孔径
Toggle Selection　切换选择
Deselect　取消选取
Inside Area　取消选取指定区域内的元器件
Outside Area　取消选取指定区域外的元器件
All　取消选取所有元器件
All on Layer　取消选取工作板层上的所有元器件
Free Objects　取消选取文件以外的对象
Toggle Selection　切换选择
Selection Winzard...　选取操作向导
Delete　删除
Change　修改
Move　移动
Move　移动
Drag　拖曳
Component　移动元器件
Re-Route　重新布线
Break Track　移动线段
Drag Track End　拖曳线段转折点
Move Selection　移动所选的元器件
Rotate Selection...　旋转所选的元器件
Flip Selection　翻转所选的元器件
Plygon Vertices　移动敷铜顶点
Split Plane Vertices　移动分割层顶点
Origin　原点
Set　设置
Reset　复位
Jump　转移
Absolute Origin　转移到绝对原点
Current Origin　转移到当前原点
New Location...　转移到新位置
Component...　转移到指定元器件
Net...　转移到指定网络
Pad...　转移到指定焊点
String...　转移到指定字符串
Error Marker　转移到错误标记处
Selection　转移到所选处(循环跳跃)
Location Marker　转移到定位标记处

(1～10)	定位标记数量为 10 个
Set Location Marker	设置定位标记
(1～10)	最多可设置 10 处定位标记
Export to Spread...	输出至试算表

View(视图)菜单

Fit Document	使所有板层都容纳于工作区中
Fit Board	使电性板层都容纳于工作区中
Area	将指定区域放大到整个工作区
Around Point	以指定点为中心将该区域放大到整个工作区
Zoom In	放大工作区
Zoom Out	缩小工作区
Zoom Last	恢复为前一次显示的比例
Pan	以光标所指位置为工作区的新中心位置
Refresh	刷新工作区
Project Manager	是否显示项目管理器
Panel	是否显示元器件库管理器
Status Bar	是否显示状态栏
Command Status	是否显示命令状态栏
EDA Editor Tabs	是否显示 EDA 编辑器标签
Toolbars	工具栏
Main Toolbar	主工具栏
Placement Tools	放置工具栏
Customize...	自定义
Connections	连接
Show Net	显示网络
Show Component Nets	显示元器件网络
Show All	显示所有内容
Hide Net	隐藏网络
Hide Component Nets	隐藏元器件网络
Hide All	隐藏所有内容
Toggle Units	反复电路单元

Place(放置)菜单

Arc(Center)	放置弧线(由圆心开始)，画圆或圆弧线
Arc(Edge)	放置弧线(由边缘开始)，画 1/4 圆弧线
Component...	放置元器件

Coordinate	自动标注参考坐标
Dimension	自动标注尺寸
Fill	放置填充区
Track	放置线段
Pad	放置焊点
String	放置字符串
Via	放置导孔(通路孔或过孔)
Polygon Plane...	平面敷铜
Split Plane...	内层分割

Design(**设计**)**菜单**

Rules...	设计规则
Netlist...	载入网表
Internal Planes...	内层设计
From-To Editor...	点对点连线编辑器
Classes...	分类(组,集合)
Browse Components...	浏览元器件
Add/Remove Library...	添加/去除库
Aperture Library...	孔型库
Options...	选项

Tools(**工具**)**菜单**

Design Rule Check...	布线规则检查
Reset Error Markers	复位错误标记
Auto Place...	自动放置元器件
Place From File...	读取自动插入文件
Make Library	制作库
Align Components	排列元器件
Align Left	将所有元器件左对齐排列
Align Right	将所有元器件右对齐排列
Center Horizontal	将所有元器件水平居中排列
Expand Horizontal	将所有元器件水平扩展排列
Contract Horizontal	将所有元器件水平压缩排列
Distribute Horizontally	将所有元器件水平均布排列
Align Top	将所有元器件顶对齐排列
Align Bottom	将所有元器件底对齐排列
Center Vertical	将所有元器件垂直居中排列
Expand Vertical	将所有元器件垂直扩展排列

Contract Vertical	将所有元器件垂直压缩排列
Distribute Vertically	将所有元器件垂直均布排列
Sort And Arrange Components	均匀排列元器件
All Components	均匀排列所有元器件
Selected Components	均匀排列已选的元器件
Shove	推挤元器件
Set Shove Depth...	设置元器件推挤深度
Move To Grid...	将元器件移到格点上
Un-Route	拆除布线
All	拆除所有布线
Net	拆除指定网络的布线
Connection	拆除指定连线
Component	拆除指定元器件的连线
Density Map	网络密度分布图
Re-Annotate...	重新排列元器件序号
Cross Probe	交互探询
Miter Corners	斜角(45°)
Equalize Net Lengths	网络长度补偿
Outline Objects	在所选对象外绕铜
Convert	转换
Free Pads to Vias	将所选焊点转换为导孔
Vias to Free Pads	将所选导孔转换为焊点
Ungroup Component	
Teardrops	补泪焊
Add	添加补泪焊
Move	移去补泪焊
Generate Netlist	产生网表文件
Preferences...	参数选择(设置光标形状、颜色、缺省值等)

Auto Route(**自动布线)菜单**

All	整个印制版自动布线
Net	指定网络自动布线
Connection	指定连接自动布线
Component	指定元器件自动布线
Area	指定区域自动布线
Stop	停止自动布线
Pause	暂停自动布线
Restart	重新开始自动布线

Setup...		设置自动布线选项

Report(报表)菜单

Selected Pins...		已选择的引脚报表
Board Information...		板层信息报告
Bill of Material...		材料清单报告
Project Hierarchy		项目层次报表
Netlist Status		网表布线状态表
Auto Routing...		自动布线报告
NC Drill		数控钻孔机文件
Pick and Place		元器件自动插件及定位
Measure Distance		距离测量结果
Measure Primitives		初始状态测量结果

Windows(窗口)菜单

Tile	Shift+F5	窗口平铺显示
Cascade	Shift+F4	窗口层叠显示
Arrange Icons		排列图标
Close All		关闭所有已打开的文件

Help(帮助)菜单

Contents		帮助目录
Using Help		帮助的使用
Reference		参考
Setting up and Getting Started		设置和开始
Setting up the Work Environment		设置工作环境
Working in Advanced PCB		在 Advanced PCB 中工作
Designing the Board		板层设计
The Board Layer Process		板层的处理
Design Rules and Design Rule Checking		设计布线规则及布线规则检查
Routing your Design		根据设计布线
Using Internal Power Planes		使用内部电源层
Autorouting the Board		板上自动布线
Routing with Advanced Route		使用 Advanced Route 布线
Setting up to Autoroute		自动布线的设置
Adding Testpoints		添加测试点
Generating Output		产生输出文件

Link with Advanced Schematic	和 Advanced Schematic 的连接
Macros	宏
Layer Sets...	板层的设置
Color Schemes...	颜色的配置
Reference	参考
Example	范例
Demo1	演示样板 1
SMD Demo	SMD(表面贴装器件)演示样板
Benchmark 94	Benchmark 94 应用程序
4 Port Serial Card	4 端口串行卡
4 Port Project	4 端口项目
Popups	弹出式菜单
Snap Grid	网格大小(mil 或 mm)
Netlist	网表
Show Connections	显示连接
Net	显示网络的连接
On Component	显示元器件之间的连接
All	显示所有的连接
Hide Connections	隐藏连接
Net	隐藏网络的连接
On Component	隐藏元器件之间的连接
Al	隐藏所有的连接
Options	选项
Board Options...	电路板选项
Layer...	板层选项
Display...	显示选项
Zoom	缩放
Windows	缩放窗口
Point	缩放点
Select	缩放选择
In	放大
Out	缩小
Pan	工作区放大
Redraw	重新绘制
Current	当前
Last	上一次
All	全部
Board	电路板

Right Mouse Click	鼠标右键单击
Place Track	放置线条
Snap Grid	网格大小(mil 或 mm)
Fit Board	以最大尺寸显示整个板面
View Area	将所选区域放大
Zoom In	放大
Zoom Out	缩小
Rules...	布线规则
Violation...	布线违例检查
Classes...	分类(组,集合)
Options	选项
Board Options...	电路板选项
Layers...	板层选项
Display...	显示选项
Properties...	属性
About...	关于 PCB 98 的版本信息

附录 3 Multisim 中常用中英名词对照

2—Input AND Gate	二输入与门
3—Terminal Depletion P—MOSFET	三端耗散型 P 沟道 MOSFET
3—Terminal Enhancement N—MOSFET	三端增强型 N 沟道 MOSFET
3—Terminal Enhancement P—MOSFET	三端增强型 P 沟道 MOSFET
3—Terminal Opamp	三端运算放大器
4—Terminal Depletion N—MOSFET	四端耗散型 N 沟道 MOSFET
4—Terminal Depletion P—MOSFET	四端耗散型 P 沟道 MOSFET
4—Terminal Enhancement N—MOSFET	四端增强型 N 沟道 MOSFET
4—Terminal Enhancement P—MOSFET	四端增强型 P 沟道 MOSFET
5—Terminal Opamp Model '741'	五端运算放大器'741'
5—Terminal Opamp	五端运算放大器
555 Timer	555 定时器
7—Terminal Opamp	七端运算放大器
AC Frequency	交流频率
AC Frequency Ayalysis	交流频率分析
AC Magnitude	交流幅度
AC Phase	交流相位
AC Sensitivity	交流灵敏度
AC Voltage Source	交流电压源
AM Source	调幅源
AND Gates	与门
Absolute Convergence Step Size Limit (CONVABSSTEP)	绝对收敛步长极限
Absolute Current Tolerance(ABSTOL)	电流绝对精度
Absolute Voltage Tolerance(VNTOL)	电压绝对精度
Accept	接受
Accept Defaults	接受缺省值
Activate	启动,激活
Add	增加
Ammeter	电流表
Amplification Factor	放大系数
Analog—to—Digital Converter	模拟—数字转换器
Analysis	分析
Analysis Options	分析选项
ANSI symbols	美国国标符号

Arrange	排列
Autohide Parts Bins	自动隐藏元件库
Assume linear operation	假定线性运算
Back	后退
Bargraph Display	条形显示器
Battery	电池(组)
BJTs	双极结型晶体管
Blue Probe	蓝色提示器
Bode Plotter	波特图示仪
Bookmark	标记
Boost(Step—Up) Converter	升压转换器
Buck(Step—Down) Converter	降压转换器
Buffer	缓冲器
Bulb	灯泡
Buzzer	蜂鸣器
Capacitance(C)	电容器
Capturing a circuit	截取电路图
Carrier Amplitude(VC)	载波幅度
Carrier Frequency(FC)	载波频率
Circuit	电路
Circuit building and testing	电路组装与测试
Circuit samples of	电路样图
Clipboard	剪贴板
Clock	时钟
Coil	线圈
Compact Transmission Line Data (TRYTOCOMPACT)	小型转输线数据
Comparator	比较器
Component	元件
Component list of	元件(列表)清单
Component symbols, ANSI or DIN	美国国标或欧洲标准元件图符
Configuration	配置
Connector	连接点
Constant(A)	常数
Controlled One—Shot	受控单脉冲
Controlled sources	受控源
Convergence Limit(CONVLIMIT)	收敛极限
Copy As Bitmap	作为 Bitmap 复制

Copy From Circuit	从电路复制
Core	核芯
Coreless Coil	空心线圈
Counters	计数器
Create Subcircuit	创建子电路
Crystal	晶振
Current	电流
Current Limiter Block	电流限幅模块
Current—Controlled Current Source	电流控制电流源
Current—Controlled Switch	电流控制开关
Current—Controlled Voltage	电流控制电压源
Customizing	专门设计(的),定制(的)
Cut	剪切
D Flip—Flop	D 触发器
D Flip—Flop With Active Low Asynch Inputs	异步输入低电平触发 D 触发器
DC Current Source	直流电流源
DC Motor	直流电机
DC Operating Point	直流工作点
DC Sensitivity	直流灵敏度
Dec/Demux	译码器/分配器
Decoded Bargraph Display	带译码器条形显示器
Decoded Seven—Segment Display	带译码七段显示器
Default	缺少
Deg	度
Delete All Pages	删除所有页
Delete Selected Items	删除已选项
Description	描述
Diac	双向触发二极管 D/A 转换器
Digital—to—Analog Converter	D/A 转换器
DIN symbols	欧洲标准元器件图符
Diode	二极管
Display	显示
Display Graphs	显示图
Display Phase	显示相位
Distortion	失真
Divider	除法器
Dragging	拖曳
Duty Cycle(D)	占空比

Edit	编辑
Encoder	解码器
Enhancement MOSFETs	增强型 MOS 场效应晶体管
Error messages	出错信息
Exit	退出
Export	输出口
FM Source	调频源
Fault	故障
Filename	文件名
First—Order Temperature Coefficient(TC1)	一阶温度系数
Flip Horizontal	水平翻转
Flip Vertical	垂直翻转
Filp—Flops	触发器，双稳态电路
Font	字体
Font Size	字体尺寸
Fourier Analysis	傅里叶分析
Frequency	频率
Frequency—Shift—Keying Source	频移键控源
Full—Adder	全加器
Full—Wave Bridge Rectifier	全波桥式整流
Function generator	函数发生器
Fuse	熔断器
Gain	增益
Gain Analysis(Output Voltage/Input Voltage)	增益分析
Global	全局
Green Probe	绿色探测器
Grid	网格
Ground	接地
Half—Adder	半加器
Help Index	帮助索引
Hysteresis	回滞
IC	集成电路
Impedance Analysis(Output Voltage/Input Current)	阻抗分析
Import	输入口
Increment	增量
Inductor	电感
Initial Condition	初始条件
Input	输入

Install	安装
Instruments	仪器
Integrator	积分器
JFETs	结型场效应晶体管
JK Flip—Flop With Active High Asynch Inputs	异步输入高电平触发 JK 触发器
Keyboard shortcuts	键盘简化标记或操作
Label	标识
Leakage	泄漏
Library	库
Logic Analyzer	逻辑分析仪
Logic Converter	逻辑转换器
Lossless Transmission Line	无耗传输线
Lossy Transmission Line	有耗传输线
Low Pass Filter	低通滤波器
MOS Channel Lengh(DEFL)	MOSFET 沟道长度
MOS Channel Width(DEFW)	MOSFET 沟道宽度
MOS Drain Diffusion Area(DEFAD)	MOSFET 漏极扩散区面积
MOS Source Diffusion Area(DEFAS)	MOSFET 源极扩散区面积
Magnetic Core	磁心
Magnitude	幅度
Maximum Order for Integration Method(MAXORD)	积分方法的最大阶数
Maximum Time Step(Tmax)	最大时间步长
Menu	菜单
Minimum Number of Time Points	时间点的最小数值
Model	模型
Model Parameters Normal Temperature(TNOM)	模型参数标准温度
Models	模型
Monostable Multivibrator	单稳态多谐振荡器
Monte Carlo Analysis	蒙特卡洛分析
Move From Circuit	从电路中移走
Multimeter	多用表
Multiplexer	多路选择器
Multiplier	乘法器
N—Channel GaAsFET	N 沟道砷化镓 FET
N—Channel JFET	N 沟道结型 FET
NAND Gates	与非门
NPN Transistor	NPN 晶体管
Negative Power Supply(Vee)	负电源电压

Negative Supply Current(Icc)	负电源电流
Netlist Component	网表元件
New Library	新元件库
Node	节点
Noise Analysis	噪声分析
Nonlinear Dependent Source	非线性相关源
Nonlinear Transformer	非线性变压器
NOR Gates	或非门
NOT Gates	非门
NPN BJTs	NPN 双极结型晶体管
Offset(Vo)	偏置
Ohmic Resistance(RS)	欧姆电阻
Opamp	运算放大器
Open Circuit File	打开电路文件
Operating Point Analysis Iteration Limit(ITL1)	工作点分析迭代次数极限
OR Gates	或门
Oscilloscope	示波器
Out Table	输出表
P—Channel GaAsFET	P 沟道砷化镓 FET
P—Channel JFET	P 沟道结型 FET
PNP Transistor	PNP 晶体管
Parameter Sweep	参数扫描
Parameter Measurement Temperature(TNOM)	参数测量温度
Parts Bins	元件箱(盒)
Paste	粘贴
Pause	暂停
Pause After Each Screen	每屏显示后暂停
Phase	相位
Phase—Locked Loop	锁相环
Pivot Absolute Tolerance(PIVTOL)	主元矩阵绝对容限
Pivot Relative Ratio(PICERL)	最大矩阵与主元值的比率
Points Per Cycle	每周期点数
Polarized Capacitor	有极性电容
Pole—Zero Analysis	零一极点分析
Polynomial Source	多项式源
Positive Power Supply(Vcc)	正电源电压
Positive Supply Current(Icc)	正电源电流
Post—Trigger Samples	后触发采样

Potentionmeter	电位器
Preference	优先选择
Pre—Trigger Samples	预触发采样
Probe	探头
Properties	属性
Pull—Up Resistor	上拉电阻
RS Flip—Flop	RS 触发器
Ramp Time(RAMPTIME)	斜升时间
Red Probe	红色探测器
Reference ID	参考编号
Reference Node	参考节点
Relative Convergence Step Size Limit(CONVSTEP)	相对收敛步长极限
Relative Error Tolerance(RELTOL)	相对误差容限
Relay	继电器
Rename Model	模型更名
Replace In Circuit	替代电路
Reset Defaults	重置缺省值
Resistance(R)	电阻
Resistor Pack	排阻
Resume	重新执行,恢复
Revert to Saved	按修改前保存
Rotate	旋转
Sample Circuits	样例电路
Save As	更名保存
Save Circuit File	保存电路文件
Schematic Options	电路图任选项
Secone—Order Temperature Coefficient(TC2)	二阶温度系数
Select Output File	选择输出文件
Sensitivity Analysis	灵敏度分析
Serial Number	串号(序列号)
Set Wire Color	设置导线颜色
Set Labes Font	设置标识字体
Set To Zero	置零
Set Transient Options	设置瞬态任选项
Set Value Font	设置数值字体
Setting	设定
Seven—Segment Display	七段显示器
Sharing Circuit	(跨平台)共享电路文件

Shift Registers	移位寄存器
Shockley Diode	肖特基二极管
Short	短路
Show Clipboard	查看剪贴板
Show Grid	显示网格
Show Labels	显示标识
Show Models	显示模型
Show Nodes	显示节点
Show Reference ID	显示参考编号
Show Values	显示数值
Show/Hide	显示/隐藏
Silicon－Controlled Recifier	可控硅整流器
Simulate	仿真,模拟
Simulation Temperature(TEMP)	仿真温度
Standard	标准
Steady－state Analysis	稳态分析
Steps In Gmin Stepping Algorithm(GMINSTEPS)	Gim 步进算法步长
Steps In Source Stepping Algorithm(SRCSTEPS)	SOURCE 步进算法步长
Stop	停止
Subcircuit	子电路
Switch	开关
Temperature Sweep	温度扫描
Temporary File Size For Simulation(Mb)	仿真临时性文件规模
Three－Way Voltage Summer	三路电压加法器
Threshold Voltage(V)	门限电压
Time－Delay Switch	延时开关
Tip	提示
Tolerance	容限
Transfer Function Analysis	传输函数分析
Transfer Function Block	传输函数模块
Transformer	变压器
Transient Analysis	瞬态分析
Transient Analysis Integration Method(METHOD0)	瞬态分析积分法
Transient Error Tolerance Factor(TRTOL)	瞬态精度容限因数
Transient Time Point Iterations(ITL4)	瞬态时间迭代次数
Triac	双向可控硅
Triode Vacuum Tube	真空三极管
Tristate Buffer	三态缓冲器

Truth Table	真值表
Undo	恢复前一步操作
Use Newton—Raphson Method for Timestep Control(TRUNCNR)	使用牛顿—拉夫申算法控制时间步长
Use Global Temperature	采用全局温度
Use Grid	使用网格
User Support	用户支持
Values	数值
Variable Capacitor	可变电容
Variable Inductor	可变电感
Variable Resistor	可变电阻
Vcc Voltage Source	$+V_{cc}$电压源
Vdd Voltage Source	$+V_{dd}$电压源
Voltage	电压
Voltage Differentiator	电压微分器
Voltage Gain Block	电压增益模块
Voltage Hysisteresis Block	电压滞回模块
Voltage Integrator	电压积分器
Voltage Limiter	电压限幅器
Voltage Slew Rate Block	电压摆率模块
Voltage—Controlled Analog Switch	电压控制模拟开关
Voltage—Controlled Current Source	电压控制电流源
Voltage—Controlled Limiter	电压控制限幅器
Voltage—Controlled Sine Wave Oscillator	电压控制正弦波振荡器
Voltage—Controlled Triangle Wave Oscillator	电压控制三角波振荡器
Voltage—Controlled Voltage Source	电压控制电压源
Voltmeter	电压表
Wire Color	导线颜色
Wiring a Circuit	连接电路
Word Generator	字发生器
Work Space	工作空间(实验桌面)
Worst Case Analysis	最坏情况分析
Write Data	数据写入
XOR Gates	导或门
XNOR Gates	异或非门,同或门
Zener Diode	稳压二极管,齐纳二极管
Zoom In	放大
Zoom Out	缩小